21 世纪大学生素质教育丛书

IT 职业导向训练
（第二版）

主　编　周玲余　杨正校

副主编　庚　佳　吴成炎　郑广成　吴伶琳

中国水利水电出版社
www.waterpub.com.cn
·北京·

内 容 提 要

本书是 2017 年江苏省重点教材建设项目，是江苏省示范性高职院校软件技术重点专业建设成果之一，由校企协同开发完成。根据"大众创业，万众创新"的时代背景，依据 IT 行业企业的用人标准，遴选典型的 IT 职场真实案例，组织成 IT 职业素质培养、IT 职场通用技能训练、TRIZ（萃智）创新思维训练、创业教育及案例分析等四大教学模块共十六个教学单元，囊括 IT 行业剖析、时间管理、沟通表达、数据处理与分析、思维导图绘制、TRIZ创新思维训练、创业计划编制等。本书针对高职学生特点，以 IT 职业技能训练为重点，注重 IT 职业素质的形成过程，强化创新思维训练，从实践应用角度突出 IT 创业的实务性。全书采用"问题－探究"模式，以"创设情境－问题提出－知识引导－分析训练"流程组织教学，将知识学习与技能训练有机结合起来，融"教""学""训"于一体，使读者更快地理解和领悟 IT 职业素养内容和 IT 职业技能要求，感受职场文化，体验职场氛围，培养创新创业能力，提升尽快适应企业的能力和分析问题、解决问题的能力，为快速适应职场做好充分的心理和技术准备，成为准职业人。

本书可作为高职高专院校 IT 相关专业和 IT 职业培训机构的教学用书，也可供业余爱好者自学参考使用。

本书配有免费电子教案，读者可以从中国水利水电出版社网站以及万水书苑下载，网址为：http://www.waterpub.com.cn/softdown/或 http://www.wsbookshow.com。

图书在版编目（CIP）数据

IT职业导向训练 / 周玲余，杨正校主编. -- 2版
. -- 北京：中国水利水电出版社，2019.5
　（21世纪大学生素质教育丛书）
　ISBN 978-7-5170-7625-4

Ⅰ. ①I… Ⅱ. ①周… ②杨… Ⅲ. ①IT产业－职业选择－高等学校－教材 Ⅳ. ①F49

中国版本图书馆CIP数据核字(2019)第074500号

策划编辑：石永峰　　责任编辑：张玉玲　　加工编辑：武兴华　　封面设计：李　佳

书　　名	21世纪大学生素质教育丛书 IT 职业导向训练（第二版） IT ZHIYE DAOXIANG XUNLIAN
作　　者	主　编　周玲余　杨正校 副主编　庚　佳　吴成炎　郑广成　吴伶琳
出版发行	中国水利水电出版社 （北京市海淀区玉渊潭南路 1 号 D 座　100038） 网址：www.waterpub.com.cn E-mail: mchannel@263.net（万水） 　　　　 sales@waterpub.com.cn 电话：(010) 68367658（营销中心）、82562819（万水）
经　　售	全国各地新华书店和相关出版物销售网点
排　　版	北京万水电子信息有限公司
印　　刷	三河市鑫金马印装有限公司
规　　格	184mm×260mm　16 开本　17 印张　427 千字
版　　次	2015 年 1 月第 1 版　　2015 年 1 月第 1 次印刷 2019 年 5 月第 2 版　　2019 年 5 月第 1 次印刷
印　　数	0001—3000 册
定　　价	39.00 元

第二版前言

《IT 职业导向训练》自 2015 年 1 月出版以来，受到了许多高等院校师生的欢迎，2017 年被遴选为江苏省重点教材建设项目。编者结合近年来时代发展背景需要及广大读者的反馈意见，对教材内容进行了优化调整，将教材中的职场通用信息技术训练内容独立出来，增加了思维导图绘制与数据分析与处理内容，形成 IT 职场通用技术训练模块；基于 TRIZ（萃智）理论，增加了 TRIZ 创新思维训练模块，形成系统化的创新思维训练体系；选取国内大学生成功的创新、创业孵化案例，进行案例分析，为学生树立生动、直观的大学生创业典型，引发学生共鸣，激发学生自主创业热情。

一、本书特色

1. 工学结合，校企、院校合作开发教材

本书继续采取校企合作的建设理念，组建由 IT 企业工程师、企业内训培训师以及高职院校的专业骨干教师组成的教材开发团队，联合开发教材。从对信息技术类人才所对应的职业岗位群所需职业能力分析入手，总结出核心能力要素，共同商定课程标准、项目内容以及考核标准等。在充分调研和掌握行业技术规范、企业标准、工作流程和高职学生特点的基础上，修订本教材。

2. 采用"问题—探究"模式的教材组织形式

进一步完善和优化教材内容的组织形式。以创设情境作为问题的引出，以境诱思，激发学生的探究兴趣。围绕问题，确定学习目标，引出单元知识点。在知识分析过程中，将教师引导与学生自主操作相结合。每个知识点后设计课堂内和课堂外的实训活动，并以实操训练、个人（小组）汇报、作品展示、技能竞赛等形式开展，从而丰富课程内容，强化学生职业素养和职业技能，同时提高其创新创业能力。

3. 建设立体化教学资源，突破学习的时空限制

尝试进行网络教学改革，嵌入动态教学资源，着重培养学生的自主学习能力。主要建设的内容包括：课程重难点等微课教学资源、实训资源和网络学习平台。微课教学资源包括课程标准、教学指南、学习指南、电子教案、教学微课、试题库等；实训资源主要包括软件行业典型案例库、实训项目库、课程设计库、学生作品、各类开源资料等；网络学习平台主要为师生提供电子教材、在线交流、在线测试、答疑解惑等泛在学习与沟通手段。

二、本书结构

本书共设四大教学模块，分为十六个教学单元，具体结构和内容见下表。

教学模块和教学单元

序号	教学模块	教学单元	主要能力训练点	主要理论知识点
1	IT 职业素质培养	IT 行业剖析	能初步明确 IT 职业能力及相关职位岗位职责； 能了解各国企业文化特点，并结合自身确定发展方向； 能进行有效的时间管理； 能进行自我压力管理； 能进行有效的表达能力训练； 能编制简单的 FAQ 和日报； 能通过游戏、拓展、项目训练等方式培养团队合作意识； 能设计自己的职业规划	IT 行业及职业分类； 企业文化的内涵和意义； 时间管理的基本原则； 压力管理的意识和技巧； IT 职场的主要沟通方式； 团队合作的重要性和基本要求； 职业规划的步骤和原则
		IT 企业文化		
		时间管理		
		压力管理		
		沟通表达		
		团队合作		
		职业规划		
2	IT 职场通用技能训练	Microsoft Visio 绘图技能训练	能利用 Microsoft Visio 绘制各种图形； 能通过手工和软件绘制思维导图； 能进行数据的处理、分析与呈现	Microsoft Visio 的基础操作技巧； 思维导图的特点和功能； 数据处理和分析的流程
		思维导图绘制		
		数据处理与分析		
3	TRIZ 创新思维训练	TRIZ 理论简介	能用 TRIZ 方法进行创新思维训练； 能运用 TRIZ 方法解决发明创新技术问题	TRIZ 中常用的创新思维方法； 技术矛盾和物理矛盾的概念以及异同点
		TRIZ 创新思维训练		
		发明创新技术问题及解决办法		
4	创业教育及案例分析	创业计划编制	会编制简洁的创业计划书； 掌握新企业申报流程； 汲取创业经验	了解创业计划书的各个模块； 了解企业创立的基本流程和管理企业的基本方法； 了解如何进行创业
		新企业的开办		
		大学生创业案例分析		

　　本书由周玲余、杨正校任主编，庾佳、吴成炎、郑广成、吴伶琳任副主编。主编具有多年的 IT 从业和管理经验，同时具有丰富的高职教学与管理经验，参加本书编写的人员均为来自教学一线的"双师型"专业教师。本书的修订得到了校企合作单位的指导和支持，在此表示最诚挚的谢意。

　　由于编者水平有限，加之时间仓促，不足之处在所难免。读者对本书有任何疑问或建议，请及时联系我们（zly0901919@qq.com），我们将第一时间进行处理。

编　者
2019 年 2 月

第一版前言

当前，IT 行业处于高速发展时期，制造业的信息化、物联网、云计算、大数据等都归结到软件的开发与应用，软件技术人才需求正以每年 20% 左右的速度增长。产业快速发展的同时对人才的规格提出了更高的要求，越来越多的企业在注重软件人才技术水平的同时，也更加关注员工在职业素质方面的表现，这就要求高校在强化学生的专业知识和技能的同时，更加关注 IT 行业标准、规范以及职业素养的养成性教育，对学生顺利完成从院校向企业的过渡有重要意义。

本书是江苏省构建现代职业教育体系试点项目《基于校企共建专业的中高职衔接的研究与实践》的研究成果之一，由校企协作共同开发，融合企业内训体系，消化吸收北大青鸟、微软以及美国欧普等国际优质 IT 教育培训资源编写而成。目的是通过 IT 职业习惯的养成性教育和 IT 行业规范行为训练来培养学生的职业规范和职业素养，其中包括表达训练、IT 文档规范撰写、IT 基础技能应用训练等多个环节，使学生快速了解 IT 行业及职业分类；理解和领悟合理的 IT 职业规划策略；掌握时间、压力管理方法与团队建设等管理技巧；能熟练地撰写规范的 IT 技术说明文档；会正确使用工具编制项目进程，进行软件项目管理，具备一名 IT 准职业人的技术要求和能力素质。

一、本书特色

1. 融行业企业元素，突出职业导向

参考信息技术标准体系（Information Technology Standard System，ITSS），融企业内训体系，吸收北大青鸟、微软以及美国欧普等国际优质教育培训资源，将企业项目典型化改造，教师下企业实践项目优化等方法内容，遴选典型的 IT 职场真实案例，内容选取突出 IT 职业特征和规范要求。

2. 以职业素质为突破点，突出学生实践能力的培养

软件行业的发展使得对软件开发人员的要求也在不断提升，越来越多的企业在注重开发人员技术水平的同时，也更加关注员工在职业素质方面的表现。作为一名职业人，时间管理、抗压能力、规范意识、合作意识、沟通意识，都是不可或缺的要素。因此，在内容设计中把职业素养作为课程的重点来实施。从内容选取、教学方法、学习指导等方面体现项目课程改革的思路，强调学生应用能力的培养。教材通过在每个知识点后面增加训练活动，随用随讲，随讲随用，边讲边练，通过在有限的授课时间内，合理地将技能点的讲解与练习融合到一起，全面强化和提升学生技能，试图通过 IT 基础能力训练体系的实践，使学生理解 IT 职业素养，掌握 IT 技术规范，避免说教。

3. 以职业技能训练为主线，实施案例化或项目化教学

与传统的教材编排方式不同，本教材内容安排是基于案例和项目。在每一个章节中，都采用了一个实际的案例来组织内容，引发问题，技术实训。在案例选取上，我们选择与企业应用相近、实用性更强的内容，从而帮助学员理解案例内容。

二、本书结构

本书共有三大教学模块，分为十二个教学单元，具体结构和内容如下表所示：

序号	教学模块	教学单元	主要能力训练点	主要理论知识点
1	IT 职业导航	IT 行业剖析 信息技术服务标准 IT 企业文化 职业规划	能初步明确 IT 职业能力及相关职位岗位职责； 能初步标准化实施 ITSS； 能掌握各国企业文化特点，并结合自身确定发展方向； 能设计自己的职业规划	IT 行业及职业分类； ITSS 的定义和原理； 企业文化的内涵和意义； 职业规划的意义； 职业规划的步骤和原则
2	IT 职业素质培养	IT 职业素养 学习管理 时间管理 压力管理 沟通表达 团队合作	能制定提升自身职业素养的行动计划； 能初步掌握程序设计的相关学习方法； 能进行有效的时间管理； 能进行自我压力管理； 能进行有效的表达能力训练； 能编制简单的 FAQ 和日报； 能通过游戏、拓展、项目训练等方式培养团队合作意识和方法	IT 职业素养的内涵； 自我学习的方向和误区； 时间管理的几个基本原则； "压力管理"意识和技巧； IT 职场的主要沟通方式； 文档沟通的主要方式； 团队合作的要素、特点、基本要求和重要性
3	IT 通用技能训练	软件项目管理与应用 IT 软件文档编制	能使用 Microsoft Visio 绘制软件开发过程和用例图； 能使用 Microsoft Project 制定项目计划； 能撰写可行性研究报告； 能撰写软件需求规格说明书； 能撰写软件使用说明书	软件项目管理的整体工作流程； 可行性研究报告的内容和编写要求； 软件需求规格说明书的内容和编写要求； 软件使用说明书的内容和编写要求

本书由周玲余、杨正校任主编，吴伶琳、庾佳、王明珠、金静梅任副主编，参加本书编写的人员全部是来自教学一线和具有学生工作管理经验的老师。在编写本书的过程中，得到了校企合作单位的指导和支持，在此表示最诚挚的谢意。

由于编者水平有限，时间仓促，书中难免存在一些错误或疏漏。如果您对本书有任何问题或建议，请及时通知我们（zly0901919@qq.com），我们将非常感谢并一定会在第一时间联系您，争取尽快勘误。

编 者

2014 年 10 月

目　　录

第二版前言
第一版前言

第一章　IT 行业剖析 ……………… 1
 体验一　IT、IT 行业和 IT 职业 ……… 1
  一、IT 和 IT 行业 ………………… 2
  二、IT 行业分类 ………………… 2
  三、IT 职业分类 ………………… 3
 体验二　IT 职业能力 ………………… 4
  一、什么是职业能力和 IT 职业能力 … 4
  二、如何提升 IT 职业能力 ……… 4
  三、软件企业的 IT 职员及岗位职责 … 5
  四、软件人才的职业发展路径 …… 6
 体验三　IT 行业现状及人才趋势预测 … 8
  一、IT 行业现状 ………………… 9
  二、IT 行业人才趋势预测 ……… 10
 本章总结 …………………………… 12
 习题一 ……………………………… 12
第二章　IT 企业文化 ……………… 14
 体验一　企业文化概述 ……………… 15
  一、企业文化的概念 …………… 15
  二、企业文化的要素 …………… 16
  三、企业文化的基本功能 ……… 18
 体验二　企业 6S 管理 ……………… 19
  一、6S 管理的内容 …………… 19
  二、6S 管理的作用 …………… 20
  三、6S 管理的误区 …………… 21
 体验三　企业文化的比较 …………… 22
  一、日本的企业文化 …………… 23
  二、美国的企业文化 …………… 24
  三、德国的企业文化 …………… 26
  四、中国的企业文化 …………… 27
 本章总结 …………………………… 29
 习题二 ……………………………… 29
第三章　时间管理 ………………… 31

 体验一　认识时间及其管理 ………… 31
  一、认识时间 …………………… 32
  二、认识时间管理 ……………… 32
 体验二　时间管理原则 ……………… 34
  一、列出任务清单 ……………… 35
  二、确定任务优先次序 ………… 35
  三、善用 80∶20 法则（帕累托法则）… 36
  四、巧用提示管理时间 ………… 37
 体验三　有效利用时间技巧 ………… 38
  一、克服拖延症 ………………… 39
  二、合理拒绝请托 ……………… 39
  三、排除外界干扰 ……………… 40
  四、养成良好的习惯 …………… 40
  五、番茄工作法 ………………… 40
 本章总结 …………………………… 42
 习题三 ……………………………… 42
第四章　压力管理 ………………… 44
 体验一　感知压力 …………………… 44
  一、什么是压力 ………………… 45
  二、压力的种类 ………………… 45
 体验二　正视压力 …………………… 46
  一、困扰大学毕业生的四大压力 … 46
  二、IT 从业人员的不同压力源 … 47
  三、压力的双重作用 …………… 48
 体验三　管理压力 …………………… 49
  一、正确对待压力 ……………… 49
  二、压力管理策略 ……………… 49
 体验四　缓解压力 …………………… 51
 本章总结 …………………………… 53
 习题四 ……………………………… 53
第五章　沟通表达 ………………… 55
 体验一　IT 职场的常用沟通方式 …… 56

一、语言沟通 ················· 57
二、会议沟通 ················· 57
三、文档沟通 ················· 58
体验二 沟通的方式 ·············· 59
一、往上沟通 ················· 59
二、往下沟通 ················· 60
三、水平沟通 ················· 60
体验三 语言沟通 ··············· 61
一、沟通的技巧 ··············· 61
二、表达能力提升训练 ·········· 63
体验四 会议沟通 ··············· 65
一、高效会议基本程序 ·········· 65
二、高效会议注意问题 ·········· 66
体验五 文档沟通 ··············· 68
一、个性化简历的关注要点 ······ 68
二、FAQ 沟通方式 ············· 69
三、日报沟通方式 ············· 71
本章总结 ····················· 73
习题五 ······················· 74
第六章 团队合作 ··············· 76
体验一 团队的定义 ············· 77
体验二 团队的组建 ············· 78
一、团队组建的含义 ············ 79
二、团队的组成要素 ············ 79
三、团队的组建过程 ············ 80
四、团队组建中的常见问题 ······ 80
体验三 团队合作的要求 ········· 81
一、团队成员要具有共同的目标和愿望 ····· 82
二、团队成员要有良好的沟通和开放
的交流 ··················· 82
三、团队成员需要相互信任和相互尊重 ····· 82
四、团队成员可按专长做某一方面的领导 ··· 83
五、团队要有高效的工作程序 ···· 83
六、团队内部成员要求同存异 ····· 83
体验四 IT 项目管理中的团队建设 ··· 84
一、挑选优秀的项目经理 ········ 85
二、项目人力资源管理 ·········· 85
三、团队沟通 ················· 85
四、团队冲突管理 ············· 86

本章总结 ····················· 86
习题六 ······················· 87
第七章 职业规划 ··············· 89
体验一 职业规划定义 ··········· 89
一、职业规划的含义 ············ 90
二、职业规划的意义 ············ 90
体验二 影响职业规划的因素 ····· 91
一、自身因素 ················· 91
二、职业因素 ················· 92
三、环境因素 ················· 93
体验三 职业规划的步骤 ········· 97
一、自我评估 ················· 97
二、职业目标确定 ············· 98
三、目标实施 ················· 98
四、职业规划评估修正 ·········· 98
体验四 职业生涯规划书的结构 ··· 100
本章总结 ···················· 103
习题七 ······················ 103
第八章 Microsoft Visio 绘图技能训练 ··· 105
体验一 构建流程图 ············ 105
一、创建基本流程图 ··········· 106
二、创建跨职能流程图 ········· 107
体验二 构建项目管理图 ········ 113
一、创建日程表 ··············· 113
二、创建甘特图 ··············· 116
体验三 构建网络图 ············ 119
一、创建 UML 模型图 ········· 120
二、创建网络拓扑图 ··········· 123
本章总结 ···················· 126
习题八 ······················ 126
第九章 思维导图的绘制 ········· 129
体验一 思维导图的理论基础 ···· 130
一、思维导图的概念 ··········· 130
二、思维导图的功能 ··········· 131
三、思维导图的基本特点 ······· 132
体验二 思维导图的基本应用 ···· 133
一、用于自我分析 ············ 134
二、用于头脑风暴 ············ 135
三、用于读书心得 ············ 136

体验三　手工绘制思维导图·················· 137
　一、思维导图绘制的四大要素 ·········· 138
　二、思维导图绘制的步骤 ·············· 138
体验四　软件绘制思维导图·············· 140
本章总结 ····························· 146
习题九 ······························· 146

第十章　数据处理与分析 ·················· 148
体验一　数据采集 ····················· 148
　一、确定所需数据 ··················· 149
　二、找准研究对象 ··················· 150
　三、确定采集方法 ··················· 150
　四、问卷设计与录入 ················· 150
体验二　数据处理 ····················· 155
　一、数据清洗 ······················· 155
　二、数据加工 ······················· 158
体验三　数据分析 ····················· 162
　一、认识数据透视表 ················· 162
　二、数据透视表分析实践 ············· 162
　三、多选题分析 ····················· 165
体验四　数据呈现 ····················· 167
　一、饼图应用实例 ··················· 168
　二、折线图应用实例 ················· 170
　三、复合图表的设计与应用 ··········· 173
本章总结 ····························· 176
习题十 ······························· 176

第十一章　TRIZ 理论简介 ················ 179
体验一　TRIZ 理论概述 ················ 179
　一、TRIZ 理论的起源 ················ 180
　二、TRIZ 理论的发展 ················ 180
　三、TRIZ 理论的主要内容 ············ 181
　四、TRIZ 的核心思想及其特点 ········ 181
体验二　应用 TRIZ 解决创新问题的实例 ··· 182
　一、TRIZ 在三星公司的应用实效 ······ 183
　二、TRIZ 在三星公司的应用分析 ······ 184
　三、三星公司成功应用 TRIZ 的启示 ··· 184
体验三　TRIZ 与大学生创新能力 ·········· 185
　一、全国 TRIZ 杯大学生创新方法大赛 ··· 186
　二、TRIZ 理论在大学生创新意识培养中
　　　的应用 ·························· 187

　三、培养大学生创新能力的对策·········· 187
本章总结 ····························· 191
习题十一 ····························· 191

第十二章　TRIZ 中的创新思维训练 ········ 193
体验一　IFR 法 ······················· 193
　一、IFR 简介 ······················· 194
　二、理想化 ························· 194
　三、IFR 的特点 ····················· 195
　四、IFR 的实施步骤 ················· 195
体验二　九屏幕法 ····················· 196
　一、九屏幕法简介 ··················· 196
　二、九屏幕法的实施步骤 ············· 197
体验三　STC 算子法 ··················· 198
　一、STC 算子法简介 ················· 199
　二、STC 算子法的规则 ··············· 200
　三、STC 算子法实例 ················· 200
体验四　金鱼法 ······················· 201
　一、金鱼法简介 ····················· 203
　二、金鱼法实例 ····················· 203
体验五　小人法 ······················· 205
　一、小人法简介 ····················· 205
　二、小人法解决技术问题流程·········· 205
　三、小人法实例 ····················· 206
本章总结 ····························· 207
习题十二 ····························· 208

第十三章　发明创新技术问题及解决办法 ········ 210
体验一　发明原理及应用 ················ 211
　一、发明原理 5：组合原理 ············ 212
　二、发明原理 8：重量补偿原理 ········ 212
　三、发明原理 15：动态化原理 ········· 213
　四、发明原理 29：气压和液压结构原理 ··· 213
体验二　技术矛盾及其求解 ·············· 214
　一、技术矛盾 ······················· 215
　二、39 个通用工程参数 ··············· 215
　三、应用矛盾矩阵方法解决技术矛盾 ··· 216
体验三　物理矛盾及其求解 ·············· 219
　一、物理矛盾 ······················· 220
　二、应用分离原理解决物理矛盾·········· 221
本章总结 ····························· 224

习题十三 ………………………………………… 224

第十四章 创业计划的编制 ……………… 226

  体验一 创业计划概述 ……………………… 227

    一、什么是创业计划 ……………………… 227

    二、创业计划的基本内容 ………………… 227

  体验二 创业计划书的制订 ………………… 228

    一、创业计划书概念 ……………………… 229

    二、创业计划书结构 ……………………… 229

    三、撰写创业计划书的注意事项 ………… 232

  体验三 创业计划的展示 …………………… 235

    一、展示创业计划的方法 ………………… 235

    二、展示创业计划要突出三个要素 ……… 236

  本章总结 ……………………………………… 236

  习题十四 ……………………………………… 237

第十五章 新企业的开办 …………………… 239

  体验一 创建新企业前的思考 ……………… 239

    一、互联网创业前必须考虑的七大问题 … 240

    二、创办企业前的思考 …………………… 242

  体验二 公司的类型和法律法规 …………… 243

    一、新企业的组织形式 …………………… 244

    二、创建新企业需要了解的重要

      法律法规 ……………………………… 245

  体验三 申办公司 …………………………… 248

    一、需要办理的企业执照名称及

      受理部门 ……………………………… 249

    二、申办公司流程 ………………………… 249

    三、办理营业执照所需资料 ……………… 249

    四、办理组织机构代码证所需要资料 …… 249

    五、办理税务登记证所需资料 …………… 250

    六、办理开户许可证 ……………………… 250

  本章总结 ……………………………………… 250

  习题十五 ……………………………………… 250

第十六章 大学生创业案例分析 ………… 253

综合试题库（一） ………………………… 256

综合试题库（二） ………………………… 259

参考文献 …………………………………… 262

第一章　IT 行业剖析

【学习目标】

通过本章的学习和训练，你将能够：
（1）了解 IT 行业及职业分类。
（2）初步明确 IT 职业能力及相关职位岗位职责。
（3）了解软件人才发展路径。
（4）了解 IT 行业现状及发展趋势。

【案例导入】

孙阳高考刚结束，正面临填报志愿的棘手问题，对于选择何种行业，以后从事何种职业，填报哪个专业举棋不定。

他兴趣广泛，特别喜欢体育运动，篮球、足球技术好；平时也热衷于网络游戏，对一些电子产品也相当感兴趣。

从性格特征来说，只要富有挑战、充满激情、具有潜力的工作，都能带给他快乐。

【案例讨论】

结合孙阳的个人情况，请说一说其应如何选择行业、职业和专业。

IT 行业是一个不断创新，具有职业生命力，能影响和向其他行业扩展的行业。作为 IT 行业的求职者，应紧跟行业发展趋势，学习人工智能、信息安全、云计算、大数据等最新技术，同时不断提升自身的学习能力、人际交往能力等软实力。

体验一　IT、IT 行业和 IT 职业

扫码看视频

【任务】准备一张 A4 纸，通过收集的各类资料，写出你所了解的 IT 职业。
【目的】学会通过多种途径进行信息搜集，了解各类 IT 职业。
【要求】尽可能多地列举 IT 职业，并请同学们在课上进行交流。
【案例】

小媛是一位努力、务实、独立的女孩，由于对计算机感兴趣，所以在大学时跨专业学习了编程语言，毕业后想从事 IT 相关工作。由于对 IT 行业和职业缺乏深入了解，所以她的学习多半是浅尝辄止的，与她自己希望成为有所专长、走 IT 专业发展之路的目标差距还不小。因此她对 IT 行业和职业进行更加深入的了解。IT 行业分类过于广泛，包括软件开发、系统运维、互联网、电子商务、数据技术、信息安全技术、航空、铁路等。不同行业对 IT 从业人员的专业背景要求不同，使用语言脚本不同，产品特点也不同，所以小媛知道自己必须要深入了解这

些方向，以便更有针对性地进行职业探索，找出与自己的职业价值观、技能相匹配的职业。

一、IT 和 IT 行业

IT 是 Information Technology 的缩写，意为"信息技术"，包含现代计算机、网络、通信等信息领域的技术。IT 的普遍应用，是进入信息社会的标志。经过长期的观察和总结，IT 技术目前被大致分为三类：

- 传感技术——人的感觉器官的延伸与拓展，最明显的例子是条码阅读器；
- 通信技术——人的神经系统的延伸与拓展，具有传递信息的功能；
- 计算机技术——人的大脑功能的延伸与拓展，具有对信息进行处理的功能。

IT 行业涵盖范围很广，凡处理或者应用到信息技术的产业，诸如银行、医院、出版、制造、影视等都被囊括其中。计算机软硬件、因特网和其他各种来连接上述所有内容的网络环境，以及从事设计、维护、支持和管理的人员共同形成了一个无所不在的 IT 产业。目前我们的讨论初步限于计算机技术及其行业应用。

二、IT 行业分类

1. 计算机硬件行业

计算机硬件行业包括从材料、芯片、板卡、显示、存储到整机产品等各个方面的研发、生产和制造。例如我们所熟悉的计算机、扫描仪、打印机、磁盘存储系统等都属于计算机硬件的范畴。

代表企业有联想、方正、清华同方、中兴通讯、华为、ASUS 等。

2. 计算机软件行业

计算机软件行业涉及计算机程序设计技术、互联网技术、微电子技术、知识工程等高科技领域。计算机软件更新速度非常快，一些计算机软件的新技术开发更新周期一般为 3～12 个月。软件是计算机系统设计的重要依据，表现为计算机系统中的程序和有关的文件。软件产品可以分为应用软件和操作系统两大类。应用软件如微软的文字处理、管理表格、浏览器等；操作系统如 Windows、UNIX、Linux 等。

软件行业的分类如下：

软件开发类：中软股份、用友软件、东软股份、金蝶、甲骨文、微软、SAP、金山软件。

软件外包类：对日外包、对欧美外包、对韩外包。

系统集成类：太极集团、长天科技、南天信息、神州数码。

互联网类：搜狐、网易、新浪。

3. IT 服务业

IT 服务是指在信息技术领域，服务商为其用户提供信息咨询、软件升级、硬件维修等全方位的服务。具体业务包括硬件维护服务、软件维护服务、IT 咨询、系统集成和开发服务、IT 外包服务等。中国 IT 服务骨干企业基本集中在北京、广东、上海、浙江、江苏、山东等省市，而 IT 教育与培训、IT 外包和 IT 咨询业务的主要市场也主要集中在北京、上海等大城市和经济发达地区。

代表企业有北大青鸟、声讯通、腾讯、网易、TOM 等。

三、IT 职业分类

IT 的概念很广，大到航天卫星，小到一家公司的打字员，都与 IT 有关。我们通常所说的 IT 人，一般多与计算机有关，如程序员、开发人员、设计人员等。而实际上从事与 IT 相关的人都可称为 IT 人，打字员、计算机城的装机员等均包含在内。那么在 IT 行业，究竟有些什么职位呢？让我们来盘点一下。

表 1-1 中包含了"IT 主体职业""IT 应用职业""IT 相关职业"三个小类，在小类下分别分出"软件类"等十几个职业群，四十多种职业（细类）。其中 IT 主体职业是指只与 IT 职业技能相关的"纯粹"的 IT 类职业；IT 应用职业是指主要使用 IT 职业技能完成其他领域业务的职业；IT 相关职业是指以 IT 职业技能为主要工具完成职业活动的其他领域的职业。

表 1-1　IT 职业分类表

IT 主体职业	软件类	系统分析师	计算机程序设计员	软件测试师	软件项目管理师	系统架构设计师			
	硬件类	计算机维修工							
	网络类	计算机网络管理员	网络系统设计师	网络综合布线员	网络建设工程师				
	信息系统类	计算机操作员	信息系统安全师	信息系统管理师	数据库系统管理员	信息系统监理师	信息系统评估师	信息资源开发与管理人员	信息系统设计人员
	制造类	半导体器件测试工	半导体器件制作工艺师	半导体器件制造工	半导体器件支持工	半导体器件封装工			
IT 应用职业	控制类	单片机应用设计师	控制系统设计师	逻辑控制芯片编辑员	数据自动采集与分析员				
	应用系统开发类	嵌入式系统开发师	网站开发师	游戏程序开发师	射频识别系统开发师				
	设计类	计算机平面设计师							
	商务类	网络编辑人员	计算机网络客户服务人员	网上销售人员					
	娱乐类	数字视频制作师	数字音频制作师	三维动画制作人员	游戏美术设计师				
	教育类	网络课件制作师	计算机讲师						
IT 相关职业		电子标签操作员	打字员						

【训练活动】

● 活动一：请列举对于计算机专业学生来说比较有价值的考证证书。
● 活动二：写出至少两个招聘网站的网址，并掌握根据不同条件检索职业的方法。

体验二　IT 职业能力

【任务】准备一张 A4 纸，写下目前你已具备的和有所欠缺的 IT 职业能力。
【目的】学会阶段性评估自己，并不断提高个人能力。
【要求】实事求是，正确定位自身能力，至少列出三个优劣项。
【案例】

据中国 IT 人才教育研讨会最新数字可知，我国 IT 行业人才缺口非常大，每年全国有近百万的人才缺口。各大招聘网站的招聘信息也显示出人们对于 IT 职位的需求旺盛，领先其他行业，其长期处于相对高位状态。然而与之形成鲜明对比的是，大部分高校培养的 IT 专业毕业生常常找不到对口的工作，对口就业率低。一边是人才缺口大，另一边是广大的 IT 学子求职困难，原因在哪里呢？

一、什么是职业能力和 IT 职业能力

职业能力是人们从事某种职业所必须具备的本领，是人们胜任工作岗位的基本要求，是个体对个人和社会负责任的热情和能力，是影响人们职业活动效率的个性心理特征，是科学的工作和学习方法的基础。

IT 职业能力是指 IT 领域专业知识技能及其相关职业的知识技能兼备，包括 IT 职业素养、IT 职场通用技能、IT 专业职业技能及创新创业能力。其中 IT 职业素养包括时间管理、压力管理、沟通表达、团队合作和创新能力等；IT 职场通用技能指计划执行、信息加工和处理、办公软件操作等；IT 专业职业技能是指各职业岗位要求具备的知识技能，因职位不同而各有差异。

二、如何提升 IT 职业能力

1. 提升沟通技能

不善沟通，不善表达，更不善交流是 IT 从业人员的普遍特征，因此沟通能力已成为许多大公司招聘 IT 人员的重要考核指标。如果表达交流能力强，就可以在众多程序员中脱颖而出。

2. 掌握扎实的专业技能

作为 IT 人，不论是从事 Java 程序设计、.net 程序设计、C++程序设计，还是从事网页设计、网络推广、产品设计等，专业知识都是基础。

3. 了解业务知识

无论什么技术都离不开行业应用。技术只是工具，如何发挥这个工具的价值，跟行业环境密切相关。大部分的软件开发都是为某个行业服务的，了解行业知识可以提升竞争力。

商务技能不是某个人的专属，所以可以尝试提高自己的商务技能。商务经验对于提高 IT

专业人员的薪酬待遇非常重要。只会做技术工作的人很难胜任管理工作，最好的首席信息官不能仅仅是一个技术人员，而应该是技术和业务两方面能力都突出的业务人员。

4. 关注 IT 资讯

新闻资讯很重要，作为 IT 圈的人，要时刻关注 IT 圈，掌握最新新闻资讯，走在行业前沿，这样才能丰富见识，提升能力。

总结起来，IT 人要使自己"增值"，应主要从提升专业技能、加强沟通技巧、了解业务知识、提高商务技能、关注行业资讯等方面着手，只有这样才能在职场发展得越来越好。

【案例】

企业招录大学生，到底在想什么

民企工作一年，国企工作一年，外企工作十年，曾先后任职程序员、人事经理、销售经理等岗位，现任一家外资 IT 企业的副总经理，在谈及企业对大学生的招录要求时，谈到以下几点。

1. 学习成绩

对大学生的知识进行考查，最基础、最显性、最直观、最容易进行信息采集的就是学习成绩。外资企业或有国际业务的企业，会特别关注英语成绩。英语是一种工具，主要用于沟通交流，若想在外资企业或与国际往来密切的企业就职，英语是升职加薪的利器。专业性较强的岗位，比如财务会计类、IT 类等则会更多关注专业课成绩。专业课成绩可以显示学生的专业理论深度。

2. 实践经验

社会工作实践对有些专业是强制的，必不可少的，如医疗类，但也有些专业对此要求相对宽松，如 IT 类。其只是给学生提供进行社会实践的时间和机会，对于具体的执行情况，不进行追踪、监督、考核，这就造成部分同学对其重视度不够，甚至忽视。殊不知，这是熟悉社会与工作的重要时机，是奔向工作岗位前的练兵佳期，而社会实践的内容和参与项目也很容易引起面试官的兴趣。

3. 综合素质

综合素质包括语言表达能力、沟通协调能力、团队协作能力、学习能力等。以语言表达为例，语言表达需要口齿清晰、用词准确、思维缜密、表述简洁，以便于沟通理解。该能力需要进行有意识的锻炼，在面试时，要把个人的优势特长与面试的岗位所要求的素质能力顺理成章地建立联系，凸显个人素质与岗位需求的契合度。

4. 性格心态

企业通常倾向于招聘积极主动的员工，这样的员工更有冲劲、有干劲，更有利于打造拼搏向上的团队，创造良好的工作氛围。通常企业不会安排性格内向，不善言辞的员工从事销售或公关工作，当然企业也不会安排一个心直口快的员工从事财务工作。

三、软件企业的 IT 职员及岗位职责

每个软件企业规模和业务性质不同，对岗位的设置也有所不同。一般来说，大型软件公司设有市场部、海外市场拓展部、人力资源部、技术部、研发中心、财务部等，每个部门设有相应的岗位。例如，技术部包括项目经理、系统架构师、需求分析师、售前支持工程师等。每

个岗位都要求具备相应的工作职责。我们可以通过表 1-2 的岗位说明来了解软件工程师这个岗位应该具备的职责。

表 1-2　软件工程师岗位说明

职位名称（Position）：软件工程师

部门（Department）：技术部

总体目标（Collectivity）：最终实现代码，在项目期内完成项目

组织结构图（Organization Char）：（本职位的上下级关系：实线框表示；协调关系：虚线框表示）

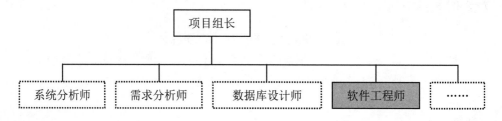

工作职责：

● 参与项目需求分析，进行系统框架和核心模块的详细设计。
● 根据新产品开发进度和任务分配，开发相应的软件模块。
● 根据公司技术文档规范编写相应的技术文档。
● 根据需要不断修改完善软件。
● 编制项目文档，记录质量测试结果。
● 完成领导交代的其他事宜

技能技巧：

● 精通编程工具。
● 具备编码和撰写文档的能力。
● 熟悉软件开发流程、设计模式、体系结构。
● 能独立解决技术问题，有较强的创新意识。
● 有良好的英语读写水平

工作态度：

● 工作勤奋，善于思考问题。
● 好学上进，耐心细致，有责任心。
● 有时间观念，独立性强，具有团队合作精神

四、软件人才的职业发展路径

一般来说，一家大型软件公司开发类职位典型的职业发展路径分为三个层次：一是公司高级技术管理层，包括技术总监、产品总监、项目总监和测试/质量总监；二是中高层技术管理人员，包括系统分析师、系统架构师、项目经理、测试经理、高级软件工程师；三是基层技术人员，包括软件工程师、测试工程师及助理软件工程师。

不同的层次，难度系数不同，技术及个人素质要求也不同。要成为公司中高层技术管理人员，需要很高的专业知识和很强的逻辑、抽象、空间思维能力，这就要求技术人员具有很好的基础，同时具有较大的提升潜力。而要成为基层技术人员则相对容易，因此，对于刚刚毕业的大学生而言，一开始都是从基层做起，即从做助理软件工程师开始。

图 1-1 为某软件企业的职位划分及发展路径图。按发展年限计算，从助理软件工程师到软件工程师一般需要 1 年时间，从软件工程师到高级软件工程师则需要两三年的时间。如果高级软件工程师具备了一定的管理能力和规划能力，则可以在三四年提升至系统分析师、系统架构师、项目经理。需要说明的是，系统架构师、系统分析师更加偏重高级技术层面，经理偏重项目的运作和管理。也就是说，从底层的助理软件工程师到达中高层技术人员所需年限一般为6～8 年。而如果想要进入公司的高级管理层，则需要 10～12 年。

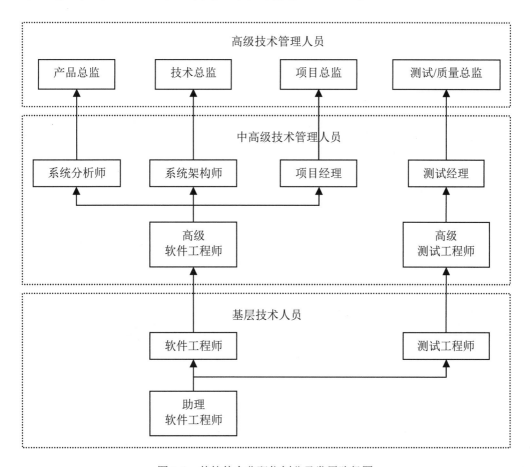

图 1-1 某软件企业职位划分及发展路径图

工作时间的长短仅仅是影响职位发展的表象因素，真正的核心因素在于能力。如果一名基层技术人员能够快速达到中高层级职位的要求，他所需晋升的时间就会大大缩短。那么，各层级职务所需的能力都有哪些呢？我们再从企业要求的角度分析对图 1-2 所示的能力结构简图中的各层级岗位要求。

首先，企业对各层级人员都有一些基本的素质要求，可总结为六个方面：责任心、团队意识、忠诚度、沟通能力、学习能力及科学思维方式。在此之上，由于各层级岗位接触的任务、范围及业务类型不同，所以对工作人员的能力要求也有所不同。每个层级的职务能力大体可总结为四个部分：专业技术能力、人际交往与沟通能力、执行力、愿景构建与设计能力。只不过公司对不同的职务层级要求的能力份额不同。对于基层技术人员（工程师），公司要求的更多的是专业技术能力、人际沟通能力与执行力。随着职务层级的不断提升，对专业技术能力和执行力的要求逐渐降低，但对人际沟通与构建设计能力的要求会逐渐提升。各职位的薪资范围见表 1-3。

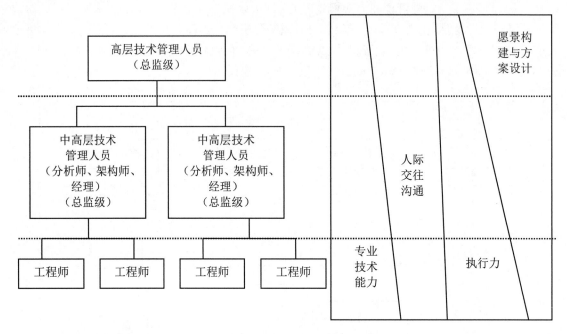

图 1-2　能力结构简图

表 1-3　各职位的薪资范围

职位	薪资范围
高级技术管理人员（总监级）	薪资+股权
架构师、分析师、项目/测试经理	30 万～50 万元/年
高级软件/测试工程师	15 万～30 万元/年
软件工程师	6000～12000 元/月
助理软件工程师	3500～5000 元/月

【训练活动】

- 活动一：请以小组方式检索 IT 行业新知识、新技术，从中选择一个感兴趣的方面整理成规范文档，并进行 PPT 汇报。
- 活动二：孙阳即将实习，打算从事电子商务之类的职业，请为他到招聘网站上查询上海地区的相关职位的招聘信息，了解职位名称、企业名称、职位月薪、工作地点、岗位职责和任职要求等，参考表 1-2 制定一份电子商务专员的岗位说明书。

体验三　IT 行业现状及人才趋势预测

【任务】查阅资料，了解一项新兴编程技能或数据挖掘技能。

【目的】提高信息捕获和自我学习的能力。

【要求】提炼查阅到的新技能知识要点，整理成一份规范的 Word 文档，并在班上展示和讲解。

【案例】

小刘是计算机软件专业的一名大二学生，主修软件测试课程。在实习前期，他经常关注一些招聘网站，查阅互联网行业的相关招聘信息，发现近三个月的岗位需求集中在人工智能、大数据、信息安全等方面。于是，他抓紧去网上、书店购买了一系列关于人工智能方面的书籍，并经常去相关论坛了解最新动态，同时每天观看视频学习资料半小时，开始自学之路，为接下来的实习做好充分的准备。

一、IT 行业现状

以下分析来源于 BOSS 直聘《2017 互联网人才趋势白皮书》。

1. 全年招聘需求高位徘徊

BOSS 直聘研究院数据显示，2017 年，互联网行业人才需求同比增长 58.3%，增速较 2016 年大幅加快。

从需求走势方面来看，2017 年互联网人才需求持续在高位徘徊，即便是第四季度的传统招聘淡季，人才需求仍比第一季度高出 30% 以上。

从城市分布方面来看，互联网行业人才需求高度集中，北、上、广、深、杭五座城市的互联网人才需求占到了全国的 63%。值得注意的是，随着互联网公司为寻求扩大业务规模而纷纷采取下沉战略，2017 年，二三线城市互联网人才需求增长迅猛，其中武汉、无锡、郑州、合肥、哈尔滨五座城市，2017 年的互联网人才需求增速均超过 100%，一二线城市的人才争夺战已全面展开。

2. 技术驱动成为主流趋势

BOSS 直聘研究院数据显示，2017 年，技术人才招聘需求占到总体人才需求的 25.1%，较 2016 年提高 2.7 个百分点。从具体职位来看，人工智能相关的职位需求最为旺盛。由于大批公司涉足 AI 领域，2017 年 AI 人才需求已达到 2016 年的两倍，增速最快的三个岗位依次是算法工程师、图像处理和语音识别。大数据类职位需求增幅仅次于 AI 岗位，数据架构师、数据分析师成为企业争抢对象，过去一年招聘需求提高 150% 以上。图 1-3 为 2017 年需求增幅最大的前 15 个职位。

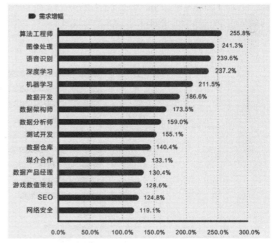

图 1-3　2017 年需求增幅最大的前 15 个职位

在人才需求升级的同时，互联网公司对人才技能的要求也在逐渐提高。以数据分析师为例，2015 年，超过 40% 的职位技能要求中只提到了 SQL 或 HIVE，而到 2017 年，这一比例已降至 30% 以下，半数岗位要求候选人还须掌握通用编程技能（Python、Java），数据挖掘技能（R 语言、SAS）以及数据可视化等技能。

3. 薪酬分化加剧，新兴职位薪资大幅上升

与往年相比，2017 年技术岗位薪酬不再普涨，两极分化现象开始显现。以 AI、大数据为

代表的新兴技术岗位薪资出现明显上升。特别是人工智能岗位，由于人才严重供不应求，企业普遍一掷千金以争抢顶级人才。2017 年薪资最高的十个职位中，过半为 AI 类岗位。语音识别、NLP、机器学习等职位平均薪资超过 2.5 万元/月，远高于一般互联网职位。图 1-4 为 2017 年十个薪资最高的互联网职位。

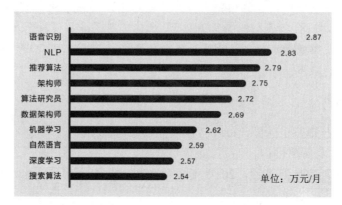

图 1-4　2017 年十个薪资最高的互联网职位

2017 年，信息安全行业薪资涨幅达到 4.2%，跻身前三。近些年，随着移动互联网的爆炸式增长，公众个人信息散落于各大网络平台中，网络信息安全逐渐成为人们热议的话题，这对信息安全行业是机遇也是挑战。

BOSS 直聘研究院薪资大数据显示，信息安全行业中，高需求职位的薪资涨幅依然强势。Golang、运维开发工程师薪资涨幅在 15%以上。即便是招聘薪资普降的运维工程师，在信息安全行业中招聘薪资幅也达到 7.9%，足见行业间的侧重差异。图 1-5 为 2017 年信息安全领域薪资增幅较大的技术职位。

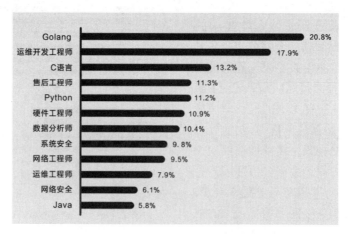

图 1-5　2017 年信息安全领域薪资增幅较大的技术职位

二、IT 行业人才趋势预测

Face++人力总监尹利作出如下预测：

未来 3～5 年，会迎来人工智能相关人才的一个黄金时代，从底层算法，到 AI 产品、运营、市场、销售等均将获得良好发展。主要有以下几个观察角度：

（1）人才的稀缺性会让市场价值在未来两年存在一定不合理性。

（2）名校情结会更加严重，人才市场上的两极分化会更加突出。

（3）更喜欢真正专注的人，而没有过去移动互联网人才的跳跃的基因。

（4）海外人才回流，越来越多的毕业于北美排名前 30 名的高校毕业生，因为美国政治因素、中国市场环境因素将回流中国北上广深等大城市。

以下三类职位很可能在将来几年变得更加热门。

（1）跟底层算法技术相关的职位。

（2）能带来 AI 从技术转向产品化的职位。

（3）新零售相关岗位。

对求职者的建议如下：

（1）多了解企业的信息和动态，提升自身的求职能力。

（2）搜集企业基本信息，提升自身竞争力。

（3）全面了解岗位信息，寻找合适环境。

（4）了解企业的面试问题，以便顺利通过面试。

【训练活动】

- 活动一：请自学 Python 语言，并编写一个小程序进行调试运行。
- 活动二：绘制三张表格，分别列举出在就业前需要收集的企业基本信息、岗位信息以及企业的面试问题，见表 1-4、表 1-5 和表 1-6（表中信息为示例）。

表 1-4 企业基本信息

序号	主要信息
1	公司所属行业，行业的发展前景
2	公司的资本背景
...	...

表 1-5 岗位信息

序号	主要信息
1	办公环境
2	公司员工的精神状态
...	...

表 1-6　面试问题

序号	主要信息
1	请你自我介绍一下自己
2	对这项工作，你有哪些可预见的困难
...	...

本章总结

- IT 技术目前大致被分为三大类：传感技术、通信技术和计算机技术。
- IT 行业基本分类为计算机硬件行业、计算机软件行业和 IT 服务业。
- IT 职业分布广泛，可分为 IT 主体职业、IT 应用职业和 IT 相关职业三个小类及十几个职业群四十多种职业。
- IT 职业人需具备相应的岗位职责及职业素养。
- 软件人才的发展路径需要经历时间、经验、能力的锻炼。
- IT 产业发展迅速，机会和挑战并存，求职者需保持一颗谦虚好学的心，夯实自己的专业知识。

习题一

一、单选题

1．IT 主体职业中，软件类职业包括系统分析师、计算机程序设计师、软件项目管理师、（　　）等。

　　A．计算机维修工　　　　　　　　B．计算机网络管理员
　　C．软件测试师　　　　　　　　　D．数据库系统管理员

2、IT 主体职业中，信息系统类职业包括计算机操作员、信息系统安全师、信息系统管理师、（　　）等。

　　A．计算机维修工　　　　　　　　B．计算机网络管理员
　　C．软件测试师　　　　　　　　　D．数据库系统管理员

3．下列职业中，不属于 IT 主体职业的是（　　）。

　　A．计算机平面设计师　　　　　　B．计算机网络管理员
　　C．软件测试师　　　　　　　　　D．数据库系统管理员

4．计算机操作系统包括 Windows、UNIX、Linux、（　　）等。

　　A．Windows XP　　　B．Windows 10　　C．iOS　　　　　　　D．Android

5．北大青鸟属于 IT 行业中的（　　）类。

　　A．计算机硬件行业　　　　　　　B．IT 服务业
　　C．计算机软件行业　　　　　　　D．计算机运营行业

二、填空题

6．计算机技术的三大支柱产业分别是_____、_____、_____。

7．IT 行业分为计算机硬件行业、计算机软件行业和_____。

8．写出至少两个招聘网站的名称：_____、_____。

9．ITSS 的中文名称为_____。

10．IT 服务的组成要素包括人员、_____、技术和_____，简称 PPTR。

三、判断题

11．网站开发师属于 IT 主体职业。　　　　　　　　　　　　　　　（　　）

12．软件测试师属于 IT 主体职业。　　　　　　　　　　　　　　　（　　）

13．越处于基层的职务对于执行力要求越高，越处于上层的职务对于愿景设计能力要求越高。　　　　　　　　　　　　　　　　　　　　　　　　　　　　　（　　）

四、资料题

14．张华即将实习，打算从事软件开发之类的职业，请为他到招聘网站查询苏州地区相关职位的招聘信息，了解职位名称、企业名称、职位月薪、工作地点、岗位职责和任职要求等，并整理成规范的岗位说明书，具体可参考下面的参考样表。

参考样表：

职位名称：PHP 开发人员
企业名称：苏州莱锐信息技术有限公司
职位月薪：4000～8000 元/月
工作地点：苏州吴中区郭巷街道吴淞江大道 111 号天运广场 5 号楼 16 楼层
岗位职责： 负责协助技术总监进行技术评测、bug 处理、代码开发 负责网站数据库、栏目、程序模块的设计与开发 按时按质完成公司下达的程序开发、系统评测等工作任务 定期维护网站程序，处理反馈回来的系统 bug 网站程序开发文档的编写 了解数据库，了解 Excel，具备业务逻辑能力，要求计算机专业或者懂计算机 **会 SQL 语句**
任职要求： 1．熟练应用 PHP，能独立完成程序的研发 2．熟悉 Ajax、Div、JavaScript、CSS 等常见技术 3．熟练掌握 MySQL 数据库，能独立编写 SQL 语句、存储过程 4．具有良好的编程风格，责任心强，有钻研精神 5．具有良好的团队精神 6．拥有网站开发经验者优先 7．大专及以上学历

第二章　IT企业文化

【学习目标】

通过本章的学习和训练，你将能够：
（1）重点理解企业文化的内涵。
（2）理解企业文化的构成要素。
（3）了解企业文化的基本功能。
（4）理解企业6S管理的内涵。
（5）掌握日本企业文化的特征。
（6）掌握美国企业文化的特征。
（7）掌握德国企业文化的特征。
（8）掌握中国企业文化的特征。

【案例导入】

在一家公司里面，有5种人：
A：写作工底深厚，负责撰写公司的各种文件报告，但工作责任心不强。
B：大事干不了，小事又不干，但社会活动能力强，解决问题的能力强。
C：典型的老黄牛型，技术过硬，勤勤恳恳，但不善交际，工作几年了，职位没有得升，闲时爱发点牢骚。
D：愣头青型，常跟领导争执。但为人真诚、热心，乐于助人，有正义感，对公司忠诚。
E：销售天才，为公司收入贡献大，常以其手中拥有的重量级客户而倚仗自重。对上级领导不太尊重，另外有点贪小便宜。

【案例讨论】

欧美公司、日本公司、中国内地的国有企业在具有用人的一般标准前提下，都有各自的企业文化特点，如何综合权衡？对上述几种人，这些分别会淘汰谁？

企业文化，或称组织文化（Corporate Culture 或 Organizational Culture），是一个组织由其价值观、信念、仪式、符号、处事方式等组成的其特有的文化形象。一个民族有一个民族的文化与传统，企业也同样如此，每个企业也有各自的经营理念与管理方式，从而就产生了拥有不同特点的企业团队与企业文化。民族观念、生活环境等的不同，也就决定了不同国家拥有不同的企业文化。

扫码看视频

体验一　企业文化概述

【任务】选择一家熟悉的 IT 企业，利用相机记录企业的文化氛围。

【目的】通过自身的实践活动，切身体会企业文化的内涵。

【要求】展示拍摄的企业文化照片，并做简要描述。

【案例】

松下写给员工的信

松下幸之助有一个习惯，就是爱给员工写信，述说所见所感。

有一天，松下正在美国出差，按照他的习惯，不管到哪个国家都要在日本餐馆就餐。因为他觉得看到穿和服的服务员，听到日本音乐，是一种享受。这次他也毫无例外地到日本餐馆就餐。当他端起饭碗吃第一口饭的时候，大吃一惊，因为他居然吃到了在日本没吃过的好米饭。松下想：日本是吃大米、产大米的国家，美国是吃面包的国家，居然美国产的大米比日本的还要好！"此时我立刻想到电视机，也许美国电视机现在已经超过我们，而我们还不知道，这是多么可怕的事情啊！"松下在信末告诫全体员工说："员工们，我们可要警惕啊！"

以上只是松下每月给员工一封信中的部分内容，这种信通常随工资袋一起发到员工手里。员工们都习惯了，拿到工资袋不是先数钱，而是先看松下说了些什么。员工往往还把每月的信拿回家，念给家人听。

松下几十年如一日地坚持每月给员工写封信，专写这一个月自己的见闻和感想。这也是《松下全集》的内容。松下就是用这种方式与员工进行沟通。员工对记者说："我们一年也只和松下见一两次面，但总觉得，他就在我们中间。"

松下就是通过这种方式倡导和传播松下公司的企业文化的。

（资料来源：杨沛霆，管理故事与哲理. 中外管理增刊，2003）

一、企业文化的概念

企业文化是在一定的社会经济文化大背景下形成的、与企业同时存在的一种意识形态和物质形态，是在企业这种人类经济活动的基本组织之中形成的组织文化。它与文教、科研、军事等组织的文化同属于组织文化的大范畴，但在表现形态上又具有独特的性质。当你走进企业，所感受到的气息与军营和大学所感受到的气息是截然不同的。这些不同就是各种组织文化的差异性，这也正反映出组织文化的客观存在性。

企业文化是企业成员共享的价值观体系和行为规范，是一个企业具有独特性的关键所在，企业文化的内涵大致包括以下几个方面。

（1）创新：企业管理者在多大程度上允许和鼓励员工进行创新和冒险。

（2）团队导向：企业管理者在多大程度上以团队而不是以个人来组织企业活动。

（3）集体学习能力：企业管理者在多大程度上注重整体学习能力的提升，而不是特别看重个人能力。

（4）进取心：企业员工的进取心和竞争性。

（5）注意细节：企业管理者在多大程度上期望员工做事缜密、严谨细致、精益求精且注意小节。

（6）结果定向：企业管理者在多大程度上集中注意力于结果而不是强调实现这些结果的手段与过程。

二、企业文化的要素

企业文化是一个完整的体系，由企业价值观、企业精神、企业伦理道德与企业形象四个基本要素组成。这四个基本要素以企业价值观为核心，相互影响，形成一个系统的互动结构。

1．企业价值观

企业价值观是由多种价值观因子复合而成的，具有丰富的内容，若从纵向系统考察，可分为如下三个层次。

（1）员工个人价值观。个人价值观是员工在工作、生活中形成的价值观念，包括人生的意义、工作目的、个人与社会的关系、自己与他人的关系、个人和企业的关系及对金钱、职位、荣誉的态度，对自主性的看法等。

（2）群体价值观。群体价值观是指正式或非正式的群体所拥有的价值观，它影响到个人行为和组织行为。正式群体是指有计划设计的组织体，它的价值观是管理者思想和信念的反映。非正式群体是指企业员工在共同工作过程中，由于共同爱好、情感、利益等人际关系而不自觉地影响着企业的组织行为和风气。

（3）整体价值观。企业整体价值观具有统领性和综合性的特点。它指导、制约和统率着个人价值观和群体价值观。员工和群体只有树立了企业整体价值观，才能坚定信念，将企业目标作为自己的远大抱负，而企业文化环境也会由此而形成，并进一步促使每个员工超越自我，把企业视为追求生命价值的场所，引发出企业惊人的创造力。

联想集团的企业整体价值观：

- 成就客户——我们致力于每位客户的满意和成功。
- 创业创新——我们追求对客户和公司都至关重要的创新，同时快速而高效地推动其实现。
- 诚信正直——我们秉持信任、诚实和富有责任感，不论是对内部还是外部。
- 多元共赢——我们倡导互相理解，珍视多元性，以全球视野看待我们的文化。

华为公司的企业整体价值观：

- 成为世界级领先企业。
- 员工是最大的财富。
- 发展核心技术体系。
- 利益共同体。

2．企业精神

企业精神是一个企业基于自身特定的性质、任务、宗旨、时代要求和发展方向，为谋求生存与发展，在长期生产经营实践基础上，经精心培育而逐步形成的，并为整个员工群体认同的正向心理定势、价值取向和主导意识。

每个企业都有各自具有特色的企业精神，它往往以简洁而富有哲理的语言加以概括。例如，同仁堂的"同修仁德，济世养生"，海尔的"敬业报国，追求卓越"，IBM 公司的"IBM 就是服务"，日本佳能公司的"忘了技术开发，就不配称为佳能"等。

3．企业伦理道德

企业是一个小社会，企业内部存在着股东、管理者、普通员工相互之间的错综复杂的关系，企业对外与社会公众也有多方面复杂的社会关系。正确处理和协调这些关系，以促进企业健康发展，就必须有相应的伦理道德。企业的伦理道德就是指调整企业与员工、管理者与普通员工、员工与员工、企业与社会公众之间的关系的行为规范的总和。

如德胜洋楼有限公司的君子文化如下：

- 不实行打卡制。
- 可以随时调休。
- 可以请长假去另外的公司闯荡，最长可达 3 年，并保留工职和工龄。
- 对处于试用期的员工提出特别提示——您正从一个农民工转变为一名产业工人，但转变的过程是痛苦的。
- 费用报销不必经过领导审批。
- 带病工作不仅不会受表扬，反而会受到相应的处罚。

关于 IT 的伦理和道德主要包含以下四个方面：

（1）个人隐私问题。个人隐私包括传统的个人隐私和现代个人数据两部分。传统的个人隐私包括姓名、出生年月、身份证编号和教育情况等。现代个人数据包括用户名和密码、IP 地址等。计算机隐私侵权行为会使公民的人身权利受到侵害，还可能导致人们价值观、人生观的变化，引起伦理道德问题，引发一系列网络社会和现实社会问题，不利于和谐社会的构建。

（2）计算机软件知识产权。每一个软件都是开发人员智慧的结晶，如果软件的代码与核心思想未经开发者允许而被人直接复制使用的话，那么侵权者就可以不费吹灰之力地谋求经济效益。这样不仅有违人类的伦理道德，而且会对开发者的创造积极性造成极大的打击，导致计算机软件产业可能因此而停滞不前。

（3）计算机病毒。研制计算机病毒不仅有违科学研究中的伦理与道德，而且会破坏计算机硬盘，导致用户隐私、机密文件泄露，使公民的个人利益受损，企业蒙受巨大的经济损失，使国家机密泄露，从而危及社会的安定。比如 1998 年蠕虫计算机病毒，使得数千台计算机停止运行，造成了网络的崩溃，直接经济损失达 9600 万美元。由此可见，计算机病毒的破坏力是相当惊人的。总之，不管是无心还是有心为之，研制者都应受到法律的制裁和伦理道德的谴责。

（4）黑客。黑客即"利用自己在计算机方面的技术，设法在未经授权的情况下访问他人的计算机文件或网络的人"。比如在 2000 年，绰号黑手党男孩、年仅 15 岁的黑客成功入侵包括雅虎、eBay 和 Amazon 在内的大型网站服务器，使服务器无法向用户提供内容。黑客的行为是有违伦理与道德的，对个人、社会、国家来说，危害是极大的。

作为新一代的计算机人，我们需要坚守人类的底线，绝不能肆意使用自己的技术，违背 IT 伦理与道德。

4. 企业形象

企业形象是企业文化的外显形态，既是企业文化的一个组成部分，又是企业文化的载体。所谓"企业形象"，就是社会公众对企业综合评价后所形成的总体印象。如麦当劳以"M"形拱门为标志，IBM 公司的企业形象标志由为几何造型的、组成"IBM"的三个大写字母并列组合而成。

三、企业文化的基本功能

企业文化作为一种新的管理方式，不仅强化了传统管理方式的一些功能，而且具有很多传统管理方式不能完全替代的功能。这些功能总结如下：

（1）导向功能。企业文化反映了企业整体的共同追求、共同的价值观和共同的利益，对企业经营者和生产者的思想、行为产生导向作用。良好的企业文化使员工潜移默化地接受本企业的价值观，使员工在文化层面上结成一体，朝着一个共同的确定的企业目标而奋斗。

（2）凝聚功能。在特定的文化氛围之下，全体员工通过自己的切身感受，产生出对本职工作的自豪感和使命感，对本企业的企业目标、准则和观念的认同感和归属感，使员工把自己的思想、感情和行为与整个企业联系起来，使企业产生强大的向心力和凝聚力，发挥出整体优势。

（3）激励功能。在企业文化营造的尊重人、理解人、关心人的氛围中，激发和调动全体成员的积极性和创造性，使其团结在一起，为实现企业目标而拼搏。

（4）约束功能。通过企业文化所带来的制度文化和道德规范，员工们自觉接受文化的规范和约束，按照企业价值观的指导进行自我管理和控制，使其符合企业价值观念和企业发展的需要。

（5）调节优化功能。调节优化功能能起到优化组织机构、简化管理过程的作用，也可以优化经营决策。它始终把企业的价值观看作引导企业经营决策的最终依据和衡量决策方案优劣的最终尺度。另外，在企业文化的作用下，全体成员有着共同的价值观和语言，相互信任相互理解，能进行充分的交流，在工作中形成良好的人际关系等。

（6）塑造形象功能。优秀的企业总是向社会展示良好的管理风格、经营状况及积极的精神风貌，从而塑造出良好的企业形象，以赢得顾客和社会的承认和信赖。

（7）辐射功能。企业是社会的细胞，企业文化不仅在企业内部发挥作用，对本企业职工产生影响，还会通过企业职工与外界的交往，把企业的优良作风、良好的精神风貌辐射到整个社会中，对全社会的精神文明建设和社会风气的好转产生积极的影响。

（8）应变功能。由于环境在不断发生变化，所以企业文化必须富有灵活性，能快速适应环境变化的要求。

【训练活动】

●　活动一：阅读《海尔的"砸冰箱"事件》，思考海尔的企业文化特点。

【故事】

海尔的"砸冰箱"事件

1985 年，一位用户向海尔公司反映工厂生产的电冰箱有质量问题。时任首席执行官的张瑞敏发现仓库中不合格的冰箱还有 76 台。研究处理办法时，干部提出意见：将不合格冰箱作为福利发给本厂的员工。张瑞敏却作出了有悖"常理"的决定：开一场由全体员工参加的现场会，将 76 台冰箱当众砸掉，而且由生产这些冰箱的员工亲自砸。张瑞敏认为随意处理这些不合格产品将不利于员工形成质量意识，不能用任何姑息的做法来告诉大家可以生产这种有缺陷的冰箱，否则今天是 76 台，明天就可能是 760 台、7600 台……所以处理方式，必须要有震撼作用。结果就是一柄大锤真正砸醒了海尔人的质量意识。至于那把著名的大锤，海尔人已把它摆在了展览厅里，让每一个新员工参观时都牢牢记住它。海尔提出："有缺陷的产品，就是废品！"海尔注重质量管理，提倡"优秀的产品是优秀的员工干出来的"，从转变员工的质量观念入手，进行品牌经营。坚持"海尔创世界名牌：第一是质量，第二是质量，第三还是质量"的宗旨，使其产品走向世界。张瑞敏通过"砸冰箱"事件使海尔职工树立起了"有缺陷的产品就是废品"的观念，以此为开端狠抓管理制度建设，进行产品质量控制，使海尔迈上了飞速发展之路。通过狠抓质量管理，海尔获得了我国电冰箱的首块质量金牌，海尔品牌得以初步树立。

作为一种企业行为，海尔砸冰箱事件不仅改变了海尔员工的质量观念，为企业赢得了美誉，而且引发了中国企业质量竞争的局面，反映出中国企业质量意识的觉醒，对中国企业及全社会质量意识的提高都产生了深远的影响。

● 活动二：将学员分成 8～10 人一组，每组用 30 分钟确定小组的口号并设计出标志。

体验二　企业 6S 管理

【任务】总结一流、二流、三流公司在管理上的显著区别。

【目的】深刻理解企业 6S 管理的内容及标准，并明确采用该管理方式的意义。

【要求】举例说明一流、二流、三流公司的内部特征。

【案例】

学生宿舍是学生学习、生活和休息的重要场所，是学校教育学生的主要阵地，学生宿舍环境和氛围状况直接影响学生的成长。6S 管理是世界先进的企业现场管理方法，而某高校学生则把它应用到了自己的宿舍管理之中，其所在宿舍被评为学校的高雅宿舍。6S 宿舍管理内容如下所述。

清理：对宿舍的东西进行区分，对琐碎的凌乱的东西进行分类摆放，以腾出空间，防止误用，营造清爽的宿舍环境。

整顿：将常用物品摆放在规定位置，让宿舍的物品一目了然，以减少寻找物品的时间。

清扫：将宿舍的死角清扫干净，防止细菌、蚊虫滋生，保证宿舍环境卫生，保持宿舍干净整齐。

清洁：将整理、整顿、清扫进行到底，整体改善宿舍的环境。

素养：每位成员养成良好的习惯，遵守规则，培养积极主动的精神。

安全：培养安全第一的观念，防患于未然。

一、6S 管理的内容

6S 管理是指对生产现场各生产要素（主要是物的要素）所处状态不断进行整理、整顿、清扫、清洁以及提高素养和安全的活动。由于整理（Seiri）、整顿（Seiton）、清扫（Seiso）、清洁（Seiketsu）、素养（Shitsuke）和安全（Safety）这六个词在日语中罗马拼音或英语中的第一个字母都是"S"，所以简称6S。

1. 整理（Seiri）

把"要"和"不要"的物品、产品分开。处理不要的物品、产品，使"不要"的物品、产品不会过多占据空间，也不会阻碍正常的生产作业。例如：处理仓库里不需要的物品、产品；处理已没有生产效益的产物及不能再使用的设备、工具；清除厂房四周的杂草。

2. 整顿（Seiton）

对要用的物品进行"定位""定量"，使其随手可得，减少拿取的时间。例如：设备、工具以固定的方式及在固定的地点放置；先存储的原料、物料先使用，以免因腐坏、生锈等而造成浪费。

3. 清扫（Seiso）

打扫尘污，修复异常，防止意外发生。例如：定期清扫、检查工具与设备；定期检查厂房的设施、屋顶。

4. 清洁（Seiketsu）

随手复原，维持整理、整顿、清扫的成果防止意外、异常的发生。例如：制作设备检查记录表或记录看板，以免忘记进行定期检查工作；在仓库中制作各区存储标示牌，以定位、定量地存储货物。

5. 素养（Shitsuke）

养成遵守纪律的习惯，让习惯成为自然，以提高品质。例如：制作现场工作重点、流程看板，并养成遵守的习惯。

6. 安全（Safety）

重视全员安全教育，培养安全第一的观念，防患于未然。例如：张贴安全标志，作业区穿戴安全服饰等。

二、6S 管理的作用

1. 提升企业形象

实施 6S 管理，有助于企业形象的提升。整齐清洁的工作环境，不仅能使企业员工的士气得到鼓舞，还能提高顾客的满意度，从而吸引更多的顾客。因此，良好的现场管理是吸引顾客、增强客户信心的最佳广告。此外，良好的企业形象可使 6S 企业成为其他企业学习的对象。

2. 提升员工归属感

6S 管理的实施，还可以提升员工的归属感，使员工成为有较高素养的员工。在干净、整洁的环境中工作，员工的成就感可以得到一定程度的满足。由于 6S 管理要求进行不断的改善，因而可以增强员工进行改善的意愿，使员工更愿意为工作现场付出爱心和耐心，进而培养"工厂就是家"的感情。

3. 减少浪费

企业实施 6S 管理的目的之一是减少生产过程中的浪费。由于各种不良现象的存在，导致在人力、场所、时间等多方面给企业造成了很大的浪费。实施 6S 管理可以明显减少人员、时间和场所的浪费，降低产品的生产成本，其直接结果就是为企业增加利润。

4. 保障安全

降低安全事故发生的可能性，这是很多企业特别是制造加工类企业一直寻求的重要目标之一。6S 管理的实施，可以使工作场所显得宽敞明亮。地面上不随意摆放不应该摆放的物品，会使通道比较通畅，可以促使各项安全措施落到实处。另外，6S 管理的长期实施，可以培养工作人员认真负责的工作态度，这样也可以减少安全事故的发生。

5. 提升效率

6S 管理可以帮助企业提升整体的工作效率。优雅的工作环境，良好的工作气氛以及有素养的工作伙伴，都可以让员工心情舒畅，更有利于激发员工的工作潜力。另外，物品的有序摆放减少了物料的搬运时间，工作效率自然能得到提升。

6. 保障品质

产品品质保障的基础在于做任何事情都持认真的态度，杜绝马虎的工作态度。实施 6S 管理有利于消除工厂中的不良现象，防止工作人员马虎行事，这样有利于保障产品品质。例如，在一些生产数码相机的厂家中，对工作环境的要求是非常苛刻的，空气中若混入灰尘就会造成数码相机品质下降，因此在这些企业中实施 6S 管理尤为必要。

三、6S 管理的误区

在 6S 管理实施过程中存在很多误区，具体表现在以下方面。

误区一：6S 管理=大扫除

很多员工认为，6S 管理就是打扫卫生，清洁周围环境。在整理阶段，为了应付检查，有的员工在大扫除时把原本有用的化验员读本等书也扔了，认为没有地方可供摆放。其实，整理整顿不是扔东西，而是清除无用的，然后将有用的物品分类摆放、明确数量。6S 管理是持续改进的活动，在于员工素养的养成，营造整洁的工作环境，而大扫除是临时性活动。

误区二：6S 管理检查=检查评比

有的企业误认为推进 6S 管理就是定期对各部门现场进行 6S 管理检查评比。没有其他有效的活动，光靠检查评比是很难持续提升 6S 管理水平的。6S 管理活动须循序渐进地推进，必须在活动过程中注入具体的内容，而评比检查只是活动内容的一部分。6S 管理检查评比充其量只能帮助企业维持一定的清扫水平，期待通过检查评比来提升 6S 管理水平是不够的。

误区三：6S 管理=追求进度

有的企业在推行 6S 管理中违反了客观规律，光凭自己的主观意愿去办事情，结果必然不理想。有的单位没有对员工进行培训，就按照 6S 管理的要求，让员工去画线、摄像定位等。在管理人员的指导下，现场环境明显改善，但部分员工却不知其所以然，只是被动接受，因此往往收不到理想的效果，其 6S 管理就成了"空中楼阁"。

误区四：6S 管理=企业形象工程

在推进过程中，企业除了张贴 6S 管理宣传画、标语口号外，还要求对个人内务进行整理。部分员工认为这种方式会使自己的自由受到限制，隐私受到侵犯，只是企业的形象工程。

其实，文件资料等分类摆放，有助于减少查找时间，提高工作效率。因为在以往的工作中，我们经常为找一样东西花费大量的时间，这也是一种浪费。

误区五：6S 管理考核=罚款

有的企业在对基层单位进行 6S 管理考核中，对不合格者予以罚款，这引起员工的不满。因此，企业在推进 6S 管理中，应多采用正向激励法，鼓励员工不断地提出合理化建议，采纳与否都给予反馈，并对提出好建议或政策执行情况好的员工给予奖励。

误区六：6S 管理活动=员工活动

"6S 管理活动=员工活动"这种认识混淆了全员参与和自发行动的含义，认为强调全员参与就是要员工自觉参与。其实 6S 管理活动是全员参与的活动，但不可以放任不管。企业领导如果决定在企业内推进 6S 管理活动，就要做好长期推进、坚持不懈的思想准备。要有效推进这项活动，持续保持从公司高层自上而下的强大推动力十分必要，同时也是 6S 管理成功的关键。

【训练活动】

- 活动一：请问企业为什么要推行 6S 管理？
- 活动二：结合所在学校或企业，设计其特定场所的如宿舍、食堂、班级、实训场室、生产车间、办公室等区域的 6S 管理方案和手册。

扫码看视频

体验三　企业文化的比较

【任务】做一份市场调研，收集整理本地区各国企业文化的资料。

【目的】通过市场调研，真实感受各国企业文化，为就业做好准备。

【要求】尽量涉及各个国家，资料整理规范全面。

【案例】

文化差异

日本的一家公司要招聘 10 名员工，一个叫水原的青年在录取名单上没有看到自己的名字，因而悲痛欲绝，回到家中便要切腹自杀，幸好亲人抢救及时。正当水原悲伤之际，却从公司传来好消息：水原的成绩原是优异的，只是由于计算机的错误导致了水原落选。正当水原一家人欣喜若狂之时，又从公司传来消息：水原被公司取消录用。原因很简单，公司老板说：如此小的挫折都受不了，这样的人在公司是不会成什么大事的。

美国的一家公司要招聘 10 名员工，经过一段严格的面试，公司从三百多名应聘者中选出了 10 位佼佼者。公布录用名单这天，一个叫汤姆的青年看见名单上没有自己的名字，悲痛欲绝，回到家中要举枪自尽，幸好亲人及时发现。正当汤姆悲伤之时，从公司传来好消息：汤姆的成绩原是优异，只是由于计算机的错误导致了汤姆落选。正当汤姆一家人欣喜若狂之时，美国各大州的知名律师都来到汤姆的家中，他们鼓动汤姆到法院起诉这家公司，索要巨额的精神赔偿，并自告奋勇地充当汤姆的律师。

德国的一家公司要招聘 10 名员工，公布录用名单这天，一个叫萧恩的青年看见名单上没有自己的名字，悲痛欲绝，要跳河自杀，幸好亲人及时抢救。正当萧恩悲伤之时，从公司传来好消息：萧恩的成绩原是优异的，只是由于计算机的错误导致了萧恩落选。正当萧恩欣喜若狂之时，萧恩的父母却坚决反对自己的儿子进入这家公司。他们的理由是这家公司作业效率如此差劲，进入这家公司对儿子的成长毫无益处。

中国的一家公司要招聘 10 名员工，公布录用名单这天，一个叫志强的青年看见名单上没有自己的名字，悲痛欲绝，回到家中便要悬梁自尽，幸好亲人及时抢救。正当志强悲伤之时，却从公司传来好消息：志强的成绩原是优异的，只是由于计算机的错误导致了志强落选。正当志强欣喜若狂之时，志强的父母来到公司，一看到公司老板便跪了下来，他们含泪说道："多亏你救了我儿子，我们家世世代代感谢你的大恩大德！"

面对同样一件事情，不同文化背景的人作出了不同的反应。

（资料来源：http://bbs.tiexue.net/post2_3400233_1.html，2009-03-04）

一、日本的企业文化

1. 日本企业文化的特征

日本企业文化是和日本的传统文化及民族心理紧密地联系在一起的。日本的传统文化和民族心理，一方面深受中国传统文化的影响，另一方面又带有日本特有的"家族"色彩。当这些传统文化和民族心理与现代企业管理相结合时，就形成了独具特色的管理方式和企业文化特色。其主要有以下两大特征：

（1）强调企业理念的重要性。日本企业一向重视经营理念，强调通过优良的产品、周到的服务来回报和服务社会，从而赢得好评，延续企业的生命。其往往用厂歌、厂训、厂徽等方式来表现企业文化和经营理念，并时时刻刻向员工灌输，使之成为座右铭。如丰田公司的"优良的产品、世界的丰田""车到山前必有路，有路必有丰田车"，显示出向全世界进军的企业文化精神和气概。与西方企业仅仅追求利润最大化的奋斗目标不同，日本企业文化蕴含着强调追求经济效益和报效国家的双重价值目标。

（2）以人为本，重视团队精神的发挥。日本民族受中国儒家文化影响较深，具有长期的家族主义传统，具有较强的合作精神和集体意识。员工与企业之间保持着较深厚的"血缘关系"，对企业坚守忠诚、信奉规矩，有着很强的归属感。日本企业团结精神，以下述三项制度为保障。

1）终生雇佣制。日本企业一般不轻易解雇员工，注重使员工产生成果共享、风险共担的心理。

2）年功序列工资制。晋升工资主要凭年资，相应的职务晋升也主要凭年资。资历深、工龄长的员工晋升的机会较多，并保证大部分员工在退休前都可升到中层位置。这种制度是以论资排辈为基础的，员工工作时间的长短和对企业的忠诚度比工作能力更重要。

3）按企业组织工会，把劳资关系改造为家族内部关系，劳资之间的冲突和交涉只限于企业内部，强调"家丑不可外扬"。这是日本企业文化的典型表现。

2. 案例——松下公司的管理哲学

松下电器公司是全世界著名的电器公司。松下幸之助是该公司的创办人和领导人。松下是日本第一家用文字明确表达企业精神或精神价值观的企业。松下精神是松下及其公司获得成功的重要因素。

（1）松下精神的形成和内容。松下精神并不是公司创办之日就产生的，它的形成有一个过程。松下幸之助认为，人在思想意志方面，有容易动摇的弱点。为了使松下人为公司的使命和目标而奋斗的热情与干劲能持续下去，应制定一些戒条，以时时提醒自己。于是，松下电器公司首先于1933年7月制定并颁布了"五条精神"，其后在1937年又议定附加了两条，形成了松下七条精神：产业报国的精神、光明正大的精神、团结一致的精神、奋斗向上的精神、礼仪谦让的精神、适应形势的精神、感恩报德的精神。

（2）松下精神的教育训练。松下电器公司非常重视对员工进行精神价值观即松下精神的教育训练，教育训练的方式概括如下。

1）反复诵读和领会。松下幸之助相信，让职工反复诵读和领会公司的目标、使命、精神和文化，是使员工将其铭记于心的有效方法，所以每天上午8时，松下公司遍布日本的所有员工就同时诵读松下七条精神，一起唱公司歌。其用意在于让全体职工时刻牢记公司的目标和使命，时时鞭策自己，使松下精神得以持久地发扬下去。

2）所有工作团体的成员，每个人每隔 1 个月至少要在他所属的团体中，进行 10 分钟的演讲，解说公司的精神和公司与社会的关系。松下认为，说服别人是说服自己最有效的办法。

3）隆重举行新产品的出厂仪式。松下认为，当某个集团完成一项重大任务的时候，每个集团成员都会感到兴奋不已，他们可以从中看到自身存在的价值，而这时便是进行团结一致教育的良好时机。

4）"入社"教育。进入松下公司的人都要经过严格的筛选，然后由人事部门进行进入公司的"入社"教育，要郑重其事地诵读松下宗旨、松下精神，学习公司创办人松下幸之助的"语录"，学唱松下公司之歌，参加公司创业史"展览"。

5）管理人员的教育指导。松下幸之助常说："领导者应当给自己的部下以指导和教诲，这是每个领导者不可推卸的职责和义务，也是培养人才方面的重要工作之一。"

6）自我教育。松下公司强调，为了充分调动人的积极性，经营者要具备对他人的信赖之心。公司应该做的事情很多，然而首要一条是经营者要给职工以信赖，人在被充分信任的情况下才能勤奋地工作。

（3）企业管理的实践性哲学。松下幸之助认为，企业管理是实践性哲学，管理的智慧来源于实践。松下公司长期形成的企业文化也突出地表现在它的实践性上。

1）强化企业命运共同体建设。松下公司是日本第一家有公司歌曲和价值准则的企业。一名高级管理人员说，松下公司好像将全体员工融为了一体。

2）强调将普通人培训为有才能的人。在进行总体企业文化培育的前提下，把培养人才作为重点。松下幸之助说："松下电器公司是制造人才的地方，兼而制造电器产品。"他认为，事业是人为的，而人才的培育才是当务之急。

3）注重经营性的、丰富的企业文化建设，使员工有新鲜感，这样更易于职工自觉接受公司文化。每年年终时，公司动员职工提出下一年的行动口号，然后将其汇集起来，由公司宣传部口号委员会进行挑选、审查，最后报总经理批准、公布。

二、美国的企业文化

1. 美国企业文化的特征

美国是现代管理理论的发源地。美国企业文化的实质和核心有两条：一是强调个人作用，或叫倡导个人能力主义；二是重视管理硬件，追求理性化管理。

（1）重视自我价值的实现。美国著名的苹果公司认为，要开发每个人的智力闪光点。"人人参与""群言堂"的企业文化，使该公司不断开发出具有轰动效应的新产品。从笔记本式苹果机到现在为全球所有追求时尚生活的人群所追捧的 iPad 产品系列，无不折射出该企业的文化特点。

（2）提倡竞争和献身。竞争出效益，竞争出成果，竞争出人才，但竞争的目的不在于消灭对手，而在于参与竞争的各方更加努力工作。美国企业十分重视为职工提供公平竞争环境和竞争规则，充分调动其积极性，发挥他们的才能。

IBM 公司对员工的评价是以其贡献来衡量的，提倡高效率和卓越精神，鼓励所有管理人员成为计算机应用技术专家。福特汽车公司在提升干部时，凭业绩取人，严格按照其能力对应其职位的原则行事。福特公司前总裁亨利·福特说："最高职位是不能遗传的，只能靠自己去争取。"

（3）实施制度化管理。制度是美国企业的精髓，不论做什么事，都一定要先建立好制度及标准化的作业流程，一旦有问题，先考虑是否是制度有弊端，然后再考虑人为因素。

（4）坚持质量第一、顾客至上的经营理念。一是在科学的理论指导下，建立严格的质量保证体系；二是坚持"顾客总是对的"，千方百计地维护消费者利益。

（5）崇尚英雄的企业家精神。英雄人物是人生成功的标志和象征，也是社会评价一个人价值的尺度。美国出版了大量的人物传记，尤其是企业家的传记更是多如牛毛，目的在于向世人彰显英雄形象，激发人们学习英雄，并通过艰苦拼搏使自己成为英雄的意识。

2. 案例——微软公司的企业文化

比尔·盖茨独特的个性和高超技能造就了微软公司的文化品位。微软的企业文化大概可以归纳为以下几个方面。

（1）微软文化的基石——保持激情。

比尔，盖茨认为：一个成就事业的人，最重要的素质是对工作的激情，而不是能力、责任或其他（虽然它们也不可或缺）。正如他自己所说："每天早晨醒来，一想到所从事的工作和所开发的技术将会给人类生活带来巨大影响和变化，我就会无比兴奋和激动。"他的这种理念成为了微软文化的基石，也让微软王国在IT世界傲视群雄。微软招聘人才的六大人才观如下所述：

1）敬业精神。拥有良好的职业道德是在微软工作的基础，这是微软最强调的。职业道德包含了很多内容，敬业是其中最重要的要求之一。

2）工作热情。比尔·盖茨是个充满激情的人，微软人喜欢在激情中高效率地工作。

3）团队精神。作为微软人，必须学会成为团队的一分子，为团队贡献力量。

4）快速学习能力、解决问题的能力与独立工作能力。

5）创新精神。微软有句流行的话是"努力地工作，聪明地工作"。

6）责任心。不轻易承诺，一旦答应了就要做到，就要做好。

（2）微软文化的使命——挖掘潜力。微软所秉承信念的核心是"潜力"。微软认为人类的想象力是没有穷尽的，人的潜力是无限的。衡量事业成功的真正尺度并非体现在软件产品本身所具备的功能上，而是体现在软件产品能在多大程度上释放人们的潜力上。

（3）微软文化的特色——校园文化。微软的员工称，企业园区中充满了校园的气息，大学校园叫Campus，微软研究院也叫Campus，并不像一家大型软件公司，这里似乎感觉不到多少商业气息。在微软总部的园区里，随处可以看到鲜花、草坪和林荫道，也有许多篮球场、足球场、棒球场。

在这里，你所要做的和应该做的就是专心于自己的工作。在微软，工作成了一种乐趣，员工和公司的前途是紧紧连在一起的。微软人有着强烈的主人翁意识，这使得他们对于任何事情都从公司角度出发，全力以赴。

（4）微软文化的重要组成部分——团队精神。微软的团队精神是微软文化管理的重要组成部分。团队精神激发人们内心中美好的一面，团队的力量帮助大家实现工作目标、获得个人价值，团队沟通让微软员工在企业内部获得社交需求的满足。

三、德国的企业文化

1. 德国企业文化的特征

德国企业文化明显区别于美国的以自由、个性、追求多样性、勇于冒险为特征的企业文化，也区别于日本企业强调团队精神在市场中取胜的企业文化，具体表现如下。

（1）以人为本的柔性管理。德国企业文化强调"以人为本"，注重提高员工素质，开发人力资源。他们十分注重法治，要求必须按照国家的法律依法经营，雇主和员工都极其重视法律和契约。

德国是世界上进行职业培训教育最好的国家之一，其法律规定约有三项：一是带职到高等学校学习；二是在企业内部进修；三是由劳动总署组织并付费的专项职业技能培训。

（2）制度化的硬性管理。德国企业的经营理念是以追求利润最大化为终极价值目标，但经营理念必须落实到制度层面。俗话说"没有规矩，不成方圆"，良好的理念必须要有一套行之有效的制度文化来加以保证，才能有效提升企业的竞争力。

（3）加强员工的责任感。德国企业文化体现出企业员工具有很强的责任感。这种责任感包括家庭责任、工作责任和社会责任，他们就是带着这种责任感去对待自己周围的事物的。企业对员工强调的主要是工作责任，尤其是每一个人对所处的工作岗位或生产环节的责任。

（4）具有精益求精的意识。德国企业非常重视产品质量，强烈的质量意识已成为企业文化的核心内容，深深植根于广大员工心目中。大众公司在职工中树立了严格的质量意识，强调对职工进行职业道德熏陶，在企业中树立精益求精的质量理念。

（5）注重实效，融入管理，树立良好企业形象。德国企业非常注重实际，它们以精湛的技术、务实的态度和忠诚的敬业精神进行经营。它们将企业文化建设融入企业管理，注重实际内容，不拘泥于具体形式，说得少而做得多。除此之外，德国企业还特别重视有效的形象宣传，那些在德国乃至世界各地树起的"奔驰""大众""西门子"等具有国际竞争力和时代气息的德国跨国集团的品牌标识，已经成为企业实力的象征。

2. 案例——舍弗勒的企业文化

（1）舍弗勒集团的企业经营战略。作为一个家族企业，舍弗勒集团意识到，其有责任在一个发展越来越快、半衰期预测越来越短的世界里不断进取，必须保持竞争力，共同努力实现目标。其追求卓越；INA、LUK 和 FAG 三大品牌共同成长，构成舍弗勒集团。有决心持之以恒，确保可持续发展，并对公司充满热情："我们共同推动世界。"

舍弗勒集团注重进一步提升员工的能力，并重视对研发的投资。其依照客户的期望做出决策。在成长中的和新兴的市场，客户要求能保持接近。技术和商业专长、员工的敬业奉献、从未丧失全球视野的区域联系都是其成功的基础。

高度负责的管理和公司的持续进步已成为企业发展的一大特色，此外，其还积极构建公司历史和企业文化之间的有机联系。其培养超凡的使命感、彼此信赖，并具备可靠性。

以上特质引领其取得强有力的业绩和持续发展。

在"家族企业"精神的指引下，舍弗勒集团的股东和管理层将继续视负责任地、成功地推动公司发展为己任。

（2）舍弗勒集团的行为准则。舍弗勒集团将一如既往地承担所有集团子公司的社会责任，并视其为企业持续成功的前提条件。舍弗勒集团的行为准则以"全球"九项原则、"企业社会责任的全球沙利文原则"以及"国际社会责任"的标准为基础。这里所说的基本原则构成了其需要达到的最低标准，并不影响各国根据相关的文化背景增加特定内容，具体如下。

人权——我们承诺在所能影响的领域内，遵守国际公认的人权准则。

强迫劳动——我们绝不参与或赞同任何形式的强迫劳动。

童工——我们绝不参与或赞同使用任何形式的童工。

报酬及工时——我们承认工人取得适当报酬的需要，并在各劳动力市场遵守法律保障的最低工资标准。我们在各个工作场所遵守工时规定。

与员工及员工代表的关系——我们尊重员工自愿结社的自由。除此之外，我们也鼓励员工直接向管理层表达他们的利益诉求。

工作和家庭的谐调——我们是一个家族企业，通过宜于家庭的安排与规定，我们努力提高员工的满意度和工作动力，并由此提升整个集团的业绩。

健康与安全——我们旨在提供一个安全和健康的工作环境，该环境满足或优于适用的职业健康和安全标准。我们会采取措施避免由工作环境引起的工伤及职业病。

劳动力发展——我们将员工的发展视为对公司未来的关键投资。我们同样重视社会发展和技术专长。

责任——我们相信每一位员工都具备遵守行为规范，并鼓励同事遵守的责任意识。管理层有责任强化上述原则，使之融入我们的规范和政策。

（注：原文节选自舍弗勒集团网站）

四、中国的企业文化

1. 中国企业文化的特征

（1）提倡艰苦创业。自力更生，艰苦奋斗，发奋图强，迎难而上，自强不息，勇争一流。

（2）人本主义。以人为本，体现在选人、用人、育人、爱人等方面，重视人才，讲究用人之道；体现"人和""亲和"精神，吸收员工参与管理，强调培养主人翁意识；强调"天人合一"、和谐友爱。

如深圳华为公司的核心价值观，其主要包括以下方面。第一，以人为本，尊重个性，集体奋斗，视人才为公司的最大财富，而又不迁就人才。第二，在独立自主的基础上开放合作和创造性地发展世界领先的核心技术体系，崇尚创新精神和敬业精神。第三，爱祖国、爱人民、爱事业和爱生活，绝不让雷锋吃亏。第四，在顾客、员工与合作者之间结成利益共同体。

（3）重情重义。尊重人格，促进沟通，实施心理影响，施以"人性化管理"，将"义"作为职业道德、信誉投资、责任和义务，让利于顾客、伙伴、员工；具有"家理念"，爱厂如家，建立顺畅的人际关系，培养团队精神，内聚而不排外，外争而不无序。

（4）提倡集体主义、全局观念和文化沟通。决策注重集体主义，集思广益，形成群体决策、民主集中的决策机制，但权力相对分散，责任不易明确，行动比较迟缓，效率较低；推崇"群体至上"，"集体利益大于个人利益"，注重全局观念、整体和谐。

（5）重教化，树形象。重视教育培训，捐资助学，出资办学，以多种形式赞助科学、文化、教育、体育活动等，树立企业形象。

2. 案例——华为公司的特色文化

华为公司的四大特色文化：

（1）狼性文化。在华为公司的发展历程中，任正非的危机意识特别强，在管理理念中也略带"血腥"，他认为做企业一定要发展一批狼。因为狼有让自己活下去的三大特性：一是敏锐的嗅觉；二是不屈不挠、奋不顾身的进攻精神；三是群体奋斗。正是这些凶悍的企业文化，使华为公司成为使跨国巨头都寝食难安的一匹"土狼"。

（2）垫子文化。据说在华为公司创业初期，每个员工的桌子底下都有一张垫子，就像部队的行军床。除了供午休之外，更多是为员工晚上加班加点地工作提供休息地。

（3）不穿红舞鞋。在《华为公司基本法》的开篇，关于核心价值观的第二条就做了如此描述："为了使华为公司成为世界一流的设备供应商，我们将永不进入信息服务业。通过无依赖的市场压力传递，使内部机制永远处于激活状态。"

在任正非眼里，电信产品之外的利润，就像红舞鞋，虽然很诱人，但是企业穿上之后就脱不下来，只能在它的带动下不停地舞蹈，直至死亡。因此，任正非告诫下属，要经得住其他领域丰厚利润的诱惑，要专注于公司现有领域，不要穿红舞鞋。

（4）文化洗脑。每一位新员工入职时，都需要接受华为企业文化的"洗脑"。使大家认同、接受华为公司的企业文化，拧成一股绳，撸起袖子加油干！

华为文化的四大特点：

（1）远大的追求，求实的作风。华为公司的远大追求主要表现在三方面：实现顾客的梦想，成为世界级领先企业；在开发合作的基础上独立自主和创造性地发展世界领先的核心技术和产品；以产业报国，振兴民族通信工业为己任。

（2）尊重个性，集体奋斗。华为公司不流行偶像崇拜，不推崇个人主义，强调集体奋斗，也提供个人充分发挥才能的平台。高技术企业的生命力在于创新，而突破性的创新和创造力实质上是一种个性行为。这就要求尊重人才、尊重知识、尊重个性。但高技术企业又要求高度的团结合作，今天的时代已经不是爱迪生的时代，技术和产品的复杂性，致使必须依靠团队协作才能攻克难关。

（3）结成利益共同体。企业是一种功利组织，但是为了谁谋利益的问题必须解决，否则企业不可能会有长远发展。

企业应该奉行利益共同体原则，使顾客、员工与合作者都满意，这里合作者的含义是广泛的，是与公司利害相关的供应商、外协厂家、研究机构、金融机构、人才培养机构、各类媒介和媒体、政府机构、社区机构，甚至目前的一些竞争对手都是公司的合作者。

（4）公平竞争，合理分配。华为公司的价值评价体系和价值分配制度是华为成功的关键。华为本着实事求是的原则，从自身的实践中认识到：劳动、知识、风险和企业家的管理共同创造了公司的全部价值，公司是用转化为资本的方式使劳动、知识、风险和企业家的管理的积累贡献得到合理的体现和报偿。

【训练活动】

- 活动一：观看一些具有代表性的产品广告宣传片，体会创意设计的思想来源，用以体现怎样的企业文化和产品优势。

- 活动二：你愿意在怎样的企业工作？你应该提升自己哪些方面的素质才能适应相应公司的企业文化？

● 活动三：游戏"紫气东来"。

游戏规则：

（1）培训师将学员们分成 5 个人一组。给每个组一些纸和笔，建议每个组的学员围成一圈坐到一起。

（2）学员们有 10 分钟的讨论时间，分别列举出 10 种最不受人欢迎和最受人欢迎的氛围，如放任、愤世嫉俗、独裁、轻松、平等等。

（3）每个组派一名代表将本组的答案公布出来，然后让他们解释选择这些答案的原因。

（4）大家讨论一下，怎样的公司氛围才最适合公司发展。

游戏编排的目的：

公司氛围决定人们之间的沟通和合作状况。舒适健康的氛围有助于公司成员的潜能激发，而压抑、独裁的工作环境则不利于人们发挥创造性和能动性。

（1）创造性地解决问题。

（2）团队合作精神的培养。

（3）对于团队合作环境的思索。

相关讨论：

（1）理想的公司氛围反映了你什么样的价值？

（2）你与你的团队的意见是否相同？对于相左的地方，你们是如何解决的？彼此应该怎样进行交流？

本章总结

● 企业文化包含企业价值观、企业精神、企业伦理道德、企业形象等要素。

● 一流企业应采取 6S 管理，具体指整理、整顿、清扫、清洁、素养和安全。

● 每个企业各自的经营理念与管理方式不同，产生了拥有不同特点的企业文化。

● 强大的企业文化几乎成为企业持续成功的幕后驱动力。

● 日本企业重"严"，德国企业重"质"，美国企业重"效"，中国企业重"和"，不同的国家有着不同的企业文化。

● 员工进入职场时，应针对不同的企业文化，有针对性地提高自己相应的能力。

习题二

一、单选题

1. 腾讯公司的文化日是（　　）。
    A．12 月 12 日　　B．11 月 11 日　　C．10 月 10 日　　D．6 月 10 日

2. 下面不属于企业文化建设的意义的是（　　）。
    A．导向功能　　B．凝聚功能　　C．激励功能　　D．彰显功能

3. 依云矿泉水公司的广告宣传片选用的宣传形象是（　　）。
    A．一群孩子　　B．一只小老鼠　　C．公司环境　　D．一群年轻人

二、填空题

1．企业的 6S 管理标准是指_____、_____、_____、_____、_____、_____。

2．企业文化建设主要从理念层、_____和物质层三个层面开展设计。

3．6S 标准中整顿的目的是_____。

三、判断题

1．6S 标准中整理的目的是腾出更大的空间。　　　　　　　　　　（　　）

2．企业的道德规范是用来调节和评价企业和员工行为规范的总称。（　　）

3．企业精神主要包括爱国精神、竞争精神、利益精神、创新精神。（　　）

四、简答题

1．企业文化包含的内容很多，归纳起来，主要有哪几点？

2．简述日本企业文化的特点。

3．简述德国企业文化的特点。

第三章　时间管理

【学习目标】

通过本章的学习和训练，你将能够：
（1）了解时间的概念和特性。
（2）理解时间管理的重要性。
（3）掌握时间管理的原则。
（4）掌握有效利用时间的方法。

【案例导入】

李梅是某大学生计算机系的学生，出于对 IT 行业的爱好，李梅上大学以来一直认真学习，在大一、大二也取得了不错的成绩。但是她发现自己过得很累，每天除了上课，就是学生活动，有时还要和同学逛街，这使得自己的课外实训作业不能按时完成。每天晚上回到宿舍，李梅都哀叹时间过得太快，她还没完成当天的事情，然后就下定决心第二天一定要完成计划的事情。但是到了第二天，原来想好的事情，又被其他事情给耽误了。就这样一天一天过去了，快到考期了，李梅发现自己平时的课程都没有学好，只能临阵磨枪，尽量使自己不挂科。

【案例讨论】

● 李梅的经历反映了大学生中普遍存在的一种什么现象？
● 时间管理的误区是什么？
● 如何优化时间管理方式？

"明日复明日，明日何其多。我生待明日，万事成蹉跎。"这告诫大家要做好时间计划，不可拖延。管理学大师彼得·德鲁克说："最没有效率的人就是那些以最高的效率做最没用的事的人。"他指出了在时间管理中很重要的一点就是要事第一。时间管理能力的高低决定着我们学习、生活和事业的成败，因此，在时间面前，我们应该做一个善于管理时间的高手。

体验一　认识时间及其管理

扫码看视频

【任务】评估你一天的时间使用状况，检验自己对时间的管理程度。
【目的】明确时间管理的重要性。
【要求】分享自己一天的时间安排，并指出合理和不合理之处。
【案例】
有两个人到非洲去考察时迷路了，正当他们在想怎么办时，突然看到一只非常凶猛的狮子朝着他们跑过来，其中一人马上从自己的旅行袋里拿出运动鞋穿上。另外一人看到同伴在穿运动鞋就摇摇头说："没用啊，你怎么跑也没有狮子跑得快。"同伴说："你当然不知道，在这个紧要关头最重要的是我要跑得比你快。"

这个故事让人联想到：人们正处在一个竞争激烈的世界中，我们必须参与各种人生的竞赛，而这场竞赛的对手可能是同学、同事，也可能是生意场上的对手。然而，不管怎样竞争，最让人感到束手无策的一样东西就是时间。时间就好比故事里的狮子一样，怎么跑也不能跑得比它快。但只要比竞争对手跑得快，你就能赢得时间，最终赢得胜利。

一、认识时间

詹姆斯·奥伯里的墓志铭说："在月光下休憩，在阳光下享受，过着拖沓的生活，碌碌无为地死去。"这里表达了死者后悔前没有有效地利用时间，遗憾终生的心理。那么时间到底是什么？它具有怎样的特性？

时间是过去、现在、未来组成的一连串事件。 —— 韦氏字典

时间具有公平性、珍贵性和效用性。

1. 公平性

时间真可谓典型的民主！在时间王国里，既没有财富的贵族，也没有才智的贵族。即使天才，也没有一天多他一小时。而且还没有惩罚，你可以尽情挥霍你的宝贵时间，它不会因你的阻止而不到来。

—— 阿诺德·贝内特

2. 珍贵性

如果银行每天早晨向你的账号拨款 8.64 万元。你在这一天可以随意挥霍，想用多少就用多少，用途也没有任何的规定。条件只有一个：用剩的钱不能留到第二天再用，也不能节余归自己。前一天的钱你用光也好，分文不花也好，第二天你又有 8.64 万元。请问：你如何用这笔钱？

毫无疑问，你肯定会选择全部花光。所以，时间很珍贵，昨天是过期的支票，明天是期票，今天是钞票，用吧！

3. 效用性

效用性主要包含以下三个方面：

消费：主要为一些娱乐活动，如吃饭、睡觉、逛街、看电视、聊天等。

存储：用于使将来时间增值的活动，如思考、学习、记忆、计划等。

浪费：就是既没有创造愉悦感，又不能创造价值。例如无谓的等待、做无意义的事、无聊的旅途等。

我们要学会智慧地使用时间，在消费中学会存储，给时间增值。

二、认识时间管理

1. 时间管理的概念

时间管理学者杰克·弗纳对时间管理的定义如下："有效地应用时间这种资源，以便我们有效地实现个人的重要目标"。卡内基认为，竞争的实质就是在最短的时间内做最好的东西。简单来讲，时间管理就是如何以最小的时间投入来获得最佳的结果回报。

2．时间管理的前提

（1）明确人生目标。第四代时间管理理论即罗盘理论，它强调了每一天的行动都要与未来的方向一致，与目标接近。因此，该理论是以人生规划为核心内容的。时间管理是让我们追求幸福生活，实现人生梦想的有效工具。

一般来说，人生目标由自己制定。可以对总体目标进行分解，使之具体明确；定性定量目标，使之可以衡量；规定完成时间，使之期限明确。

【案例】

重要的是明确学习目的

1996 年，没有上过一天学的 16 岁的赵梅生，考上了中国科技大学。赵梅生家住安徽繁昌县获港镇，父母都是农民。他因家贫没有进过一天学校，他的爷爷把他教到小学三四年级后，就着重培养他的自学能力。以后，赵梅生靠着自学在家里读完了从小学到高中的课程，并以 634 分的高分考入中国科技大学。为什么一个 16 岁的农家孩子完全靠自学就能够考上中国科技大学？在校学生有经验丰富的教师天天传授、指导、点拨、释疑，而多数高考成绩却并不理想呢？

（2）评估时间使用状况。要想有效地管理时间，就有必要对自己的时间利用情况进行分析。通过表格的形式记录一天的事务安排，进行效率自评，指出中断原因，以改变不良习惯，成为时间的主人。

【案例】

自我塑造

富兰克林年轻的时候就确定了 13 项坚持培养并坚信能够让他完美和成功的品格。这些品格包括：节欲、沉默、有条理、坚定、勤奋、真诚以及谦卑等。富兰克林认识到，人不是通过思考改变的，只有通过行为才能改变。富兰克林为自己设计了一个自我完善计划——集中精力用一周的时间去实践一项品格，然后转向下一项。富兰克林成功地做到了这一点，从而取得了辉煌的成就。

【训练活动】

● 活动一：用简单的方法测试你对时间的掌控程度。请你回答以下 16 个问题，只需回答"是"或"否"。答题完毕，请数一数回答"是"的个数。若为 0～3 个，则请保留并坚持你的方法，并多介绍经验；若为 4～7 个，还可以，方法正确，但需要进一步提升技能；若为 8～11 个，当心哦，你需要重新审视你的时间管理方法了；若为 12～16 个，救命啊，你迫切需要学习时间管理并付诸实施。

（1）如果没有完成你所希望做的工作，是否有负罪感？

（2）即使没有出现严重问题或危机，你也经常感到压力大？

（3）你有许多并不重要但长时间未处理的文件或邮件吗？

（4）你常常不能集中精神来工作，常常在做重要工作时被打断吗？

（5）你常常感觉有许多事情要做，但做起事情来又感觉效率低下吗？

（6）你时常把工作推到最后一分钟，然后再很努力地去做完它们吗？

（7）你感觉自己的工作落下了很多，总是很难在既定时间内完成吗？

（8）你很想跟家人多待一会儿，可你感觉根本就没有时间吗？

（9）没有时间和朋友聚会，感觉自己生活的圈子越来越小吗？

（10）知道自己迫切需要提高，但总是无暇阅读与工作有关的书籍吗？

（11）你没有开通微博，也不知道什么是微信，没有时间尝试新鲜事物，感觉自己落伍了吗？

（12）什么，你问我的业余爱好，我哪有时间去从事什么业务爱好，太奢侈了吧？

（13）感觉自己没有在有限的时间里做自己应该做的事情，每一天都忙，却没有多少收获吗？

（14）很想好好给自己放个假，但如果长休了一段时间，又会有负罪感吗？

（15）常常沉醉于过去的成功或失败之中，不敢想未来会怎样吗？

（16）还记得自己的理想吗？或许自己的宏图大志等都只有在梦中实现了吗？

● 活动二：评估你的一天是如何度过的，并记录在表 3-1 中。

表 3-1　评估时间使用情况表

_____年____月____日　星期_____

时间	地点	项目	效率自评	中断说明
6:30	宿舍	起床	拖延 10 分钟	未设闹铃，睡过头
……				
……				

扫码看视频

体验二　时间管理原则

【任务】运用时间管理方法，合理安排自己一天的工作和学习。

【目的】通过自身的实践体验，掌握时间管理的方法。

【要求】分享一天的时间安排，指出运用时间管理方法后的生活变化。

【案例】

一位母亲看见的

今天一位母亲在杂志上看到一则有关美国华裔体操名将马思明的报导，感到非常惊讶。这位母亲并非对她以十七岁的小小年纪而获得泛美运动会体操全能金牌感到吃惊，而是佩服她运用时间的能力。

马思明每天早上 5:30 起床，6:00 出门，6:40～7:00 做暖身运动，然后练习到 9:30，10:00 开始上学校的正规课程，下课之后再去体育馆练习，从 4:00 点一直到七八点，才开车回家做功课，并在 11:00 就寝。

母亲暗自想：

当我的孩子还在被催着起床，或坐在床边发呆的时刻，马思明已经做完暖身运动。

当我的孩子正在浴室挤青春痘和吹头发的时刻，马思明已经在平衡木上跳跃。

当我的孩子在电视前吃着零食，嘿嘿傻笑时，马思明正离开体育馆，驾车穿过黑暗的夜色。

当我的孩子坐在餐桌前细细品味他的宵夜，一刀一刀往小饼干上涂乳酪时，马思明已经做完功课、上床睡觉了！

这位母亲相信马思明的筋肉是疲惫的，但是她疲惫得健康，第二天的早上，又以一副轻爽的身躯投向新的战斗。我也相信马思明的时间是不够用的，但是她安排得有条不紊，由于都在计划之中，所以会很从容。我更相信马思明会希望像大部分的十七岁少女一样，细细妆扮之后，赴一个又一个的约会。但是追求更高境界的理想，使她不能，也不敢有一刻的松懈。

记住！上帝给每个人的时间都一样，但是每个人使用的效果却不相同。如果你没有崇高的理想，就不能战胜自己的惰性；无法战胜惰性，就很难把握时间。这位母亲尤其欣赏马思明的教练唐·彼得斯所说的话：

"我认为她是美国最好的体操选手，她有能力把握每一天的时间！"

他没有用任何词语形容马思明辛苦的练习，却强调她有能力把握每一天的时间。这是因为每一个堪称为"最佳体操选手"的人，必然都经过辛苦的练习，而唯独"有能力把握每一天时间"的，才能站到事业的巅峰。

一、列出任务清单

把自己要做的每一件事写下来，列一个清单，按 4D 原则选最需要的事情来做。

4D 原则具体如下：

（1）要自己做的：不能丢掉不管、不能拖一拖再办、不能授权的事，按照优先顺序自己亲自去完成。

（2）可授权的：学会授权，将能派出去的事尽量交由他人干，这样可以节约时间做最重要的工作。

（3）可稍后再办的：把一些偏离目标的精神情绪活动、次要的工作、信息资料不全的工作暂时放在一边，待有空时再去处理。

（4）丢掉不管的：把一些与目标无关的事、无效益的事丢掉不管。

上述法则可以结合使用，也可单独使用，关键是要选最适合自己的。

二、确定任务优先次序

优先级矩阵是一个很有用的工具，能够帮助人们对工作进行有效的优先排序，并区分任务的重要性。

事务依重要性与紧急性可分为四类，如图 3-1 所示。第一类是既紧急又重要的事件；第二类是重要但不紧急的事件；第三类是紧急但不重要的事件；第四类是既不紧急也不重要的事件。

我们每个人对这四类事务都会有自己的判断，但在现实中却常常会落入这样的错误倾向：偏重第一类事务，导致压力大、筋疲力尽，对自己失去信心；偏重第三类事务，轻重不分，未能有效完成本职工作，缺乏自制力，面临危机与压力，失去目标与计划。因此一定要减少过多地或被迫处理的紧急之事，平时必须首先关注重要但不紧急的事务，紧急但不重要的事务可以委托授权，不紧急也不重要的事务尽量放弃处理。

【案例】

有益的建议

查尔斯·施瓦布把伯利恒钢铁公司改造了成世界上最大的钢铁独立生产商。他曾经在饭桌上向管理顾问艾维·李发起一个挑战："告诉我在我的时间里能做更多事情的方式，只要合理，我将付给你钱。"李递给他一沓白纸："每天晚上写下你明天必须做的事情。"他说："按照重要性给它们编号。早上的第一件事是从第一项开始工作，并且继续，直到它完成了。然后开始第二项、第三项、第四项……。如果你没有全部完成，也不必担心。如果你不能按这种方式做，那么通过其他任何方式，你都不能做。每天重复这个步骤。"

没过多久，施瓦布送给李一张 25000 美元的支票。他说那是他在经商生涯中所上的最有收益的一课。

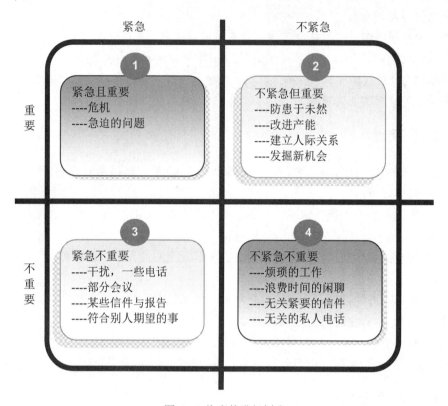

图 3-1　将事件进行划分

三、善用 80：20 法则（帕累托法则）

80%的生产来自 20%的生产线。

80%的销售额来自 20%的客户。

80%的病假条来自 20%的员工。

20%的业务员创造了 80%的销售额。

20%的人口消耗掉 80%的医疗资源。

20%的人际关系带来了 80%的个人幸福。

……

在时间管理中，必须学会运用 80：20 法则，要让 20%的投入产生 80%的效益。从个人角度看，要把握一天中的 20%的经典时间用于思考和准备，可以根据生活状态、生物钟来确定自己 20%的经典时间。在每天思维最活跃的时间内做最有挑战和最有创意的工作；把精力用在最见成效的地方。还要用 80%的时间来做 20%最重要的事情。因此首先要了解哪些事情是最重要的。

【案例】

肯尼迪的成功之道

在 1960 年美国总统竞选的时候，尼克松即使到了最后的关键时刻，还是坚持跑完了阿拉斯加、夏威夷、怀俄明等州，以履行自己要"踏遍五十个州"的誓言，而对手肯尼迪却集中在那些人口众多的大州展开宣传，并最终赢得了这场竞选的胜利。

四、巧用提示管理时间

技巧 1：学会用便条。

便条内容简短，大多是临时性的记事、留言或要求等。既可以是一些临时性的事情或工作灵感的简单记录，也可以是在有急事需告诉别人时的留言等。日常生活或工作中学会使用便条，对提高工作针对性和有效性有较大的帮助。

技巧 2：勤做备忘录。

备忘录主要用来提醒、督促对方，或针对某个问题提出自己的意见或看法。

在我们的日常工作中，不见得一定要做出完全符合公文规范的备忘录，但至少要及时将一些重要的讨论、安排或意见做出简明的备忘，以随时提醒自己将其中需要落实的事情安排到计划中。

技巧 3：拟定行事历。

便条或备忘录都是一些零散的事件记录，只能起到一个提醒的作用，如果完全依靠这样的手段来安排工作，往往会使自己陷入手忙脚乱的状况，而且会抓小失大。为此，可以利用行事历，既能落实计划，又能对临时的工作做出合理的安排。

用好行事历的要求：一是要确定所扮演的角色；二是要选择你要实现的目标；三是要安排每个目标实现的进度；四是要根据实际情况对目标进行逐日调整。

【训练活动】

- 活动一：请按照时间管理矩阵原理，把下面任务按照重要性和紧迫性程度进行划分，并填写在表 3-2 中。

吴经理今天的工作主要包括接电话、辅导下属工作、与财务经理商谈销售费用的预算、与行政部门经理闲聊、向营销总监汇报工作、与人事经理谈某下属的奖金问题、撰写招聘计划、喝茶、下属请示工作等。

表 3-2　时间管理矩阵

	紧急	不紧急
重要	1	2
不重要	3	4

- 活动二：为一个工作日（学习日）制订出一个切实可行的计划，见表 3-3。

表 3-3　行动计划表

当日的目标		
行　动	时　间	说　明

（1）列出你所要做的所有事情并按轻重缓急将其排序。

（2）在你的计划表中写下一天之中最主要的目标。

（3）决定把一件或多件任务分配给其他人。

（4）给任务以时限，执行计划。

每日时间安排参考（以职场人士为例）：

8:00～10:00 要事第一！上班后处理的第一件事必须是任务 A（重要且紧急的事件），这种做法能够使自己养成专注于重要事情的好习惯，不会轻易让自己分心或被人打扰。

10:00～11:00 沟通是最好的放松方式！在这个时间段里，暂时把任务 A 放在一边进行休息，选择一些相对轻松的工作来放松大脑，可以与同事沟通一下最近的计划，跟客户通电话，或者回复早上的电子邮件。

11:00～12:00 始终谨记自己的重要事情！在上午的最后一个小时里，再次把注意力集中在重要的事情上，继续处理任务 A。

体验三　有效利用时间技巧

【任务】列出几项自己生活中的时间管理技巧。

【目的】提升时间管理能力。

【要求】分享时间管理技巧。

【案例】

虞有澄的时间管理

在时间管理方面，Intel 的资深总裁虞有澄有三个提高效率秘诀。

1. 认真管理自己的工作日程

每个人的工作时间有限，选择做什么事或不做什么就显得特别重要。许多经理人习惯将工作日程交由秘书代为安排，而他就按照秘书的安排参加一个又一个的会议，就像医生按挂号次序为一个接一个的病人看病一样，非常被动且低效。

虞有澄却是自己决定自己的工作日程的。以每星期工作五天、每天工作 8 小时计算，每周工作合计 40 小时，他首先界定某些问题将要花费的时间，例如与不同部门或项目小组的下属开会，需 15 小时；与客户会面，需 10 小时；接下来的 15 小时，他便根据不同时期的主要工作而安排，例如要加速产品开发，他就会空出 10 小时，作为开会讨论、研究产品开发的相关议题。如此一来，他会"狠心"地对一些会占用他时间而又不太重要的事说"不"。最后剩下的 5 个小时，他会平均分配在每一天，用来回复电子邮件、签批文件等。

2. 掌握最新的资讯

在这个日新月异的世界中，不掌握先机就会被淘汰。虞有澄身处高科技行业，变化速度更快。他每天在离家上班前，已读了《华尔街日报》，对产业界或财经大事了然于胸，其他如《亚洲华尔街日报》、我国台湾地区的《天下杂志》等也都不会错过。

3. 有效授权

要提高生产力，第三个秘诀就是"有效授权"，也就是将他认为应该完成的一部分事情，交由下属去处理，清楚地告诉下属应该在何时达到何种效果，尽量明确。例如他会告诉一个部门经理："我认为这项产品的开发工作做得不好，考虑一下有什么解决之道。请在 30 天内给我一个完整的报告。"虞有澄补充说，作为一个顶级管理人，一定要记住须继续跟进——那位经理 30 天后是否完成了任务？是否需要其他协助？如果完成了，要给予肯定；做得不好，须给予批评。

一、克服拖延症

拖延通常指光思考而不付出实际行动的人的恶习。而 80%～90% 的人都有拖延症。克服拖延症的方法简述如下。

1. 将任务进行分解

做一件事的时候，先将这件事分成一些小的行动，比如先把做事情需要的物品准备好，这样有利于一步步开展工作。

2. 交给他人去完成

把工作交给下级去做。并不是所有的事情都需要自己亲自处理，因为一个人的精力是有限的，如果包揽所有事务则注定无法完成。

3. 进行自我暗示

自己要有克服拖延症的决心，给自己一个强烈的心理暗示，明确拖延症将会带来的不良后果。

【案例】

罗伯特·迪尔在许多方面是一个有潜力的好的管理者，尤其是在与他的员工的关系方面。但是员工发现他拖延的习惯令人不快，甚至是小事情，他都倾向于拖延到第二天再作决定。他的两个下属有时从他的办公室出来会相互抱怨："他拥有我们花费时间才能获得的信息，并且现在到了他做出决策的时候，但是他再次让我们做更多的工作。"迪尔先生不是不能作决定，他只是有把事情拖到第二天的习惯。当他面对一些不愉快的事情时，这种现象更加明显。这种习惯已悄然进入了他的工作之中。报告、信件和紧急需求都被堆积在他桌上。最后，这种拖延的习惯让他尝到了苦头。他耽误了看一封即将到来的会议预告信，只能毫无准备地参加了这次会议，结果新的首席执行官在会后解雇了他。

二、合理拒绝请托

拒绝请托是保障自己的工作、学习时间的有效手段。勉强接受他人的请托无疑会干扰自己的正常工作。在现实生活中，很多人都会走入"不能拒绝请托"的时间管理误区中。

请托主要分为三类，一是职务所系而责无旁贷的；二是虽然也是职务所系，但请托本身却是不合时宜或不合情理的；三是义务履行的请托。后两类请托经常会引起我们的困扰。

一般情况下，人们无法拒绝请托的原因主要有以下几方面：

（1）接纳请托比拒绝更为容易。

（2）担心拒绝之后导致请托者远离。

（3）想做一个广受欢迎的人。

（4）不了解拒绝他人请托的重要性。

（5）不知道如何拒绝他人的请托。

对此必须从改变自我观念入手，了解拒绝请托的益处所在，要有自己的行事原则，向请托者说明拒绝缘由。

三、排除外界干扰

现代社会，干扰绝对是时间的头号敌人。你有没有遇到过这种情况，当你专心坐在计算机前面，准备完成编程作业，突然①QQ 上滴滴滴的声音响起；②你的同学一个电话过来，约你出去玩；③微信弹出一封邮件，要你做 ABCDEFG 的事情。当你花 m 分钟一一顺利处理完这些事情，或许你编程的思路已经被中断了无数次。

因此，不要随便接受别人想给你的问题或责任，不应该允许干扰没完没了。如果没有必要，不要打开网页；计算机里不要装游戏；在工作时间不上非工作需要的即时聊天工具。

四、养成良好的习惯

（1）消除桌上的纸张，只留下与正要处理的事务有关的纸张。美国芝加哥和西北铁路公司的董事长罗南·威廉士说："一个桌子堆满了很多种文件的人，若能把他的桌子清理开来，留下手边待处理的，就会发现他的工作更容易，也更实在，我称之为家务料理，这是提高效率的第一步。"

（2）按事情的重要程度来做事。在现实中，一个人不可能总按事情的重要程度来决定做事情的先后次序。可以按计划进行。

（3）当碰到问题时，如果必须做决定，就当场解决，不要迟疑不决。

（4）学会组织、分层负责和监督。很多人因为不懂得怎样把责任分摊给其他人，而坚持事必躬亲，其结果是很多小事将其工作搞得非常混乱。

五、番茄工作法

番茄工作法是简单易行的时间管理方法，是由弗朗西斯科·西里洛于 1992 年创立的一种相对于 GTD 更微观的时间管理方法。

使用番茄工作法，须选择一个待完成的任务，将番茄时间设为 25 分钟，在这段时间内专注工作，不做任何与该任务无关的事，直到番茄时钟响起，然后在纸上画一个 "x" 并短暂休息一下（5 分钟），每 4 个番茄时段间进行休息。

番茄工作法极大地提高了工作效率，还会有意想不到的成就感。

1. 原则

（1）一个番茄时间（25 分钟）不可分割，不存在半个或一个半番茄时间。

（2）一个番茄时间内如果做与任务无关的事情，则该番茄时间作废。

（3）永远不要在非工作时间内使用番茄工作法。（例如用 3 个番茄时间陪儿子下棋、用 5 个番茄时间钓鱼等。）

（4）不要拿自己的番茄数据与他人的番茄数据进行比较。

（5）番茄的数量不可能决定任务的成败。

（6）必须有一份适合自己的作息时间表。

2. 做法

（1）每天的开始规划今天要完成的任务，将任务逐项写在列表里（或记在软件的清单里）。

（2）设定番茄钟（定时器、软件、闹钟等），时间是 25 分钟。

（3）开始完成第一项任务，直到番茄钟响铃或提醒（25 分钟到）。

（4）停止工作，并在列表里该项任务后画个"x"。

（5）休息 3～5 分钟，活动、喝水、方便等。

（6）开始下一个番茄钟，继续该任务。一直循环下去，直到完成该任务，并在列表里将该任务划掉。

（7）每四个番茄钟后，休息 25 分钟。

在某个番茄钟的过程里，如果突然想起要做什么事情的话，则应根据事务性质进行处理：

- 如果是必须马上完成的事情，则停止这个番茄钟并宣告它作废，去完成这件事情，之后再重新开始同一个番茄钟。

- 如果不是必须马上完成的事情，则在列表里该项任务后面标记一个逗号（表示被打扰），并将这件事记在另一个列表里（比如"计划外事件"），然后接着完成这个番茄钟。

【训练活动】

- 活动一：请根据表 3-4 所示的通讯录表格信息，使用 Word 的邮件合并功能，设计制作一个标准、规范的信封封面，并生成一个文件，完成所有人的信息。

表 3-4 通讯录表格信息

序号	单位	姓名	性别	职务	……	通信地址	邮政编码
1	南京**	张新昌	男	系主任		南京市建宁路 65 号	210015
……	……	……	……	……	……	……	……

信封格式如下：

邮政编码：210015
收件人地址：南京市建宁路 65 号

　　　　　张新昌　　收
　　　　　寄件人地址：江苏省太仓市科教新城济南路 1 号
　　　　　寄件人邮编：215411

- 活动二：写一份自己过去一周的反思日志，包括下述内容。

（1）过去一周都做了哪些事情，其中哪些是该做的，哪些是不该做的。

（2）分析自己为什么做了众多不该做的事情并探究其症结。

（3）今后应该从哪些方面改变自己。

- 活动三：利用番茄工作法，完成自己一天的工作任务。

提示：根据个人实际情况，合理设置自己一个工作日内的番茄时间段，尽量将重要的工作放在头脑高效的时段，比如 8:30～11:00、15:00～17:00 等。并非所有工作都要纳入番茄时间段里，应找到适合自己的工作节奏。

（1）做好准备工作，明确各个番茄时间内对应的任务，最好将任务简单写在纸质便签或日记本中。

（2）每 4 个番茄时段内的任务差别不宜过大，应尽量减少任务间的切换成本。

（3）任务没有在蕃茄时间段内完成时，须在下一个蕃茄时间段内继续进行，并顺延其他任务。另外，还需要提高任务划分能力和精确估计能力。

（4）由于打扰是不可避免的，所以应在蕃茄时间段内预留一定的处理打扰事项的时间。

本章总结

● 时间管理能力的高低会影响人们事业的质量和生活的质量。
● 要遵循时间管理法则，如时间管理矩阵、80：20 法则等。
● 学会有效利用时间，克服拖延症，合理拒绝请托，排除外界干扰，养成良好习惯等。
● 善用常用的时间管理工具。

习题三

一、单选题

1．关于时间的特性，错误的表述是（　　）。
　　A．公平性　　　　　　B．珍贵性　　　　　C．效用性　　　　　　D．供给有最大弹性

2．象限时间管理法中避免 B 类事件转化为 A 类事件的方法不包括（　　）。
　　A．舍弃　　　　　　B．增加　　　　　　C．后做　　　　　　D．杜绝

3．对计划的杠杆原理理解不正确的是（　　）。
　　A．即帕累托原理
　　B．也称二八原理
　　C．80%的结果往往取决于 20%的努力
　　D．花费 80%的努力，才能创造 20%的成绩

4．A 类突发事件一般都是因为（　　）。
　　A．A 类事件的处理存在问题　　　　　B．B 类事件的处理存在问题
　　C．C 类事件的处理存在问题　　　　　D．D 类事件的处理存在问题

5．时间管理是从（　　）开始的。
　　A．行动　　　　　　B．计划　　　　　　C．目标　　　　　　D．过程

6．关于时间管理原则，（　　）说法是错误的。
　　A．A 类紧急且重要的突发事件要本人作，而且要立即做
　　B．对重要不紧急的 D 类工作，要本人花大量的时间聚集在此工作上
　　C．对不重要且不紧急的工作，要把它扔进废纸篓
　　D．对 C 类紧急但不重要的工作，要尽量不安排自己做，要委托授权给别人做

7．清理桌面时的不正确做法是（　　）。
　　A．保留所有文件，专注于近期的文件，包括正在处理的和未来四周内需要使用的文件
　　B．清空办公桌面，按使用频率重新摆放物品
　　C．在醒目的地方摆上时钟，设定时限，建立时间观念
　　D．将文具归于一处，足够一个月使用即可

8．"一年之计在于春，一日之计在于晨"强调的是（　　）。
　　A．时间管理的重要性　　　　　　　　B．时间管理的预见性

C．时间管理的提前性 D．时间管理的计划性

二、填空题

1．时间管理中的效用性主要包含三个方面，分别是消费、存储和_____。

2．时间管理里最重要的原理是_____。

3．所有的事务依重要性与紧急性可以分为_____类，用优先级矩阵表示，分别为既紧急又重要的事件、_____、紧急但不重要的事件以及_____。

三、判断题

1．时间管理的核心是效率和效果的提升。 （ ）

2．间断属于无形的浪费。 （ ）

四、资料题

【分析资料】

何经理，本科学历，在东莞的一家民营企业任人事经理。他 8:28 分上班打卡，到办公室刚好 8:30，然后打一杯水，抽一支烟。工程部谭经理来找他说有一个工程师想离职，为了了解情况，两人又抽了一支烟。谈了半个小时没有结果，何经理说你找老板谈谈，按这个工程师的条件我没有权利给他加工资。9:30 了，开始给各部门交来的考勤单、奖罚单、请假单等签字。打开招聘网，顺便看看网易新闻，就已经是 10:30 了。上厕所时碰到几个新员工在门口，文员服务不好，多问了几句，说了文员几句，心情又不好了。回到座位上，看看昨天写的报告还没有完。生产部反映天气热，行政主管不在岗，只好自己亲自安排厨房烧凉茶，回来已经就差半小时该吃饭了，看到做不成什么，就与下属聊天，还差十多分钟下班，给东莞以前的同事打个电话，然后就下班吃饭了。

下午 13:30 上班，昨晚打麻将没睡好，午休还没有睡好，迷迷糊糊地坐到办公桌前。泡了一杯浓茶。刚好看到应聘的人员不会填简历，又解释一通，回到办公桌前已 14:30，这时下午开生产例会，因员工招聘不到，大概花了 5 分钟介绍了招聘情况。散会时已经 16:30 了，碰到品管经理来找文员要培训名单，又聊了一会。明天还要开会，提交一份月总结报告，写好就 17:30 了。于是下班了。

试分析何经理在时间管理上存在的问题。请为其列出任务清单，并对事务进行分类，指出重要紧急的事项。

扫码看视频

第四章　压力管理

【学习目标】

通过本章的学习和训练，你将能够：

（1）正确理解压力的内涵。

（2）合理分析压力源。

（3）强化"压力管理"意识。

（4）提升压力管理的能力。

【案例导入】

IT 公司的员工已经成为高危人群——《计算机世界》在对包括微软、英特尔、戴尔、百度、金山、浪潮等 20 余家公司的多位员工的调查中发现：公司白领层普遍充满了职业枯竭感，其多暴躁、沮丧，长期的工作重压使得他们饱受失眠、头疼等生理疼痛的折磨，某些个体还表现出诸如"暴食""暴走"等极端行为。

调查显示：有的人最关心的心理健康问题是"缓解工作压力"；的有人想"调适自己的心理健康"；有的想"调适人际关系"；有的想解决家庭压力；有的人认为自己有必要接受心理机构的辅导和治疗。

毋庸置疑，IT 行业是一个高压行业，从 2005 年年仅 38 岁的网易代理首席执行官孙德棣猝死，到 2010 年 37 岁的腾讯网女性频道主编于石泓因脑溢血去世，"过劳死"已经成为 IT 界一个可怕的梦魇。"过劳死"的平均年龄为 44 岁，而 IT 行业年龄最低，仅仅为 37.9 岁。

【案例讨论】

● IT 从业人员由于身处行业的特殊性，长期处于高压状态，请问这些压力主要来自哪些方面？

● 针对 IT 从业人员压力过大的现状，应如何进行自我压力管理和缓解？

压力问题越来越成为当代社会人们关注的重要话题，越来越快的生活和工作节奏成为一系列疾病的重要影响因素，也成为影响工作效率和出勤率、离职率的重要原因。随着国际竞争的加剧，职业的变迁和流动性加大，员工与组织之间的关系逐渐松散，工作压力呈现不断增加的趋势，工作压力正在成为人们生活的必然组成部分。那么，如何进行有效的压力管理呢？减"压"减的是什么呢？

体验一　感知压力

【任务】评估并记录自己的压力，思考产生压力的原因有哪些。

【目的】熟悉压力的概念，了解压力的分类。

【要求】掌握压力概念，以便于更有针对性地缓解压力。

【案例】

每当太阳从地平线上升起时，草原上的猎豹就开始寻觅着它们最爱吃的猎物——羚羊，而羚羊们则高度警惕、时时小心，以免成为猎豹的盘中餐。多少年来，从它们出现在这片草原上起，就开始了这种速度和生存能力的竞争。到如今，它们都已跻身地球上"奔跑最快的动物"之列。

小猎豹问妈妈："为什么我们总是要奔跑？"母猎豹告诉它："孩子，你一定要注意那些羚羊，它们就是我们赖以生存的食物。你必须提高奔跑的能力，才不会被饿死。"

与此同时，小羚羊也在问妈妈："为什么我们总是要奔跑？"母羚羊说："因为每时每刻，我们的敌人——猎豹都在等待着机会。我们只有不断地奔跑和躲闪，才能保证生命的延续，而且我们要争取跑得更快，因为猎豹跑输一次，顶多意味着一次猎捕的失败，对于我们而言，就是多了一次继续活下去的机会，我们也才能够继续看到明天的太阳。它们是为了午餐，我们是为了生存，这就是我们要比猎豹跑得更快的原因。"

一、什么是压力

1. 压力的含义

第一，它是使人感到紧张的事件或环境刺激。

第二，它是一种主观的内部心理状态。

第三，它是人体对需要和威胁的一种生理反应。

2. 压力的本质

压力是一种无形的力量，存在于精神或心理层面，会影响心理健康和社会适应能力，进而影响生理健康。

二、压力的种类

1. 按压力产生的效应分类

（1）积极压力。其是指就长期而言，会产生正面、积极与顺利结果的压力。如就任新职、参加竞赛或结婚产生的压力。

（2）消极压力。其是指就长期而言，会产生负面、消极与不好结果的压力。如失业、离婚或生病产生的压力。

2. 按压力对个体负荷程度分类

（1）过度压力。其是指超过个体所能容忍的，会造成严重后果的压力。

（2）轻度压力。其是指个体能够容忍，可以处理而且不会产生太多负面反应的压力。在一般情况下，大部分的压力都属于轻度压力。

【训练活动】

● 活动一：分组讨论，什么时候学习效率最高？

● 活动二：为什么长颈鹿的脖子特别长？查阅资料，列举动物界优胜劣汰的例子？

体验二　正视压力

【任务】检索关键词，并用一张 A4 纸将 IT 人员的压力源记录下来。

【目的】掌握压力源，了解具体的压力反应，掌握缓解压力的方法。

【要求】熟知困扰大学毕业生的四大压力，并学会缓解压力。

【案例】

小雅（化名）是南京工业大学 2012 届毕业生，这学期她不仅报考了研究生，还报考了国家及地方公务员，以及计算机与英语等级考试。然而，现在的她却感觉到前所未有的迷茫："与当初考大学时的目标明确比起来，现在我觉得自己失去了方向，不知道接下来到底该往哪个方向走。"为此，小雅患上了严重的失眠症，时常感到焦虑、抑郁、急躁不安。

一、困扰大学毕业生的四大压力

调查显示，大学毕业生的心理压力主要分为以下四种。

1. 就业压力

就业是大学毕业生面临的首要问题。近年来，大学生找工作，或者说找比较理想的工作越来越困难，特别是一些比较热门的单位或岗位已经出现了"千军万马过独木桥"的严峻局面。就业成为大学生普遍关注的话题，也成了大学生诸多压力中的最主要压力。面临找工作时，一部分学生就会为自己的前途感到焦虑、担忧，感叹社会的不公。

就业压力还导致大学生特别是女大学生对自身外貌的关注，调查发现，41% 的同学担心因自己长相平平而在就业中吃亏，而 21% 的同学则已经开始担心自己毕业后面临的婚姻恋爱问题，甚至有一小部分同学萌发了整容、整形的念头。

心理咨询专家指出，疏解这种压力要从主观与客观两方面入手。从主观方面而言，应降低期望值，明白一步到位很难，现在的状况只是一个起点，要努力提高自身竞争力，关键是看未来发展。从客观方面而言，应避免走入跟风的误区，比如在外貌问题上，它并非理想工作的必要条件，获得一份理想的工作更多地还是凭借才干、道德水平、风度气质等。同时，学校也应做好学生的就业指导工作，比如对择业种类、择业地区等问题进行综合指导和教育。

2. 交往压力

此处的交往包括两种：一种是学校师生之间、同学之间的交往；另一种是和社会人群的交往。

美国社会心理学家的一项调查表明，使人们感到幸福的既不是金钱，也不是名利、地位或成功，而是良好的人际关系。在大学生群体中，渴求交往但又惧怕交往的现象非常普遍，对交往的渴求与自身实际交往能力不足之间的矛盾，以及目前生活中对交往能力的极度重视，都形成了某些大学生的交往压力。

很多大学毕业生步入社会，面临的第一个不适应就是人际交往。部分人无法正确处理与周围人的人际关系，交往压力大。特别是部分实习过的同学，在短暂接触社会后更是深切地感受到了这种压力。

心理专家指出，要建立良好的人际关系必须做到以下几点。第一，要善良，能设身处地地为他人着想；第二，要待人热情、坦诚，正确对待合作与竞争；第三，必须准确进行自己定位，注意交往分寸；第四，要适当学习，掌握交往的方法和技能。

3. 学习压力

很多大学毕业生为了适应社会激烈竞争的需要，或拼搏于考研、考公务员，或忙于考取各种证书、参加各种技能培训班。过多、过重的学习任务，给大学生带来巨大的压力。同时，很大一部分的同学对自己的简历不满意，特别是在与用人单位交流中，更加觉得简历不具有吸引力。还有一部分的同学表示为毕业论文烦恼，无论是为了展示自己的水平，还是为了顺利毕业，确定选题、找指导老师讨论、定稿、答辩等几乎每个过程都成了困扰大家的"心病"。

心理专家指出，缓解学习压力的关键在于不与同学进行横向攀比，只与原来的自己比较。

同时，还要明白现在的优秀与否并不代表以后，生命中每个时刻都是起点，一定要善于抓住机会，创造新的成绩。

4. 生活压力

生活压力主要来自两个方面：一是经济压力，一些贫困毕业生一旦走向社会就要偿还部分大学时期的费用，甚至还要承担补贴家用的责任，这在就业形势不乐观的情况下给许多学生带来了莫大压力；二是自理自律压力，毕业意味着自食其力，而一直以来学生所受的教育是"学习就是一切"，多忽视对基本生活技能的训练。因而不少人缺乏经济和生活上的自理和自律能力，很多人不会或不善于独立生活。面对挫折和新的环境，往往缺乏相应的自我调节能力。

心理专家指出面对生活压力，要降低欲望，不在物质上攀比。而对于毕业后的生活压力，应以乐观的心态去面对。

此外，与父母在就业问题上的分歧、角色转换与适应的障碍、健康状况、失恋等问题和压力也困扰着许多大学毕业生。面对上述心理压力，建议大学生积极通过心理咨询、交友、运动、聊天等方式进行及时调节和释放。通过心理咨询室、校广播站、校园网等平台多渠道地开展心理健康教育，使大学生学会自我心理调适，缓解心理压力。

二、IT 从业人员的不同压力源

IT 群体是一个对自我能力相当肯定的群体。他们大多接受过较高的教育，具备很高的专业素养，具有很强的工作能力。但是，工作能力强不代表内心的认可度高，对自我的高度期待与现实差强人意的表现恰恰是他们所不能忍受的落差，由此导致的压力也可想而知。

1. 知识、技术更新

由于技术含量高、知识更新快等工作特点，IT 员工比其他工作者承受着更大的压力。员工们要面对沉重的工作任务、紧迫的完成时间、同行之间的激烈竞争，加之行业的知识更新迅速，需要他们不断进行"充电""增值"，以免因落伍被淘汰。这些方面会导致 IT 员工身心疲惫不堪，健康状况令人担忧。

2. 社会地位

IT 行业以往被看作高收入、高认知度的产业，现在光环退去，IT 从业人员的心理落差也大。

3. 职业发展

著名的压力研究专家理查德·扎拉斯勒认为："一个人如果一直体验不到生活的快感和情绪的振奋的话，就容易生病。"相对于急性压力来说，这种情况对身体的影响更为严重。IT 人员因为长时间从事一项技术工作，难免会产生一定的厌倦情绪，如果能够适时地进行工作的轮换或者有来自职位上的升迁，可能会缓解这种工作本身带来的压力。否则，便会带来工作成就感的挫折，对自我价值的怀疑等压力。

4. 人际关系

在人际关系中，与他人割裂也是形成压力的主要原因，而人际关系冷漠恰恰是 IT 行业的特点之一。在一次采访中，被别人喻为技术天才的工程师和技术主管如是说：

"我不善于和人打交道。"

"我很害怕管理类型的工作。"

"我只喜欢宅，下班后最大的乐趣便是玩游戏。"

三、压力的双重作用

面对诸多压力，我们常常听人这样说，要顶住压力啊。今天，我要教给大家，生活是一定会有压力的，刘翔曾说过这样一句话，大赛前不可能不紧张，太紧张不好，完全放松也不对，适当的紧张有利于创造好的成绩。所以我们不但要顶住压力，而且要利用好压力，让它成为我们成功路上的铺路石。

压力像"糖精"，一点点的糖精会使爆米花变甜，而大量的糖精却使得食物变苦。

压力像"香料"，适量的香料使香水变香，过量的香料使香水变得不再是"香水"。

一点点的压力是生活的动力，太多的压力却会使人崩溃。

1. 适度的压力可以激发潜能

豆芽是如何粗壮的？

小时候自己曾经尝试过泡豆芽，但豆芽总是长得又细又小，远没有街上买的豆芽粗壮。后来才发现，菜农泡豆芽是有窍门的：他们并没有给豆芽添加什么营养素或化肥，而是在浸泡的豆子上面压一块塑料板。当豆芽想冒出来之前，就已经感受到上面的压力，于是它先茁壮自己，增强自己的实力，拼命往上顶。因为接受了压力的考验，豆芽就练得又粗又壮。

《蓝色狂想曲》是如何诞生的？

作者乔治·格什温，原来一直默默无闻。但有一天他的朋友却在报纸上登了这样一条消息："著名音乐家乔治·格什温要在两个星期以后在某剧院上演他的交响乐《蓝色狂想曲》"。虽然并不是很精通交响乐，但考虑到自己的声誉，他看到这个消息以后只好硬着头皮去做，两个星期以后《蓝色狂想曲》诞生了并引起了轰动，这也奠定了乔治·格什温在乐坛上的地位。

2. 压力过度对人的影响

（1）对工作的影响。

- 工作效率降低；
- 对工作缺乏兴趣；
- 与上下级或同事关系紧张；
- 工作失误率增加；

- 非疾病导致的缺勤增加；
- 病假次数增加。
（2）对生活的影响。
- 吸烟或饮酒量增加；
- 脾气暴躁、易怒；
- 出现失眠或其他睡眠问题；
- 消极情绪产生；
- 生理疾病出现（如肠胃病）；
- 与伴侣、子女关系紧张。

【训练活动】

- 活动一：IT人员面对具体压力时有哪些反应？
- 活动二：请问你有压力吗？如果有，有哪些？来自何处？为什么会有？

体验三　管理压力

【任务】运用压力管理方法，安排自己一天的工作和学习，并记录下来。
【目的】掌握管理压力攻略，合理对待压力。
【要求】熟悉压力管理的方法，指出运用压力管理方法后的成功之处。
【案例】

这杯水有多重？

老师手持一杯水问："同学们，你们认为这杯水有多重？"有人说250克，也有人说500克。老师说："这杯水的重量是多少并不重要，重要的是能拿多久。拿一分钟，谁都能够；拿一个小时，可能觉得手酸；拿一天，可能就得进医院了。其实这杯水的重量没变，但是你拿得越久，就越觉得沉重。这就像我们承担的压力一样，如果我们一直把压力放在身上，到最后就会觉得压力越来越沉重。我们必须做的是放下这杯水，休息一下后再拿起这杯水，如此我们才能拿得更久。所以，各位应该将承担的压力于一段时间后适时放下并好好休息，然后再重新拿起来，如此才可坚持更久。"

一、正确对待压力

我们在职场上，有时工作的压力也是越来越大，如何正确对待压力是每个职场人必须掌握的。

（1）人生在每个阶段和每个时间点都是有压力的，只是每个人的压力大小有所不同，所以对压力要有一个正确的认识。

（2）对压力持正确态度，这样有利于我们摆脱压力的困扰。

（3）寻找适合自己的正确的处理压力的方式。如处理好人际关系，多读书等。

（4）学会释放压力，保持良好的正视压力的心态是一个人走出压力的正确路径。

二、压力管理策略

如果你想走出"高压状态"，放松心情，以积极的心态开始每一天，那就需要合理地释放压力，缓解压力。

判断解压方式是否科学有两个标准，一是是否达到了自我放松的目的，二是是否会危害自我、他人和社会。这两个标准看似简单，却并不那么容易做到。用过于放纵的生活方式来减压，在 IT 人群中也并不少见，这其实是一种恶性循环，用刺激的体验来填补内心的空虚，刺激过后，带来的将是更大的失落。因此，需通过正确的和科学的方式释放压力。

常见的个人压力管理策略包括学会享受压力、了解自身抗压能力、培养自信心、获取社交支持、采取放松技术、养成健康的生活方式、进行时间管理等方面。

1. 享受压力

著名的心理学专家汉斯·塞利曾经在其畅销书《压力无烦恼》中这样说："我不能也不应该消灭我的压力，而仅可以教会自己去享受它。"

在压力管理研究中，缓解压力的第一步是自我认知的重构，这是最重要的也是最艰难的部分。而在自我认知中，自我肯定是重构自我的基础。IT"公民"是自我认知度非常高的群体，高度的自我认知决定了 IT"公民"在压力来袭时，多半不会选择极端、悲观的发泄方式，而是试着和自己说说话，试着在大自然中寻求释放。

2. 了解自身抗压能力

个人应对工作压力时，首先要对自己的性格以及压力管理能力有一个大概的认识。根据一位深度访谈者的状况我们发现，他经常被繁忙的工作包围，周围的同事和朋友经常认为他是工作狂，A 型性格特征明显。那么，个体就应该自问"我是 A 型性格还是 B 型性格""我是否正承受着很大的压力""我能否有效地管理压力""我的工作是否与性格相匹配"。在这里，"相匹配"不仅是从能力上而言，更是从性格上分析。针对此深度访谈者，他应该有意识地让自己的工作节奏放缓，积极参加工作之外的休闲娱乐，松紧搭配，有张有弛。当然，由于社会等一系列因素的限制，往往不能完全自由地选择职业，但了解自身抗压能力还是非常必要的。

3. 培养自信心

抵御工作压力并保持快乐工作状态的一个重要因素就是自信心的培养，通过增强自信心，可大大缓解工作压力。面对工作上的问题，即使有实力，但缺乏自信心也容易陷入"不行了""做不到"等消极思想中，从而增加工作压力。

自信心培养方法有以下几种：

（1）强健体魄，这是培养积极自我的基础。

（2）改变思维方式，遇到问题或沮丧情况时积极的看待问题。

（3）处理有挑战性的工作或问题，逐步培养起自己的自信心。

（4）积极主动地学习，努力提高工作能力。

（5）积极地进行自我对话，适度地进行自我赞美和自我激励。

4. 获取社交支持

我们的社交支持大多来自亲人、同事和朋友。有这样的支持系统，心理上就有了安全感和归属感，有利于增强自信心，提高应对工作压力的能力。

与来自亲人、朋友的支持相比，工作同事的社交支持更能缓解工作压力，因为同事和自己所处的工作环境相似，对工作内容更为了解，也对彼此承受的工作压力有更为深切的体会。因此，IT 从业人员需要在工作过程中有意识地建立与同事和主管人员的良好人际关系网络。在遇到工作压力或者工作难题时，有可以倾诉或为自己提供客观分析及解决方法的人，从而使工作压力得到缓解。

5. 采取放松技术

放松技术不是万能药，它不能弥补工作技巧和专业训练方面的缺乏，但可以帮助我们判断何时对环境失去了控制，可以适度地降低紧张感。旅游、运动、正确的呼吸方式都可以帮助我们放松身心，减轻紧张感，使人平静，从而起到缓解工作压力的作用。对于 IT 从业人员来说，采取一两种放松技术对缓解自身的工作压力很有必要。

6. 养成健康生活方式

据一项调查显示，IT 行业内普遍存在着工作超负荷现象。每天工作 8 小时以上者的比例高达 77.8%，其中每天工作 11 小时以上者的比例竟有 22.5%。而 95%的公司白领的身体处于亚健康状态，这点在高科技行业、IT 行业人士身上表现得万为明显。而合理的饮食、充足的睡眠、适度的锻炼和健身运动都被证明对缓解工作压力起着积极作用，因此应养成健康的生活方式。

7. 进行时间管理

许多工作压力是由于时间不够造成的，管理好自己的时间，提高自己的工作效率是缓解工作压力的重要方法。时间管理首先要改变错误的思想观念和行为，如犹豫不决、精力分散、拖拉、逃避、中断和完美主义等。比如拖延自己不喜欢做的工作、有困难的工作、难以决定做的工作，结果问题并没有解决，最后到非处理不可的时候，发现时间己经来不及了，从而给自己造成更大的压力。

【训练活动】

● 活动一：你在遇到困难时能主动去寻求帮助吗？会得到哪些人的帮助呢？
● 活动二：做一做"我的支持系统"。

概述

在一张纸的开头写下"我的支持系统"，并在下面标上序号。

当你遇到困难或难题时能够依靠的人有哪些？按你想到的先后顺序把这些人写在纸上。

体验四　缓解压力

【任务】检索并记录，分享书本以外解压的方法。
【目的】熟悉并掌握缓解压力的方式。
【要求】规划自己的一天工作安排，培养一两个兴趣爱好。
【案例一】

砍柴的故事

一个年轻人每天到森林里去砍柴，他非常努力地工作，别人休息的时候，他依然还是非常努力的在砍材，但他在工作量上竟然没有一次能够赢过那些老前辈，明明自己更加努力，为什么还会输他们呢？

年轻人百思不得其解，逐向前辈请教原因。

老前辈笑着说：傻小子！一直在砍材都不磨刀，原来，老前辈利用泡茶、聊天、休息的时候，还在磨刀，难怪他们砍柴的速度那么快。老前辈拍拍年轻人的肩膀说道："年轻人要努力！但是别忘了要记得省力，千万可别用蛮力！……"老前辈拿着他刚磨好发亮的斧头给年轻人看。

记住，你要的是效率，不是有事情做就好。

【案例二】

张朝阳压力管理经验

张朝阳于 1996 年创建了爱特信公司。1998 年，爱特信公司正式推出"搜狐"产品，同时更名为搜狐公司，并于 2000 年在美国纳斯达克股票市场成功上市。搜狐公司目前已经成为中国著名的新媒体、电子商务、通信及移动增值服务公司，是知名的互联网品牌公司之一。

作为企业家，张朝阳每天面临来自各方面的压力，但他并不惧怕压力，反而成功地应对了压力。他管理压力的经验给我们提供了有益的借鉴。

张朝阳非常关心自己的健康。"如果从现在开始吃健康的食品，过健康的生活，也许能活到 80 岁。"他认为只要身体好，一切才有可能。他还曾说："人不能太执着，一旦执着就会将执着无限放大，使它成为自己心中挥之不去的阴影，人的烦恼和不快乐由此而来。按照自己的方式来活，让自己比较舒适、从容、自由，比较健康、清爽，活在当下，让自己每天都是快乐的，这种活法才符合现代的潮流。"

在创立搜狐公司时，张朝阳认为人们压力的来源是没有房子、汽车和优质的生活。当他走上成功之路并获得这些后，才发现自己并不快乐，他依然抑郁烦躁。经过一段时间的反思，他发现对人性关怀的哲学思想可以将他从压力的桎梏中解脱出来。于是他有了舒缓压力的精神食粮。

张朝阳还是一个登山爱好者，只要一有空，他就会去登山，以释放压力。2003 年 5 月 22 日下午，张朝阳所在的登山队有 12 个人成功登上了海拔 8844 米高的珠穆朗玛峰，而张朝阳爬到 6666 米时便撤了下来。他解释道："6666 米是我的目标，我登山训练的时间比较短，体能不足以支撑自己登顶，登山是件快乐的运动，我没有必要为了实现力所不能及的目标，而把快乐的运动变成巨大的危险。"

以下是舒缓压力的几种方法。

1. 深呼吸

当自己觉得有压力时，先做几个深呼吸，让自己平静下来。

2. 暂时离开

有时暂时离开压力情境，事情反而更容易处理。

3. 笑一笑

不管目前处境如何，压力多大，都要乐观对待。

4. 动一动

让自己活动一下，身心是一体的，让身体借由运动得到放松，心理也会获取同样的效果。如果能让自己养成运动的习惯，则有利于身体健康，提高抗压能力。

5. 一次处理一件事

常常是因为同时面对很多事情，因而才会备感压力。此时，应让自己一次只想一件事，一次只处理一件事。

6. 整理一下再出发

让自己整理一下再出发。有时事情无法处理，是因为自己缺乏冷静，无法进行思考，此时则应促使自己冷静下来，整理思路，寻找解决办法。

【训练活动】

- 活动一：张朝阳采取了哪些措施来应对压力？有哪些经验可供借鉴？
- 活动二：团队抗压能力训练——中断网络。

概述（35～50分钟）

操作与要求：将团队分成三四人的小组，每个小组用12分钟的时间针对给出的情境制定应急预案，最后向整个团队阐述他们的方案。要求计划必须包含希望团队成员接受的所有行动、行为和态度。（说明：每个团队成员都没有携带手机）

情境

早上，整个团队都在工作，都在完成一个大型项目。在紧张和忙碌的工作中，网络突然中断，计算机和电话都不能正常使用了，得到的消息是晚上才能恢复网络。行政部门规定任何人都不能离开工作岗位，必须按时下班，这意味着还有6个小时的工作时间。

本章总结

- 压力，存在于每天，有积极的和消极的，有过度的和轻度的，需要合理地对待和排解压力。
- 压力超出了心理承受能力，就会导致心理失衡，引起抑郁、焦虑等心理疾病。
- 掌握压力管理策略，能达到自我放松的目的，提升工作技能和业绩，改善人际关系，发挥团队协作能力。
- 学会舒缓压力的方式，妥善处理负面情绪，能化压力为动力。

习题四

一、单选题

1. 下列选项中，属于不良的压力表现形式是（　　）。
　　A. 没有任何借口　　　　　　　　B. 不服从管理
　　C. 工作效率高　　　　　　　　　D. 乐观积极
2. 下列不属于压力管理技巧的是（　　）。
　　A. 明确目标　　　　　　　　　　B. 懂得欣赏别人
　　C. 做事专注　　　　　　　　　　D. 空想未来
3. 下列不属于高效时间管理的做法是（　　）。
　　A. 合理安排时间　　　　　　　　B. 专注做事
　　C. 不拖延　　　　　　　　　　　D. 做事思路不清晰

二、填空题

1. 一个人的外部压力主要来自_____、_____、_____、_____。
2. 健康的生活方式有_____、_____、_____、_____四种类型。
3. 驾驭负面情绪的方法有_____、_____、_____。

三、判断题

1. 压力是某种情况超出个人能力所能应付的范围而产生的一种心理反应。 （　　）
2. 压力是人生的负能量，只会让人产生各种负面的情绪。 （　　）
3. 一个人如果能够正确对待压力，则有压力也未必是一件坏事情。 （　　）

四、简答题

1. 什么时候学习效率最高？
2. 列举解压方法。

五、资料题

针对下述资料，试分析快乐的钥匙是什么，不快乐的根源是什么。

资料：

每个人心中都有把"快乐的钥匙"，但我们却常在不知不觉中把它交给别人掌管。

一位女士抱怨道："我活得很不快乐，因为先生常出差不在家。"

一位妈妈说："我的孩子不听话，叫我很生气！"

一个婆婆说："我的媳妇不孝顺，我真命苦！"

一个员工说："我很难过，因为老板总找我茬。"

第五章　沟通表达

【学习目标】

通过本章的学习和训练，你将能够：
（1）知道 IT 职场的主要沟通方式。
（2）理解语言沟通的技巧。
（3）能进行有效的表达能力训练。
（4）理解文档沟通的主要方式。
（5）能编制简单的 FAQ 和日报。

【案例导入】

系统集成商 B 负责某大学城 A 的 3 个校园网的建设，是某弱电总承包商的分包商。田某是系统集成商 B 的高级项目经理，对三个校园网的建设负总责。关某、夏某和宋某都是系统集成商 B 的项目经理，各负责的一个校园网的建设项目。

系统集成商 B 承揽的大学城 A 校园网建设项目，计划于 2010 年 5 月 8 日启动，至 2012 年 8 月 1 日完工。其间因项目建设方的资金问题，整个大学城的建设延后 5 个月，其校园网项目的完工日期也顺延到 2013 年 1 月 1 日，其间田某因故离职，其工作由系统集成商 B 的另一位高级项目经理鲍某接替。鲍某第一次拜访客户时，客户对项目完成情况非常不满。和鲍某一起拜访客户的有系统集成商 B 的主管副总、销售部总监、销售经理和关某、夏某和宋某 3 个项目经理。客户关于项目的反馈意见非常尖锐：

你们负责的校园网项目进度一再停滞，你们不停地保证，又不停地延误。

你们在实施自己的项目过程中，不能与其他承包商配合，影响了他们的进度。

你们在项目现场不遵守现场的管理规定，造成了现场的混乱。

你们的技术人员水平太差，对于我方的询问，总不能及时提供答复。

……

听到客户的抱怨，鲍某很生气，而关某、夏某和宋某也向鲍某反映项目现场的确混乱，他们已完成的工作经常被其他承包商搅乱，所以责任不在己方。至于客户的其他指控，关某、夏某和宋某则显得无辜，他们管理的项目不至于那么糟糕。他们项目的进展和成绩客户一概不知，而问题却被扩大甚至扭曲。

【案例讨论】

● 请问发生上述情况的可能原因有哪些？

● 项目在进行过程中是否有进度计划表、日报及周报、问题反馈及解决方案等文档材料？

● 多个承包商之间是否保持有效沟通？

● 高级项目经理之间、高级项目经理和客户经理、客户经理和客户、总承包商与分包商之间是否经常沟通，沟通方式是否合理、有效？

有效的沟通和表达可以帮我们更游刃有余地处理工作事务，促进与同事、客户间的理解，拉近彼此之间的距离。沟通是一个双向的过程，我们不仅是信息的发送者，即表达者，也是信息接收者，即倾听者。积极倾听和有效表达构成了成功沟通的两大基石。

体验一　IT 职场的常用沟通方式

扫码看视频

【任务】同学们分享自己平时常用的沟通方式。

【目的】了解各种沟通方式的优缺点。

【要求】通过具体案例说明不同沟通方式的特点。

【案例】

迪特尼·包威斯公司的员工意见沟通系统

迪特尼·包威斯公司是一家拥有 12000 余名员工的大公司。该公司早在 20 年前就认识到员工意见沟通的重要性，并且不断加以实践。现在，公司的员工意见沟通系统已经相当成熟。特别是在 20 世纪 80 年代，面对全球性的经济不景气，这一系统对提高公司劳动生产率发挥了巨大的作用。

公司的"员工意见沟通"系统是建立在这样一个基本原则之上的：个人或机构一旦购买了迪特尼公司的股票，就有权知道公司的财务情况，并可得到有关资料的定期报告。

本公司的员工也有权知道并得到这些财务资料和一些更详尽的管理资料。迪特尼·包威斯公司的员工意见沟通系统主要分为两个部分：一是每月举行的员工协调会议，二是每年举办的主管汇报和员工大会。

1. 员工协调会议

员工协调会议是每月举行一次的公开讨论会。在会议中，管理人员和员工共聚一堂，商讨一些彼此关心的问题。在公司的总部、各部门、各基层组织都举行协调会议。

员工协调会议是标准的双向意见沟通系统。在开会之前，员工可将建议或怨言反映给参加会议的员工代表，代表们将在协调会议上把意见转达给管理部门，管理部门也可以利用这个机会，将公司政策和计划讲解给代表们听，并展开讨论。

要将迪特尼 12000 多名职工的意见充分沟通，就必须将协调会议分成若干层次。实际上，公司内共有 90 多个这类组织。在基层协调会议上不能解决的问题，将会被逐级反映上去，直到有满意的答复为止。事关公司的总政策，一定要在首席代表会议上才能决定。总部高级管理人员认为意见可行，就立即采取行动，认为意见不可行，也要把不可行的理由解释给大家。员工协调会议的开会时间没有硬性规定，一般都是一周前在布告牌上进行通知。为保证员工意见能迅速逐级反映上去，应先开基层员工协调会议。

迪特尼公司也鼓励员工参与另一种形式的意见沟通。公司在办公区安装了意见箱，员工可以随时将自己的问题或意见投到意见箱里。

为了配合这一计划的实施，公司还特别制定了一项奖励规定，凡是员工意见被采纳后，产生了显著效果的，公司将给予优厚的奖励。令人欣慰的是，公司从这些意见箱里获得了许多宝贵的建议。

如果员工对这种间接的意见沟通方式不满意，则可以用更直接的方式来面对面地和管理人员交换意见。

2. 主管汇报

对于员工来说，迪特尼公司主管汇报、员工大会的性质，和每年的股东财务报告、股东大会相类似。公司员工每人可以接到一份详细的公司年终报告。

主管汇报包括公司发展情况、财务报表分析、员工福利改善、公司面临的挑战以及对协调会议所提出的主要问题的解答等。公司各部门接到主管汇报后，就开始召开动员大会。

3. 员工大会

员工大会都是利用上班时间召开的。每次参加会议的人数不超过 250 人，时间大约为 3 小时，大多在规模比较大的部门召开，由总公司委派代表主持会议，各部门负责人参加。会议先由主席报告公司的财务状况和员工的薪金、福利、分红等与员工有切身关系的事项，然后便开始问答式的讨论。

在员工大会上，有关个人的问题是禁止提出的。员工大会不同于员工协调会议，提出来的问题一定要具有一般性、客观性，只要不是个人问题，总公司代表一律尽可能予以迅速解答。员工大会比较欢迎预先提出问题的方式，因为这样可以于事先充分准备，不过大会也接受临时性的提议。

迪特尼公司每年在总部要先后举行十余次的动员大会，在各部门要举行 100 多次员工大会。

那么，迪特尼公司员工意见沟通系统的效果究竟如何呢？

在 20 世纪 80 年代全球经济衰退时期，迪特尼公司的生产率每年以高于 10% 的速度递增。公司员工的缺勤率低于 3%，流动率低于 12%，是同行业中最低的。

在软件开发中，项目启动前期最重要的工作莫过于了解用户的需求。用户表达的每一个信息点都可能是项目需要实现的功能，此时的沟通显得尤为重要。在项目开发过程中，项目组组内成员之间的沟通，更直接地影响着软件生产的效率和质量。

软件开发中经常使用的沟通方式有口头沟通、会议沟通和文档沟通三种。

一、语言沟通

语言沟通指运用口头表达的方式进行信息的传递和交流，如电话交流、面谈等。

【案例】

小刘是信息化管理项目的项目经理，他在服务器上创建好项目文档结构目录后，直接口头通知项目组内成员文档的上传路径。

分析：口头沟通的优缺点。

优点：

● 传达信息方便、快捷。
● 信息传递后能及时得到回馈信息。

缺点：不能保留和保存信息。

二、会议沟通

会议沟通是一种成本比较高的沟通方式，沟通的时间一般比较长，常用于解决较重大、较复杂的问题。

【案例】

信息化管理项目启动后，小刘身为项目经理，立即组织组内成员召开会议，讨论该项目应采用的技术构建项目架构。

分析：会议沟通的优缺点。

优点：适于解决较复杂、较困难的问题。

缺点：成本高、时间长。

三、文档沟通

文档沟通需要同时占用多人的时间，又名"书面沟通"，是指采用书面形式进行的信息传递和交流方式。

【案例】

小周是信息化管理项目的实施人员，负责需求调研。经过几个月的需求调研，他整理出信息化项目的《用户需求规格说明书》，该文档清晰地记录了用户需求，然后交给项目经理小刘。

分析：文档沟通的优缺点。

优点：信息能保留和保存，传递基本无衰减。

缺点：

- 沟通有一定的延迟。传达者获取信息后需要花一定时间撰写、整理后再传达给对方。
- 沟通用时较长。需要对方花较长时间阅读、理解。

【训练活动】

- 活动一：你的沟通能力如何？

材料准备：A4 纸。

参加人数：主持人 1 名，共 10～30 人。

游戏做法：

（1）将 A4 纸发下去。主持人说："来，每两人分一张 A4 的白纸，每人一半。"

主持人的话讲到这里就不讲了，猜猜看，接下来会发生什么事？

有的人就把这张纸"哗"地撕开了，有的是横着撕，有的是竖着撕。

主持人如果提出质问："我说要撕开吗？"大家就会笑起来。这就是沟通不良的表现。

主持人只说这一句话，马上就会出现不同的结果。

重新分发 A4 纸，主持人说："来，每两人分一张 A4 纸，每个人一半。"这一次就没有人撕纸了。

接下来主持人进行示范，并说："现在每个人半张，然后按这个方式撕。"

于是大家全部都照主持人示范的样子将纸撕开。

（2）主持人说："将半张纸分成大小一样的四条。"

马上就会出现两种方法，有的是这样子分，有的是那样子分，不是四条瘦的，就是四条胖的，又不一样。主持人说："我要四条瘦的。"于是胖的纸条统统被丢掉。把纸发下去再分，这回每个人都是四条瘦的了。

（3）主持人说："将每一条放在另一条的中间。"

结果全场至少出现了五六种叠放的样子，有的像"米"字，有的像"井"字，有的统统叠放在一起，总之，各式各样的都有。

- 活动二：想一想，沟通的重要性有哪些。

体验二　沟通的方式

【任务】职场情景剧模拟。

【目的】掌握不同方向的沟通技巧。

【要求】1. 请收集职场中的有关沟通的真实案例。

　　　　　2. 案例必须是有关向上、向下、水平或会议沟通的内容。

　　　　　3. 总结案例中的沟通所采用的技巧。

【案例】

蒙蒙为什么会失败

蒙蒙毕业一年多，在一家广告公司做广告文案策划。她漂亮、聪慧、干活利落，深得上司赏识。

一次，上司交给她一项重要的任务：按照上司的既定思路做一个详细的策划方案。上司先告诉她，客户是当地一家大型房地产公司，并表示这个客户对公司发展很重要。为此，上司先提出了策划思路，让她只要按照这个思路做策划方案就行了。

蒙蒙很不解：以前上司顶多提个要求，策划方案完全由自己完成，而且每次都能得到上司称赞。"难道是上司对自己不够放心？不相信自己的能力？"她发现上司的思路有一个致命性的错误，如果按照那个思路做策划方案，肯定会遭到客户的拒绝。

于是，蒙蒙又找到上司，当时上司正在和全公司的领导开会，她当着众人直截了当地说："你的思路根本不对，应该这样……"直接否定了上司，这让上司感觉很没面子。最终方案给了蒙蒙的另一个同事做，尽管最终的策划方案的确不是按上司预先的思路进行的，但蒙蒙的那位同事也没有像她那样直接顶撞上司，而是私下同上司做了交流，使上司主动改变了原来的思路。结果自然是皆大欢喜。

一、往上沟通

往上沟通的技巧主要有以下几种。

技巧 1：不要把某件事不会做当成拒绝的理由。

不会就去学，不了解情况就去了解情况。

技巧 2：不要把没时间作为借口。

在需处理的事情比较多的情况下，应该和领导沟通事情的优先级，沟通任务交付的时间，而不是首先想到拒绝接受。

技巧 3：不要想当然。

往上汇报情况时要有调研，有事实作为依据，不要在没有充分调查的情况下发言。

技巧 4：千万不要忘记领导的安排。

技巧 5：不要和他人对较，特别是犯错误时。

【案例】

与领导沟通的小技巧

尽量不要给上司出问答题，尽量给他选择题。

——领导你看明天下午开个会怎么样？

——明天下午我没空，我有客户。

——那么后天上午呢？

——后天上午我要打个电话。

——那么后天上午 10:30 以后呢？

——好吧。定于 10:30。

——好的。

二、往下沟通

掌握与下属员工沟通的技巧和艺术，对领导者无疑有着举足轻重的意义。

技巧 1：多了解状况。

"工作在最前线的员工比任何其他人更了解如何可以将工作做得更好！"以从与下级的沟通中得到启发，但一定要有谦虚的态度、容人的胸怀。

技巧 2：善于鼓励下级。

有技巧的鼓励比批评更容易让别人改正错误。鼓励之后指出其不足，能让下级进步得更快。

技巧 3：提供方法，紧盯过程。

与下属沟通，重要的是提供方法和紧盯过程。

技巧 4：关心下级。

越是基层的编程人员越是孤独，不要让他感觉远离组织而无助、迷惘，要力所能及地体贴和关心下级。

三、水平沟通

水平沟通指的是没有上下级关系的部门之间的沟通。水平沟通存在很多障碍，最常见的就是相互推诿。因此，水平沟通对双方的沟通能力提出了很高的要求。水平沟通的技巧主要有以下几种。

技巧 1：主动。

水平沟通的首要要求是主动，只要主动与同级部门沟通，自然就会拥有博大的胸怀。

技巧 2：谦让。

一个人只有学会了谦虚，才能在需要帮助的时候得到别人的支持。

技巧 3：包容。

同事之间由于思想意识、价值观念不同，所以对问题的看法和处理方式也会有所不同，矛盾也是在所难免的。这就需要相互包容，有一颗包容的心，什么矛盾都容易化解，沟通起来也就顺畅了。

技巧 4：协作。

团队协作在 IT 职场中非常重要，一个项目的成败绝不是靠一个人的能力，而是靠团队的力量。

平等对话是互相尊重的体现，相互交流是彼此了解的前提，这不仅是人际、国际和谐共处的基础，也是水平沟通的重要特征。

技巧 5：双赢。

跟平行部门沟通的时候一定要双赢，我们叫作"WIN WIN"，即对两边都有益处。

参加会谈判的人应该知道什么条件可以交换，什么条件一定要坚持，那么这个谈判一定会成功，大家达到双赢。

【训练活动】

● 活动一：针对下述案例，请问某公司的经销人员如何谈判，才能使对方改变想法？

概述：

海南省某公司与一个工厂签订购货合同，定于一个月内交货。可两个星期后，该工厂见物价暴涨，就想撕毁合同，将货高价转卖给他人。为此，某公司的经销人员马上前往谈判，力争促使对方履行合同。

● 活动二：针对下述案例，请问如果你是李丽，碰到这样的事情，应该如何去应答。

概述：

王经理意识到他的秘书李丽近来工作负担很重，想要减轻李丽的工作负担，就把李丽叫进了办公室，有了如下谈话："近来你的工作任务繁重，所以我想把客户回访的事交给小马去做，你看怎么样？"

李丽听到之后的第一反应是，上司认为自己工作能力不强，无法承受现有的负荷，她觉得受到了伤害，感到很委屈，但是她又不想让上司知道自己的这种想法，因此勉强挤出一丝微笑，并表示感谢。上司以为李丽理解了自己的意思，并且很感激他做出的安排。

体验三　语言沟通

【任务】情景剧模拟无领导小组面试。

【目的】掌握语言沟通的技巧。

【要求】在会议过程中要积极发言，认真倾听。

【案例】

罗斯福的"炉边谈话"

罗斯福被公认为是美国历史上最会利用新闻媒介的政治家之一。进行初次炉边谈话时，正值美国 30 年代大萧条时期，罗斯福利用刚刚兴起的广播媒介，用"谈话"而非"讲话"的形式使自己自信宏亮的声音传遍全国，这种方式拉近了总统与民众的感情，从而在民众的心理上造成了一种休戚与共的神圣感。每当听到炉边谈话，人们就仿佛看见脸上挂满笑容的罗斯福，所以有人说："首都华盛顿与我的距离，不比起居室里的收音机远。"甚至有民众将罗斯福的照片剪下来，贴在收音机上。炉边谈话取得的巨大影响，成为广播史上的一个传奇。此后罗斯福将这种形式延续下来，一直到他去世。

一、沟通的技巧

1. 倾听

在沟通时，当把注意力集中在他人所说内容的时候，就已经成为了一个倾听者。当把谈话时重要的观点在头脑中进行勾画，并考虑提出问题或对提出的观点进行质疑时，就成为了一个主动的倾听者。

建议 1：倾听回应

在听别人说话的时候，一定要有一些回应的动作。在听的过程中适当地点头，就是倾听回应，是积极聆听的一种，会给予对方以鼓励；也可以使身体略微地前倾，这样是一种积极的姿态，这表示愿意听，努力在听，对方也会回馈更多的信息。

建议 2：对方优先

让对方先说，非必要时，避免打断他人的谈话。

建议 3：有效提问

勇于发问，检查理解力；多问问题，以澄清观念。

建议 4：关注重点

要抓住主要意思，避免被个别枝节所吸引。分清主次，抓住事实背后的主要意思，避免造成误解。

建议 5：站在对方立场去听

汽车大王亨利·福特说："如果有所谓成功的秘诀，那必定就是指要能了解别人立场。我们除了站在自己的立场上考虑之外，还必须要有站在别人的立场上考虑问题的处事能力。"

【案例】

倾听的重要性

乔伊·吉拉德是美国首屈一指的汽车推销员，曾创出一年内成功推销 1425 辆汽车的记录。即使这样一位出色的推销员，也曾有过一次难忘的失败经历。

有一次，有位顾客来找乔伊商谈购车事宜。乔伊·吉拉德向他推荐一种新型车，一切进展顺利，马上就要成交了，但对方却突然决定不买了。

当天夜里，乔伊·吉拉德辗转反侧，百思不得其解。这位顾客明明很中意这款新车，为何又突然变卦了呢？他忍不住给对方拨通了电话："您好，今天我向您推荐那辆新车，眼看您就要签字购买了，为什么却突然放弃了呢？"

"喂，你知道现在几点钟了？"

"真抱歉，我知道是晚上 11 点钟了，但我检讨了一整天，实在想不出自己到底错在哪里，因此冒昧地打个电话向您请教。"

"很好，你现在用心听我说话了吗？"

"非常用心。"

"可是，今天下午你并没有用心听我说话。在签字之前，我提到我的儿子即将进入密歇根大学就读，我还跟你说到他的学习成绩和他将来的抱负。我以他为荣，可我当时跟你说的时候你根本没有听！"

对方似乎察觉到了乔伊·吉拉德的疑虑，继续说道："当时你在专心地听另一名推销员讲笑话。或许你认为我说的这些与你无关，但是我绝不愿意从一个不尊重我的人手里买东西。"

2. 语言表达

一个人讲话漫无边际，可能是思路混乱的表现，也可能是委婉达到目的的手段。值得警惕的是，对于大多数人来说，那只不过是一种习惯。所以说话时应注意以下几点：

（1）讲话要有重点。语言表达的重中之重就是讲话要有重点。一个人能够高度集中注意力的时间只有十几分钟，在这十几分钟里如果没有抓住接收者的注意力，接收者就会什么都听不下去。

（2）KISS 原则：Keep it short and simple——快速且简洁。。

（3）SOFTEN 原则：Smile——微笑，Open posture——聆听的姿态，Forward lean——身体前倾，Tone——让声音有表情，Eye communication——目光的交流，Nod——点头。

（4）避免口头禅，不说粗俗的字眼。

（5）学会有效提问。问题一般分为封闭式提问和开放式提问两种，而这两者的区别主要如下：封闭式的提问是对方只能用"是"或"不是"来回答的问题；开放式的提问可以让对方尽情地去阐述、描述自己的观点。开放式的问题可以帮助我们收集更多的信息。

二、表达能力提升训练

一提到演讲，人们随之想到的是"口才"，是"口吐莲花"。但是实际上，我们无时无刻不在演讲，并且在演讲过程中，希望听众接受我们的情感、观点和主张。让人接受自己的观点并非易事，因为任何一个人，特别是成年人，都有自己的人生观念、处世之道，很难对其加以改变。

每一个初出茅庐的年轻人都会遇到这样的情况——面试。面试就是希望能改变对方的观念。不论是正式的面试，还是与各种人士打交道，我们都在不停地演讲，希望能让对方接受我们。

【案例】

申请新设备的演讲

陈华是一家企业设计部的经理。近几年公司发展很快，订单不断，但设计部的办公设备没有跟上，这严重影响了整个公司的发展进度。因此，在一次部门经理工作会议上，陈华准备向公司领导做一次现场演讲，申请一台新设备。那么，陈华怎样才能让领导同意他的申请呢？

经过充分准备之后，在工作会议上，陈华做了 10 分钟的演讲：

"在公司领导的带领下，我们圆满地完成了上个月的任务，扩大了公司的知名度，我对领导的英明决策十分佩服。同时，我们又接到了几家大公司的订单，这样一来，要想完成本月的任务，肯定就得有平面造型设计的新设备。我的意思是说，想要完成工作，就得增加新设备。"

接着，陈华在黑板上作了以下分析：

（1）设备老化；

（2）只有一台机器；

（3）员工加班带来高成本；

（4）员工工作效率很低；

（5）任务推迟完成。

分析结果：要想完成工作，我们需要购买新设备。

然后，陈华就购买设备所带来的好处进一步说明了自己的观点，最后，就购买什么样的设备提出了自己的建议，并展示出提前准备好的两种不同类型的设备图片供领导参考选择。

经过 10 分钟的演说，公司领导同意了陈华的申请。

【训练活动】

● 活动一：上述案例中陈华取得成功的原因是什么？他在演讲前、演讲中是如何表现的？

● 活动二：用心倾听角色扮演。

概述（20 分钟）

3 人一组开展活动，扮演 3 个不同的角色，分别是说话者、倾听者和观察者。角色描述如下。

说话者：向倾听者叙述一件对你来讲一般重要的事情。讲述时，一定要注意表达自己现在或当时的感受。并不一定要说出自己的情绪，可以通过很多非言语的形式来传达。一些情绪可能需要大声表达出来，还有些可能存在于内心。注意观察者能否注意到它们。

倾听者：不仅要注意所说的话，还要注意非言语的线索。可以发表评论或与说话者对话，不过要尽量少发表评论，主要的任务是倾听。

观察者：仔细观察、倾听说话者和倾听者。

3 分钟后，说话者结束发言，小组花 3 分钟时间讨论一下从中得到的收获，并为彼此提供建议。

回到整个群组来讨论自己的收获，分享有效倾听的意义以及应如何提高倾听技能水平。

● 活动三：模拟面试。

概述（10 分钟）

2 人一组开展活动。根据表 5-1 中的案例背景，轮流扮演面试官和求职者，针对面试官的提问，求职者做出相应的回答。

案例背景介绍，见表 5-1。

表 5-1　案例背景介绍

应聘职位	软件测试工程师
姓　名	张　强
学　校	××职业技术学院
专　业	软件技术
社团与实践	校学生会信息部副部长 校青年志愿者大队成员 社区信息化建设情况调查员
实　习	某软件公司 IT 专员

面试过程如下。

面试官：你好，我是 IT 部经理 Tracy，欢迎你来我们公司面试。你可以先介绍一下自己吗？

求职者：（提示：关键介绍自己的专业、在校期间的表现、社会实践活动、所获荣誉等。一定要注意多讲自己的优势以及和应聘岗位相关的信息，不要面面俱到。）

面试官：谢谢你的介绍，从你的介绍中我可以看出你是一名非常优秀的学生。你可以谈谈在大学生活中真正学习到了什么，你认为什么是最重要的呢？

求职者：（提示：从知识、能力角度阐述。）

面试官：哦，你知道，我们的工作需要非常严谨的态度，正如你刚才所谈到的。你可以举个具体的例子来说明一下吗？

求职者：（提示：具体举实训或实习工作中有代表性的例子。）

面试官：谢谢。那能否谈谈你的优缺点，你认为自己适合我们这份工作吗？

求职者：（提示：你应该不要避讳，将缺点摆出后话锋一转，变成优点。如在应聘测试工程师岗位时，可说自己的缺点是做事速度比较慢，但是比较细致，这就将缺点变成了优点，然后接着说明改进的方向。）

面试官：谢谢。那今天的面试就到这里，请等候我们的通知。

求职者：谢谢，再见。

体验四　会议沟通

扫码看视频

【任务】试用头脑风暴法针对"如何控制学生 23:00～8:00 在宿舍玩游戏"的问题，提出解决方案。

【目的】拓展思维，提出方案。

【要求】分小组进行讨论，然后在班级进行交流。

【案例】

谁在浪费时间

有一次开会，我看到小郑在那里看资料，尽管他掩饰着，但那动作一看就知道，我就问他："小郑，我看你好像没有读过资料。"他笑一笑。我说："小郑，我们现在就要表决了，你没有读资料就没有办法表决，你现在出去，将资料读一下，读完了再进来。"他就红着脸拿着资料出去，坐在门口读。接下来我就说："各位，资料都看过了吧？"底下一片沉默。"好，现在开始就第一个议题进行表决，表决完了以后，我开始复议第二个议题。"我们的会很快就开完了，出去的时候小郑还在那里看，那个资料有 140 页，他才看到第 20 页。

会议在讲一个电磁管，参会者却聊到厨房去了，这完全是在浪费时间。在会议中，大家不断地翻阅资料是浪费时间。不能准时开完会，同样也是一种时间的浪费。

有一次开会，我把闹钟带进去："各位，我今天带了闹钟来，11:30 散会。"他们都笑起来，我没有吭声。结果到 11:30，闹钟响起来了，会却只开了一半。我说："闹钟响了我们散会。"这时有人说："还有一半没有开呢。""说好 11:30 散会，各位主管，会明天重开。散会！"

第二天我又把闹钟带进去："各位，今天我们开会，11:30 散会。"每个人眼睛都盯着闹钟，结果 11:28 会议就结束了。

一、高效会议基本程序

相关人员聚在一起，每个人承担着不同的角色，就关键问题进行沟通的过程，就是会议。会议是一种很好的沟通方式，当工作需要其他方面支持时，就可以邀请相关人员开会沟通，协调相关问题。其要领如下：

（1）要先明确会议的目标，并准备好相关资料；

（2）如需发言，事先在稿纸上简要列出自己的发言提纲；

（3）相关人员做好会议纪要，并将后续的行动计划确定下来；

（4）会议开始前需要定好会议时间，避免陷入无休止的争论和拖延；

（5）需要在会议上进行裁决的问题，在会前必须与具有裁决权的人员进行沟通，取得共识。

高效会议区别于普通会议的几个特征为简短、高效、有针对性。

按计划进行会议目标。它的基本程序主要包含以下六个方面。

1. 确定议题

一个好的头脑风暴畅谈会应从对问题的准确阐明开始。因此，必须在会前确定一个目标，使与会者明确这次会议需要解决的问题，同时不要限制可能的解决方案的范围。一般而言，对于比较具体的议题能使与会者较快产生设想，主持人也较容易掌握，而对于比较抽象和宏观的议题引发设想的时间较长，但设想的创造性也可能较强。

2. 会前准备

为了使头脑风暴畅谈会的效率较高，效果较好，可在会前做一点准备工作。如收集一些资料预先给大家参考，以便与会者了解与议题有关的背景材料和外界动态。就参与者而言，在开会之前，对于要解决的问题一定要有所了解。会场可做适当布置，座位排成圆环形的环境往往比教室式的环境更为有利。此外，在头脑风暴会正式开始前还可以准备一些创造力测验题供大家思考，以便活跃气氛，发散思维。

3. 确定人选

与会者一般以 8～12 人为宜，也可略有增减（5～15 人）。与会者人数太少不利于交流信息、激发思维，而人数太多则不容易掌握。并且每个人发言的机会相对减少，也会影响会场气氛。在特殊情况下，与会者的人数可不受上述限制。

4. 明确分工

要确定一名主持人，一或两名记录员（秘书）。主持人的作用是在头脑风暴畅谈会开始时重申讨论的议题和纪律，在会议进程中启发引导，掌握进程。例如，通报会议进展情况，归纳某些发言的核心内容，提出自己的设想，活跃会场气氛，或者让大家静下来认真思索，然后再组织下一个发言高潮等。记录员应将与会者的所有设想都及时编号，简要记录，最好写在黑板等醒目处，让与会者能够看清。记录员也应随时提出自己的设想，切忌持旁观态度。

5. 规定纪律

根据头脑风暴法的原则，可规定几条纪律，要求与会者遵守。例如，要集中注意力，积极投入，不消极旁观；不要私下议论，以免影响他人思考；发言要针对目标，开门见山，不要客套，也不必做过多的解释；与会人员之间相互尊重，平等相待，切忌相互褒贬等。

6. 掌握时间

会议时间由主持人掌握，一般来说，以几十分钟为宜。时间太短，则与会者难以畅所欲言，太长又容易产生疲倦感，影响会议效果。经验表明，创造性较强的设想一般要在会议开始10～15 分钟后逐渐产生。通常，会议时间最好安排在 30～45 分钟。如果需要更长时间，就应把议题分解成几个小问题，分别进行专题讨论。

二、高效会议注意问题

高效会议需注意以下几个问题。

1. 议程考虑因素

当议程较长（超过两小时）或议题较多时，可安排多次短会；当报告较长时，可提供书面资料。

2. 会议结束成果

当会议结束时，需达成统一共识，明确行动计划；落实责任人；确认监控措施。

3. 会议技巧

会议过程中，主持人需认真倾听，支持每位与会者的发言权利；要正确提问，确保信息来源充分；要有效控制会议议程，可以事先和部分参会人员沟通，确保合作，必要时提醒与会者注意会议规则；有效激励会议，如出现冷场时，可以鼓励参与，及时称赞。

【案例】

高效会议纪要

会议时间： 2018 年 7 月 18 日，13:00 ~ 14:00，历时 1 小时

会议地点： 吴园第一会议室

与会人员： 杨正校、高振清、周玲余、周娜、吴伶琳、史桂红、郑广成、刘静、周晴红

会议主持： 杨正校

会议记录： 周娜

会议流程：

主题： 我为示范校验收做贡献

示范校建设的价值共识：

1. 凝聚特色，定标准，定方向。
2. 材料规范化，专业系统性梳理，成果总结。
3. 改善实训教学条件。
4. 促进学校整体水平的提升。

示范校建设现状：

1. 全校教职工非常忙碌，充满了工作的热情和信心。
2. 部门之间工作存在交叉，重复性劳动较多。
3. 信息化程度不高，底层数据平台不完善。
4. 网络宣传力度不够。
5. 学院整体的校园文化氛围不浓。
6. 教学成果的展示不够。
7. 宣传手册进展缓慢。

改进建议：

1. CRP 平台实现数据共享，保证数据的统一性和唯一性。
2. 资料收集时需要提供扫描件，以便于保存。
3. 基本设施维修，从小事做起，从我做起。
4. 利用橱窗、网络等平台宣传示范校建设成果。
5. 成立宣传工作专项组，提前一个月印刷好宣传手册。

制订未来一个月的行动计划（表5-2）：

表 5-2 行动计划表

成果	责任人	支持人	时间
CRP 平台实现数据共享	周晴红	高振清	9 月 1 日前完成
基本设施维修	郑广成	吴伶琳	9 月 1 日前完成
橱窗、网络宣传	周娜	周玲余	9 月 1 日前完成
宣传手册编制	周娜	刘静	9 月 1 日前完成

【训练活动】

- 活动一：全班同学分成四组，以"会议纪律共识会"为主题，召开高效会议，讨论确定会议纪律。
- 活动二：根据会议纪律要求，以"我为班级做贡献"为主题，召开高效会议，讨论确定贡献方案和人员，形成会议记录。

体验五　文档沟通

【任务】完成个人简历的制作。

【目的】掌握文档编辑的规范性。

【要求】选取部分简历在课堂上进行交流点评。

【案例】

保证微软团队和谐的重要因素之一是交流。在这方面，微软更有自己的特色。微软人认为，交流是沟通的核心，是解决问题的有效途径及团队精神的体现。在微软公司中，沟通方式有 E-mail、电话、个别讨论等，而"白板文化"是指在微软的办公室、会议室甚至休息室都有专门的可供书写的白板，以便随时记录某些思想火花。这样有任何问题都可及时沟通，及时解决。另一个值得一提的交流是在老板和员工的关系方面，公司里有"一对一"的谈话习惯，老板定期找员工谈话，谈话内容很随意，可以不涉及工作，只谈理想、生活，甚至孩子。白板沟通和一对一谈话都对微软团队的和谐起到了很大作用。

一、个性化简历的关注要点

1. 简历标题

发邮件时完整的标题应该这样写：姓名+应聘行业+应聘职业+联系方式。这样可以方便寻找和保存，HR 不需要打开简历，就可以看到联系方式。有些公司在招聘启事当中，会要求应聘者以某一种固定格式标题来投递，这可以考察应聘者的观察能力和执行能力。

2. 定制化简历

如果能在简历的页眉加一个应聘企业的 Logo，会让自己的简历显得与众不同。定制化的简历表示一种尊敬和尊重。

3. 个人信息

简历内须包含联系方式、姓名、性别、邮箱等重要信息。

4. 求职意向：行业+职业

个性化关注点为教育背景：学校+院系+专业+毕业时间。

若求职的职业跟专业是对口的，则可以把教育背景放在简历的上半部分；如果是不对口的，就要弱化这一方面的信息，把教育背景写在简历的下半部分。简历的上半部分相当于黄金广告位，应放高相关度的内容，要把应聘岗位匹配的信息放在上半部分，并附以关键词呈现。

5. 工作/实习/项目经历

简历最重要的一个部分就是工作实习和项目经历，这一部分信息就是 HR 判断应聘者符不符合应聘要求，能不能符合"能力三核"的重要依据。呈现的顺序如下：

- 实习公司名称+实习岗位+实习时间。通常学生实习的时间都不会很长。
- 公司描述+简介+职位描述。把实习的成果和获得的知识、经验、体会写出来，这部分内容能让 HR 看到实习的价值和获得的能力。

6. 简历表达的两个技巧

（1）数字+结果，它往往以给人更真实、更具说服力的感觉。

（2）采用动宾结构，即采用"动词+宾语"的格式，因为动词说明了能力，宾语说明了成果。采用动宾结构的短语形式，就能够形象地说明我们做了什么，然后拥有什么样的能力和成果。例如：通过在**商业广场设计部的实习，我在 Photoshop 的运用上更加熟练了。在 3 个月的实习期里我完成 30 张 POP 设计，全部投入使用。

7. 个人能力

简历内通常会写应聘者的英语水平和计算机技能。现在英语好和计算机能力强并不是非常显眼的亮点了。如果能力只是一般的话，就可以不用写上去，除非特别优秀。

8. 奖励情况

关键点：数字，岗位需求匹配，成为亮点。招聘时要求应聘者思维清晰、沟通能力强。如果参加过演讲比赛，甚至当过宿舍长，都可以把它写上去，然后将奖励情况数字化，如演讲有多少人参加，然后获得了什么名次等。写在简历上面的内容一定要是能够加分的，要与应聘职位能够匹配的，而不是把所有的东西都写上去。

9. 兴趣爱好

兴趣爱好要围绕着求职意向写，求职意向跟招聘需求有关联就可以写上去，没关联就不需要写上去。比如应聘的是技术，写爱好打篮球就没有太大的作用。写的信息一定要真实，要贴合所应聘的岗位。

注意一些细节能让你投递的简历更有说服力。

投递简历时，把简历链接到文本当中发送。表格粘贴到文本，格式需要重新调整。

对于简历格式，还有以下要求：

- 排版要条理清晰、左右对齐、段落分明，避免出现错别字。
- 关键词可以采用加黑/加粗/加底色的方式。
- 采用视觉化的呈现方式，例如思维导图。

简历投递还应注意：

- 简历最好不要采用表格的形式；
- 不要应聘同一家公司的多个职位；
- 不要海投简历。
- 另类投递（除了在传统的网上投递、现场招聘会投递之外，还可通过快递、发传真等方式投递简历）。

二、FAQ 沟通方式

1. FAQ 的概念

FAQ（Frequently Asked Questions，常见问题）主要解决口头表达不规范、通用问题无法周知、整个过程无法控制等问题。

2. FAQ 的内容

FAQ 究竟包含哪些内容项呢？标准的 FAQ 模板见表 5-3。

表 5-3 标准的 FAQ 模板

文件号：

序号	项目名称	对应任务点	提出时间	提出人	类型	问题描述	解答人	解决方案	工作量	是否解决	解决时间	备注

项目组内人员发现问题后，在 FAQ 中提出问题，组内各成员经常查看该问题列表，遇见自己可以解答的问题，可将解决方案写入 FAQ。

下面对 FAQ 表中的各项进行说明。

- 文件号：文件号的格式为项目代号，由项目经理填写。
- 序号：发现问题或提出问题的序号。
- 项目名称：问题所属项目名称，由提出人填写。
- 对应任务点：项目中任务点编号，由提出人填写。
- 提出时间：提出问题的时间，由提出人填写。
- 提出人：提出问题的人姓名，由提出人填写。
- 类型：该问题所属的类别，比如技术方案咨询、系统缺陷，或者经验总结，由提出人填写。
- 问题描述：对于所发现问题的描述，注意描述要准确、到位、抓住要点，便于引起重视。
- 解答人：该问题由谁来解决。
- 解决方案：对问题解决方法的描述，由解答人填写。
- 工作量：解答人解决该问题所花的时间和精力，由解答人填写。
- 是否解决：由问题提出人判断和填写。
- 解答时间：解答人解决问题所花的时间，由解答人填写。
- 备注：对于该问题的附加说明，由提出人或解答人填写。

3. 使用 FAQ 的原因

【案例】

小张、小郭、小斌是信息化项目的开发人员。一天小张由于自己负责的模块有 Excel 导出功能，因此开始搜索资料，花了一天时间终于实现了 Excel 导出功能。过了数天，小郭负责的模块也有 Excel 导出功能，于是小郭也开始搜索资料，也花了一天时间实现了 Excel 导出功能。又过了数天，小斌负责的模块还有 Excel 导出功能，于是小斌也开始搜索资料，又花了一天时间实现 Excel 导出功能。同样一个 Excel 导出功能，居然花了三天时间，代价过大。

分析： 同一个 Excel 导出功能的实现方法，为什么不可以在组内共享，固化开发技巧和经验？

FAQ 可以帮助我们解决通用问题的周知、经验无法固化等问题，提高项目开发效率和开发质量。

4. FAQ 填写

【案例】

如何针对网上商城系统中购物车的实现，填写 FAQ？

分析：我们先思考去超市购物的情景。首先推一辆购物车，然后选择商品，最后去收银台结账。从整个过程中可知，购物车主要用于存储商品。

那我们就可以提出以下问题：

- 使用什么技术，实现购物车的商品存储？
- 购物车对象应如何设计？

对于第一个问题，可以这样回答：

我们已经了解了什么是会话以及如何进行会话跟踪。对于不同用户，服务器在内存中为每个用户创建了一个 Http Session 对象，并保存当前用户信息。因此，我们可以使用 Session 来存储商品，Session 的具体使用请参考 Session 用法。

对于第二个问题，可以这样回答：

购物车中放的是商品，因此购物车对象应该包含商品信息和商品数量。

最后，如果已经解决了购物车的问题，问题提出人还需要在 FAQ 中修改问题的当前状态，即在"是否解决"列填写"是"。完整的 FAQ 见表 5-4。

表 5-4 完整的 FAQ

文件号：BUG-TR-Y272

序号	项目名称	对应任务点	提出时间	提出人	类型	问题描述	解答人	解决方案	工作量	是否解决	解决时间	备注
1	美食网	PROJ001	2013-10-9	小张	技术方案咨询	使用什么技术，实现购物车的商品存储	小顾	我们已经了解了什么是会话以及如何进行会话跟踪。对于不同用户，服务器在内存中为每个用户创建了一个 HttpSession 对象，并保存当前用户信息。因此，我们可以使用 Session 来存储商品，Session 的具体使用请参考 Session 用法	1	是	2013-10-11	
2	美食网	PROJ001	2013-10-9	小张	技术方案咨询	购物车对象应如何设计	小顾	购物车中放的是商品，因此购物车对象应该包含商品信息和商品数量	1	是	2013-10-11	

三、日报沟通方式

日报可以明确工作成果、显示项目进展、预知项目风险，通过日报可以严格控制项目开发的整个过程。

1. 日报的作用

【案例】

小郭和小斌是信息化系统的开发人员，分别负责各单位计划管理、周例会管理功能模块。各单位计划管理中有 Excel 导入技术难点、周例会管理中有 Word 导出技术难点，但他们没有提出各自的问题，而是隐瞒了自己的问题。接下来几天，他们都在研究自己的技术难点。项目经理小梁看了项目计划表，于是安排他们开发新的功能模块。在新的功能模块中，又碰见一些技术问题，他们同样没有提出来，继续隐瞒。随着项目进行，小郭和小斌负责的功能模块越来越多，遗留的问题也越来越多，最后临近系统上线，小葛在测试过程中发现很多功能模块都存在问题，提交了足足 200 个系统缺陷，此时即使所有开发人员通宵加班，也不可能解决掉所有问题。

分析：无法按期上线的直接原因是项目经理无法了解组内人员的工作情况，无法确认项目发展的进度，小郭和小斌没有及时提出自己未解决的问题，没有制订开发计划。如何避免这种问题呢？日报可以帮我们解决。

假设我们使用了工作日报，情况又如何？

从小郭和小斌的角度来看，需要进行以下操作。

- 填写各自完成的任务，例如完成各单位计划单个录入、周例会材料录入。
- 填写明日计划，例如完成各单位计划汇总、周例会材料汇总展示。
- 提出技术难点，例如各单位计划 Excel 导入、周例会材料 Word 导出。

从项目管理者小梁的角度来看，需要进行以下操作。

- 随时了解组内成员的工作情况，例如小郭和小斌都完成了什么任务，还有什么任务没有完成。
- 掌握整个项目组的工作进展，确定是否符合项目进度计划。
- 知道开发过程中遇到的问题，并及时调整。例如立即召开组内会议，知道小张以前做过 Excel 导入和 Word 导出，具有经验，于是派小张帮助小郭和小斌解决 Excel 导入和 Word 导出问题。

2. 如何编写日报

先看一份完整的工作日报，见表 5-5。

表 5-5　日报

日　报	
To:　　小梁	部门/项目：　信息化管理系统
From:　小郭	日期：　　　2017-10-10

A. 问题和风险
1. 如何实现 Excel 导入
B. 变更
1. 无
C. 完成的工作
1. 各单位计划单个录入、修改、删除功能
2. 各单位计划上报审核功能
D. 明日计划
1. 各单位计划汇总功能
2. 各单位计划汇总打包下载
E. 意见和建议
1. 无

下面对日报进行说明。

- To：接受者。
- From：发送者。
- 部门/项目：所属的项目组名称。
- 日期：填写日报的日期。
- 问题和风险：当日完成任务中遇到的问题和问题可能引发的风险。
- 变更：当日是否按照前一日制订的计划执行，如果不是，需要详细说明计划变更后的内容。
- 完成的工作：当日主要完成的工作任务。
- 明日计划：次日需要完成的工作任务。
- 意见和建议：对项目的意见和建议。

3. 日报的管理和提交

在阶段项目开发过程中，日报管理以小组为单位，组长和组员的职责如下所述。

组长的职责：

- 负责督促组员填写日报。
- 负责对当日计划执行情况进行描述。
- 负责次日的工作计划安排。
- 负责汇总当日已经解决的问题和遗留的问题。

组员的职责：

- 按时填写日报。
- 如实填写日报的各项内容。

【训练活动】

- 活动一：在毕业论文排版过程中，针对以下问题编写 FAQ。

（1）如何设置摘要页页脚为希腊字母页码，正文页为阿拉伯数字页码？

（2）如何为正文内容设置奇数页页眉为"苏州健雄职业技术学院毕业论文"，设置偶数页页眉为"张三：班级网站设计与制作"？

（3）如何自动生成目录？

- 活动二：填写今日的工作日报，主要思考以下几个方面的问题：

（1）今天已经完成了什么任务？

（2）今天遇到了什么问题，如何解决？未解决的问题有哪些？

（3）明天将完成什么任务？

本章总结

- 软件开发团队常用的沟通方式有口头沟通、会议沟通和文档沟通几种。
- 不同方向的沟通应注意使用不同的技巧。

- 语言沟通时要注意倾听和应答，演讲时要目标明确、注意谋略。
- 高效会议召开要有明确的基本程序和会议结果。
- 使用文档沟通可以避免口头传达造成的遗漏，固化成功经验或失败教训，避免软件开发过程失去控制。
- 编写 FAQ 主要包含如何设计问题和如何回答问题。
- 日报填写主要包含完成的工作任务、第二天的工作计划、问题总结。

习题五

一、单选题

1. 下面不属于高效会议区别于普通会议的特征是（   ）。
   A. 简短　　　　　　　　　　　B. 容量
   C. 高效　　　　　　　　　　　D. 有针对性

2. 一个职业人士所需要的三个最基本的职业技能依次是（   ）、时间管理技巧、团队合作技巧。
   A. 沟通技巧　　　　　　　　　B. 写作技巧
   C. 演讲技巧　　　　　　　　　D. 表达技巧

3. 语言沟通更擅长传递的是（   ）。
   A. 思想　　　　B. 情感　　　　C. 思路　　　　D. 信息

4. （   ）是最好的沟通方式。
   A. 电子邮件　　　　　　　　　B. 电话
   C. 面谈　　　　　　　　　　　D. 会议简报

5. 反馈分为正面反馈和（   ）两种。
   A. 负面反馈　　　　　　　　　B. 建设性的反馈
   C. 全面反馈　　　　　　　　　D. 侧面反馈

二、填空题

1. IT 职场经常使用的沟通方式有_____、_____和_____。
2. 在 IT 职场中，常见的沟通方向分为_____、_____和_____。

三、判断题

1. 所谓沟通是指为了一个设定的目标，把信息、语言、情感、思想在个人或群体间传递并且达成协议的过程。　　　　　　　　　　　　　　　　　　　　　（   ）
2. 沟通中的发送要注意发送的有效方法、发送时间、发送的具体内容、发送对象。
　　　　　　　　　　　　　　　　　　　　　　　　　　　　　　　　　　（   ）

四、简答题

1．如果你是一名软件工程师，那么往上沟通该注意的技巧是什么？

2．同事间、同部门间该如何沟通呢？

3．邮件编写也是人际沟通的一种重要方式，请通过信息检索方式查询邮件沟通的要领，并将结果通过 E-mail 发送至老师邮箱。

扫码看视频

第六章　团队合作

【学习目标】

通过本章的学习和训练，你将能够：

（1）熟知团队的定义、要素、特点。

（2）知道团队合作的重要性。

（3）掌握团队建设技能。

（4）了解 IT 项目管理中的团队建设。

【案例导入】

赵某最近被公司任命为项目经理，负责一个"重要但不紧急"的项目实施。公司项目管理部为其配备了 5 位项目成员。这些项目成员均来自不同的部门，大家都不太熟悉。赵某召集大家开项目启动大会时说了很多谦虚的话，也请大家一起为做好项目出主意，一起来承担责任。会议气氛比较沉闷。

项目开始以后，项目组成员只要一发现问题，就去找项目经理讨教。赵某为了树立自己的权威，表现自己的能力，也总是身体力行，甚至很多细节上的技术问题，他也都有问必答，甚至有时候与程序员打成一片，就软件程序的编写进行交流和协商。其实，有些问题项目成员之间就可以互相帮助，但是他们怕自己的弱点被别人发现，作为以后攻击的借口，所以互相之间不沟通，而是只要发现问题，就找项目经理。其实赵某的做法有时候也不全对，但是成员发现了也不吭声，因为他们认为"我是按照项目经理所说的方法来做的，有问题由项目经理负责。"

这样一来，团队成员之间表面上一团和气，看似没有任何团队冲突，赵某自己也感觉很好。"你有问题，找经理去""我们听赵经理的"已经成为该项目团队的口头禅。

随着时间的推移，这个看似祥和团结的团队在项目进度上很快就出现了问题。项目性质调整时，该项目也由"重要但不紧急的项目"变成了"重要还紧急的项目"。公司总经理觉得有必要找赵某谈谈。

【案例讨论】

- 赵某带领的项目团队遇到了什么问题，使得总经理要找他谈话？
- 如何发挥团队的最大力量？
- 团队成员间该如何协作？

一个项目的成功离不开一个好的团队，团队的建设和管理在项目的实施过程中起着非常重要的作用。以团队成员为本，从团队成员的角度去思考问题，可以增强团队的凝聚力和提高团队的效率。团队分裂和骨干流失是项目的一个重大风险，所以建设一个稳定、高能力的团队是十分重要的，更是一个项目顺利实施的重要支持与保证。

体验一　团队的定义

【任务】准备一张 A4 纸，写出你所理解的团队定义、带领团队的方法。

【目的】理解团队合作的重要性，体会团队合作的力量。

【要求】书写过程中可以查阅相关资料。

【案例】

Cisco 成立于 1984 年，其主打产品为路由器，作为连接互联网的主要设备，网络技术的迅速发展使得市场对其产品的需求不断增长。一些专家曾预测，继 Microsoft 和 Intel 之后，Cisco 将成为引领数字化革命的垄断公司。

早在 1993 年，随着公司规模的不断壮大，需要对公司的信息系统进行多部门共同参与的整体转换。经研究，公司决定实施 ERP 项目。公司从各部门挑选优秀人员，并邀请了著名的实施顾问，组成了一支 20 人的核心团队。

1. 建立技术环境
- 培训实施队伍，将培训时间由正常的 5 天压缩为 2 天，每天 16 小时。
- 建立软件环境，配置 ERP 软件包。
- 设定参数，实施团队组织 40 人参加会议，利用 2 天的时间（通常需要三四周），提出建议。会议结束后一周，完成了环境配置环节，演示了该系统在 Cisco 的订单业务方面的运行能力。

2. 各个工作模块运行
- 每周项目管理办公室都要召开三个小时的会议，讨论解决在流程测试中出现的问题。
- 实施团队对存在的问题进行评价，并分成 Red、Yellow、Green 三种类型，由实施团队的不同层面负责解决。
- 组成 30 人的一个工作小组，在 3 个月内对 Oracle 软件不能支持的业务完成开发。

3. 调试阶段
- 由于需要对 Oracle 的软件进行调整，对项目下游的影响超过了预期，所以实施团队决定进行大的技术更改，建立一个集中的数据库，每个模块都需要访问唯一的数据资源。

4. 测试阶段
- 测试数据：全天的实际数据。
- 测试过程：一个模块一个模块地进行测试。

由于 Cisco 公司拥有优秀的项目执行团队，在这个实施过程中，都坚定不移地以实际行动支持实施 ERP 工程。尽管遇到许多困难，但都能坚持完成任务，始终保持清晰的实施团队架构，保证 ERP 项目得以层层推进，逐一解决各个问题，使得 ERP 项目获得最终成功。

有人这样定义团队：团队就是为了实现某一目标而由相互协作的个体组成的群体。它是一个由少数成员组成的小组，小组成员有着共同的目标，具备相辅相成的技术或技能，有共同的评估和做事的方法，他们共同承担最终的结果和责任。

管理学家斯蒂芬·P. 罗宾斯认为：团队就是由两个或者两个以上的，相互作用、相互依赖的个体，为了特定目标而按照一定规则结合在一起的组织。

【训练活动】

● 活动一：现在的企业大致可分为几种团队类型。一种是螃蟹团队，当集体被困在竹篓里，如果有一只想爬上去，其他螃蟹就拼命拉住，结果谁也上不去，全部坐以待毙；第二种是野牛团队，第一头牛的方向正确了，跟着的牛也就正确了，如果错了，整个牛群就都错了；第三种是大雁团队，随时调整队形，任何一只大雁都可以根据天气状况和自身能力被推荐为领头雁。

请对上述故事进行点评，重点评价大雁团队的工作方法。

● 活动二：全员破冰，进行"抓逃手指"游戏。

（1）请学员将右手掌心向下，左手食指垂直向上，相邻者左右手连为一线。

（2）请学生听关键词后快速"抓"和"逃"。当听到老师接下来讲述的一段故事中出现"乌龟"时，迅速用右手抓握下面右边同学的食指，同时将自己顶在相邻左边同学掌心的食指逃脱。

（3）邀请所有人按以上规则做好准备。

"抓逃手指"游戏讲述的故事：

乌鸦和乌龟

森林里有一间小小的城堡，里面住着可怕的巫婆和她的仆人乌鸦。突然有一天，天上慢慢飘来一片片乌云，转眼间就乌黑乌黑的，什么也看不见，不一会儿就下起了大雨。在狂风暴雨中，巫婆听到有人在敲门，开门一看，原来是一只乌龟，还有一只乌贼。它们要求巫婆让它们进屋。巫婆同意了，可是乌鸦不同意。雨越下越大，大家也越吵越凶，乌贼对巫婆说："雨这么大，乌鸦却不让我们进去，我和乌龟都会生病的，再不开门，我一定会让你的城堡变得乌烟瘴气。"最后，巫婆还是没让其进门。没多久，雨停了，太阳出来了，乌云也散了，巫婆和乌鸦这才打开门，看见乌龟已经冻得缩成一团。

游戏点评：

（1）专注地听别人说话才能听得清楚，行动才能果断、敏捷。

（2）过分担心失败反而更容易做错。

（3）很容易受旁边同学的影响，所以做判断时保持独立清醒的头脑是非常重要的。

体验二　团队的组建

【任务】以小组方式完成一个项目任务。

【目的】学会组建团队，培养团队意识，提升集体荣誉感。

【要求】了解团队的内涵，掌握正确的 IT 项目团队组建方法。

【案例】

有个人到俄国旅游，早餐时坐在饭店的窗边，看到街上有两个穿着工人服装的人在挖洞，前面一位才在地上挖个小洞，后面的人就接着把泥土回填进去。他观察了很久，越看越奇怪，实在想不透这两个人在干什么。于是他走出饭店，亲自向他们询问："请问你们在干什么？"

其中一人回答道："我们在种树苗。"

游客环顾四周，别说是树苗，连种子也没看到，于是问："树苗在哪儿？"

另一人回答道："是这样的。我们三个人一组，我负责挖洞，他负责填土，那个负责拿树苗的今天请假休息了。"

虽是一则笑话，却明确地说明，只知道分工，不知道共同的目标，不知道彼此的责任，不知道分工合作与团队的意义，有团队也等于没团队，即使有分工也等于没分工，只是浪费资源。

一、团队组建的含义

团队组建是指聚集具有不同需要、背景和专业的个人，把他们组成一个整体，成为有效的工作单元的过程。

二、团队的组成要素

团队的组成要素：目标（Purpose）、人（People）、定位（Place）、权限（Power）和计划（Plan）。

1. 目标（Purpose）

团队应该有一个既定的目标为团队成员导航，使其知道要向何处去，没有目标，团队就没有存在的价值。

2. 人（People）

人是构成团队最核心的力量，2个（包含2个）以上的人就可以构成团队。目标是通过人员来具体实现的，所以人员的选择是团队中非常重要的部分。在一个团队中可能需要有人出主意，有人制订计划，有人实施计划，有人协调不同的人一起去工作，还有人去监督团队工作的进展、评价团队最终的贡献。不同的人通过分工来共同完成团队的任务，在人员选择方面要考虑人员的能力如何、技能是否互补、经验如何。

3. 定位（Place）

团队的定位包含两层意思：团队的定位，团队在企业中处于什么位置，由谁选择和决定团队的成员，团队最终应对谁负责，团队采取何种方式激励下属；个体的定位，作为成员在团队中扮演何种角色，是制订计划还是具体实施或评估。

4. 权限（Power）

团队当中领导人的权力大小跟团队的发展阶段有关。一般来说，团队越成熟领导者所拥有的权力就越小，在团队发展的初期阶段，领导权是相对比较集中的。影响团队权限的有两个方面：

（1）整个团队在组织中拥有怎样的决定权，比如财务决定权、人事决定权、信息决定权等。

（2）组织的基本特征，比如组织的规模、团队的数量、组织对团队的授权、业务类型等。

5. 计划（Plan）

计划有两个层面的含义：

（1）目标最终的实现，需要一系列具体的行动方案。可以把计划理解成目标的具体工作程序。

（2）提前按计划进行可以保证团队的任务进度。只有在有计划地进行操作的情况下，团队才会一步一步地接近目标，从而最终实现目标。

三、团队的组建过程

团队的组建包括以下四个阶段：

1. 准备工作

准备工作阶段的首要任务是衡量团队是否为完成任务所必需的，这要根据任务的性质。因为有些任务由个体独自完成效率可能更高。此外，本阶段还要明确团队的目标、职责与权利。

2. 创造条件

创造条件阶段的组织管理者应保证为团队提供完成任务所需要的各种资源，如物资资源、人力资源、财务资源等。如果没有足够的相关资源，团队不可能成功。

3. 形成团队

形成团队阶段的任务是让团队开始运作。此时，须做三件事：管理者确立具体团队成员；让成员明晰团队的使命与目标；管理者公开宣布团队的职责与权力。

4. 提供持续支持

团队开始运行后，尽管可以进行自我管理、自我指导，但也离不开上级领导的大力支持，以帮助团队克服困难、消除障碍。

四、团队组建中的常见问题

1. 团队出现内耗，能力抵消，造成"1+1<2"的情况

如果团队成员的价值观不能达成一致，就会使整体功能小于部分功能之和，甚至小于单个部分的功能，如图 6-1 所示。

2. 团队出现价值观差异，难以形成合力

价值观的差异容易导致人与人之间难以沟通，出现能力配置不良的情况。每个人都有发展，但发展的方向不一致，不能形成合力，如图 6-2 所示。

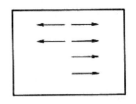

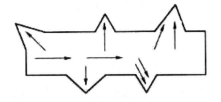

图 6-1　团队整合不好造成"4+2=2"的情况　　　　图 6-2　团队目标未获一致

3. 团队的运作受到外部干扰（被挖"墙脚"），使团队建设受到影响

当团队遇到困难，无法整合起优势力量攻克难关之时，其他团队有可能趁机挖"墙脚"，这在市场上属于正常现象，但对被挖"墙脚"的团队而言，就有可能陷入困境，如图 6-3 所示。

4. 团队缺少有威望的领导，出现群龙无首的状态

在某些情况下，虽然团队成员目标一致，但缺少一个有威望的团队领导的指挥，团队成员也会因此陷入盲目状态，如图 6-4 所示。

5. 优秀团队的创建

一个优秀团队的创建，需要经过如图 6-5 所示的一系列过程。

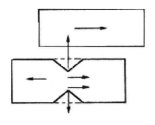

图 6-3　团队被挖"墙脚"

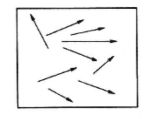

图 6-4　团队缺少强有威望的领导

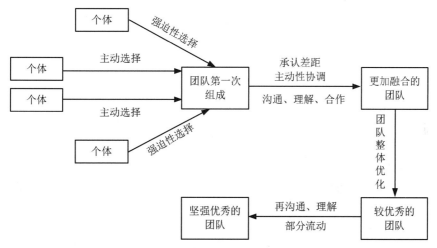

图 6-5　优秀团队的创建过程

【训练活动】

- 活动一：团队组建及诞生。根据学生人数，竞选出组长（组长由学生投票选举产生），下一步成立团队，每组人数为五六人。团队成立后，要求各组完成团队建设，包括团队成员、队名、队呼、团队 Logo、队歌及队旗等。然后各组用自己的方式举行团队成立欢庆仪式，以比赛的形式表演队呼及队歌。
- 活动二：给定一篇长文稿，要求小组分工协作，每人用修订方式修改一个段落，最后由组长通过 Word 中的"比较并合并文档"功能进行整合，生成目录，形成一个规范完整的文档。

体验三　团队合作的要求

【任务】在一张 A4 纸上书写，罗列团队中的角色及分工。

【目的】掌握团队中的角色分配，学会相关领导技巧。

【要求】1. 罗列团队中的几种角色。

　　　　2. 收集几种著名的领导理论，说说你更认同哪一种。

【案例】

三个皮匠结伴而行，途中遇雨，便走进一间破庙。恰巧破庙有三个和尚，他们看见这三个皮匠，气不打一处来，质问道："凭什么说'三个臭皮匠赛过诸葛亮'？凭什么说'三个和尚没水喝'？要修改辞典，把谬传千古的偏见颠倒过来！"

尽管皮匠们谦让有加，但和尚们却非要"讨回公道"不可，官司一直打到佛祖那里。

佛祖一言不发，把他们分别锁进两间神奇的房子里。房子宽敞舒适，生活用品一应俱全。房内有一口装满食物的大锅，每人只发一把长柄的勺子。

三天后，佛祖把三个和尚放出来，只见他们饿得有气无力。佛祖问："大锅里有饭有菜，你们怎么不吃东西？"和尚们哭丧着脸说："柄太长送不到嘴里，大家都吃不着！"佛祖磋叹着，又把三个皮匠放出来。他们乐呵呵地说："感谢佛祖，让我们尝到了世上最美味的食物！"和尚们不解地问："你们是怎样吃到食物的？"皮匠们异口同声地回答说："我们是互相喂着吃的！"

佛祖感慨万千地说："可见狭隘自私，必然导致愚蠢无能。只有团结互助，才能产生聪明才智啊！"和尚们羞愧满面，窘得一句话也说不出来。

一个团队要实现内部成员间的良好合作，需要具备很多条件。不具备这些条件，便不能算是一个真正的团队。那么，团队合作有哪些要求呢？

一、团队成员要具有共同的目标和愿望

自然界中有一种昆虫很喜欢吃三叶草。这种昆虫在吃食物的时候都是成群结队的，第一个趴在第二个的身上，第二个趴在第三个的身上，由一只昆虫带队去寻找食物。这些昆虫连接起来就像一节一节的火车车厢。管理学家做了一个实验，把这些像火车车厢一样的昆虫连在一起，组成一个圆圈，然后在圆圈中放了它们喜欢吃的三叶草，结果它们爬得精疲力竭也吃不到这些草。

以上例子说明，在团队失去目标后，团队成员就不知道该往何处去，这个团队存在的价值就会打折扣。团队的目标必须跟组织的目标一致，此外还可以把大目标分成小目标，并明确到人，大家合力实现这个共同的目标。同时，目标还应该有效地向大众传播，让团队内外的成员都知道这些目标。有时甚至可以把目标贴在团队成员的办公桌上、会议室里，以此激励所有的人为实现这个目标去工作。

思考：你的身边是否有团队没有目标或者目标不一致的情况？请举例。

二、团队成员要有良好的沟通和开放的交流

有人说："沟通就是，我说的便是我所想的，怎么想便怎么说，即使团队同伴不喜欢，也没办法！"从目的方面来讲，沟通是共同磋商的意思，即团队成员们必须交换想法并适应互相的思维模式，直到每个人才能对所讨论的问题有一个共同的认识。简单来说，就是让他人懂得自己的本意，同时自己也能明白他人的意思。只有达成了共识，才可以认为是有效的沟通。团队中，团队成员越多样化，就越会有差异，也就越需要团队成员进行有效的沟通。

思考：团队成员间的沟通和交流需要注意哪些问题？

三、团队成员需要相互信任和相互尊重

信任是合作的开始，也是团队的基石。团队成员之间彼此的信任程度、关系好坏是影响工作绩效的关键因素。要想取得相互间的信任，每个成员都必须要加倍努力。一个真正融为一体的团队，成员之间是相互信任的。能否做到互相信任，很大程度上取决于自身，取决于有没有主动去信任、接纳身边的人。

思考：你所在的团队是否具备以下条件？

（1）团队成员相互支持。

（2）工作有相关性。

（3）即使工作没有按自己的意愿进行，也要对工作忠诚。

（4）彼此之间相互尊重。

四、团队成员可按专长做某一方面的领导

群体成员的技能可能是不同的，也可能是相同的，而团队成员的技能是相互补充的。因此，可以把不同知识、技能和经验的人综合在一起，形成角色互补，从而达到整个团队的有效组合。

团队中有各种不同类型的人，如活力型的、开拓型的、保守型的等。而每个人又有各自独特的，甚至他人无法代替的优势，当然每个人也都有弱点。将每个人的优势，依据工作实际需要合理地搭配起来，实现优势互补，构成有机的整体，大家团结一致、齐心协力，就能发挥最佳的整体组合效应。

思考：你所在的团队成员各有什么特点和特长？在项目开展过程中，他们的优势是否得到了发挥并得到其他成员的认可？

五、团队要有高效的工作程序

在 F1 赛车比赛中，赛车在比赛过程中都需要有几次加油和换轮胎的过程。要知道，在紧张刺激的赛车比赛中，每辆车都是要分秒必争的，因此赛车每次加油和换轮胎都需要勤务人员的团结协作。一般来说，赛车的勤务人员有 22 个人，其中有 3 个人是负责加油的，其余的都是负责换轮胎的。这是一个最体现协作精神的工作，加油和换胎的总过程通常都在 6～12 秒，这个速度在日常情况下，再熟练的维修工人也是无法达到的。由此可见团队分工协作的重要性。

思考：如何建立团队高效的工作程序？

六、团队内部成员要求同存异

团队精神的核心思想是求同存异。

团队中的每个人各有长处和不足，关键是成员之间以怎样的态度去看待。能够在平常之中发现他人的美，培养自己求同存异的素质，对培养团队精神尤其重要。

尽管团队成员存在不同的观点，但为了追求团队的共同目标，各个成员要求同存异，并就团队目标达成一致。对于团队工作中出现的不同意见或者观念，需要拿出来讨论，形成最有利于团队目标的共同意见。

思考：你是如何处理身边的不同意见的？

【训练活动】

● 活动一："报数"，也叫"负责任的传递"。

报数，一个看似简单的游戏，却包含着诸多的责任，从一个简单的游戏中就可以看出我们领导、父母的压力和责任。

游戏流程：

（1）学生全部站在老师的面前。

（2）比赛：请所有学生按自己的方式分成 A、B 两组，要求 A、B 两组的人数绝对相同，可挑选学生助理参加。

（3）A、B 两组各站一边。

（4）A、B 两组各选一男一女两位队长，注意强调：一定要是自愿的，不能推选。

（5）让 4 位队长承诺：愿意为自己的团队负起责任，无论在怎样的情况下都不后悔。

（6）宣布比赛规则：绝对服从裁判。

（7）比赛内容：报数，输的一组，第一次队长做俯卧撑 10 个，第二次 20 个，第三次 40 个，第四次 80 个。

需要说明的是，判定输赢的标准为两条：①整队人报完数的时间，可以按照哪组最短为赢；②报数错误则直接判定为输。

注意点：

（1）全程要求：遵守秩序。

（2）给 5 分钟时间让各队自行训练。（队长不参加报数）

（3）比赛时使 4 位队长背对学生，使其看不见讲台情况。

（4）进行第一次比赛，比赛中如有报错情况，直接判输。队长回到队伍前面，带领队员恭贺对手取得胜利。

（5）进行三轮比赛。第一轮比赛开始前给 4 分钟训练时间；第二轮比赛开始前给 3 分钟训练时间；第三轮比赛开始前给 2 分钟训练时间。

注：做俯卧撑的队长累了后，只能趴在地上休息，不能站起来，也不能坐起来。

（6）当有队长在做 80 或 160 个俯卧撑，累得爬不起来的时候，叫全部队员围着这两名做俯卧撑的队长，配上音乐，开始引导做思考。

（7）引导完后，让学员用自己的方式感谢队长。

（8）小组分享，学生上台分享。

● 活动二：通过创建团队核心价值观和行为来强化团队认同感。

要求：

（1）团队成员单独、安静地填写创建团队价值观材料。

（2）每个团队经过成员分享共识、提炼出一个价值观。

（3）整个团队一起讨论选出团队的核心价值观，并至少确认支持价值观的两种行为，从而使这一定义具体化。一定要确保这些行为能够体现在团队成员间的日常行为中。

体验四　IT 项目管理中的团队建设

【任务】观看情景短片《程序员的一天》，分享你所看到的内容。

【目的】明确 IT 项目管理中各成员的角色分工。

【要求】要说出每个人物的工作内容和人物特点。

【案例】

一软件公司项目团队因为圆满完成任务而获得一笔奖金，这时团队成员围绕着如何使用奖金产生了一些争议：有人主张把奖金发放给全体成员，也有人主张留下来用于团队的继续发展和提高。一个项目经理希望储备这笔奖金，因为他觉得日常的工作使大家很少有体力运动，很多同事体质明显没有以前好，所以为了大家的健康，他提议用这笔经费办理一些健身活动会员卡，每月组织所有团队成员参加一些健身活动。但对于团队成员来说，这是每个月固定工资的额外收入，很多人希望能自己保管这笔钱，用它来做一些自己喜欢的事情。

分析：在以上这两种情况中，所有人的意图都很好，但如果都坚持各自的观点，冲突就不可避免。了解团队中的其他成员，是一切感情存在的基础，了解对方的好恶可以增进感情。

一、挑选优秀的项目经理

一个优秀的项目经理应该具备哪些素质呢？

（1）要懂管理。管理是一门重要的学问。管理者不仅要了解管理这门学科，还要熟悉自己直接下属所从事的工作。

（2）要头脑灵活，思维敏捷，知识面广，考虑问题比较全面。现在 IT 技术发展非常快，而多运用成熟的新技术就意味着可以节约大量的人力、物力。

（3）必须技术精湛，足以服众。项目经理面对的是最直接的技术问题。当项目遇到困难时，需要项目经理能正确而迅速地做出决定，并能充分利用各种渠道和方法来解决问题。

（4）要具备良好的日程观念和紧迫感。

（5）须善于协调，并且具有良好的沟通能力。

二、项目人力资源管理

一个开发团体，少至两人，多则几十人甚至几百人。除了项目经理外，可能还有系统分析员、程序员、数据库管理人员、文档开发人员、测试人员等。项目管理中的人力资源管理，主要包括对团队所有成员的监督、培植和激励。

（1）监督。根据预先制定的日程安排和进度表，核对所有成员的开发进度。如果项目大，参与人员众多，则进度应制定得更为详细。

（2）培植。项目经理带领自己的团队做项目，须传授团队成员新的知识，使队员不断成长。

（3）激励。以前流行的观点是工作成果主要取决于工资、监督，以及更吸引人的工作环境。实际上人们工作的主要激励因素来自个人成绩表现以及由此获得的认可度。大胆提拔或向上级主管推荐可造之才，是项目经理的一项重要责任。

三、团队沟通

一个 IT 项目需要进行大量的沟通协调。其通常有口头沟通、会议沟通、电话沟通、邮件沟通、文档沟通这几种形式。

适当的有规律的会议是团队成员进行沟通的最好途径。成员在发表自己的见解和聆听别人的观点的时候，就达成了一种思想上的交流。如果能选定一个共同关心的主题，或者共同困惑并就此展开讨论，对各自的提高会起很大的作用。

文档沟通在 IT 项目管理中作用很大，先不细说它在整个项目需求分析、开发和后续完善过程当中起到的巨大作用，如果将写文档作为团队成员相互交流的方式，那也是很好的方式。

四、团队冲突管理

团队工作不同于一般的工作的地方在于它是一个管理矛盾的过程。我们要了解团队冲突在团队中的作用，理顺团队中的人际关系，处理好团队冲突，这样才能增加凝聚力。

【训练活动】

● 　活动一：模拟面试过程（主题：团队合作，处理冲突）。

面试官： 假设你已经成了我公司的一名主管，由你负责管理一个项目。在项目的团队中一共有六人。在一次会议上，由于观点不同，产生了对立的两方，他们进行了激烈的争论。这时，作为领导者，你该如何协调？如果两方面不能达成共识，你又会怎么办？

求职者： ……

● 　活动二：在团队课程中建立信任——"风中劲草"游戏。

（1）教师宣布：现在我们要做一个名为"风中劲草"的游戏。这个游戏要求每位学生都要做一次"草"。现在我来说明规则并做一个"草"的示范。

规则：

1）学生围成一个向心圆，"草"（教师）站在圆中央。

2）"草"要双手抱在胸前，并拢双腿，闭上眼睛，身体绷直地倒下去。在倒的整个过程中不能移动脚或双腿分开。倒下之前，"草"要问："我要倒下去了，你们准备好了没有？"当全体团队成员回答"准备好了"时，"草"可以选择任意方向倒下去。"草"倒向哪个方向，站在那个方向的团队成员就要在"草"即将要倒在自己身上时，伸出双手把"草"轻轻推向另一个任意方向，注意不要用力过猛。

（2）在教师做完了示范之后，让小组的成员开始做此游戏。每个人都要做一次"草"。

总结：完全信任所有人，并且心里不会感到恐惧时，就会倒下去。如果有证据表明其实倒下去是安全的（比如先尝试的人没有受伤），那就会克服恐惧，愿意进行尝试。

问题 1：在游戏中最难的地方是哪里？下次你会怎样改进？

可能的答案：倒下去，因为恐惧。（教师分析：实际上越是不敢笔直地倒下去，越是给接的人造成困难，下次应该更笔直……）

问题 2：在游戏中，你感觉团队的合作精神是如何体现的？是否有信任感？

引导方向：接的人可以尽量用各种方式让中间倒着的"草"感到安全。比如用语言给位于中央的"草"一些鼓励，这样会增加信任感，中间的"草"便会更有信心地倒下去。

本章总结

● 　大多数组织的成功，管理者的贡献平均不超过两成。任何组织和企业的成功，都是靠团队而不是靠个人。

● 　团队的组成要素有目标（Purpose）、人（People）、定位（Place）、权限（Power）和计划（Plan）。

● 　团队合作要求成员间有共同的目标、良好的沟通，要相互信任，有高效的工作程序，做到求同存异等。

- IT 项目管理中的团队建设需要挑选合适的项目经理，采取合理的人事资源管理，采用多种沟通方式及正确对待团队冲突等。

习题六

一、单选题

1．团队和群体最根本的差异是（　　）。
    A．领导方面的差异　　　　　　　B．技能方面的差异
    C．目标方面的差异　　　　　　　D．协作方面的差异
2．构成团队最核心的力量是（　　）。
    A．目标　　　　　B．人　　　　　C．权限　　　　　D．计划
3．团队的作用在于（　　）。
    A．协作精神　　　　　　　　　　B．相互补充
    C．相互扶持　　　　　　　　　　D．相互团结
4．信任构成的要素中最主要的是（　　）。
    A．真诚　　　　　　　　　　　　B．获得成就
    C．一致性　　　　　　　　　　　D．表现关注

二、填空题

1．团队合作是一群有能力、有信念的人在特定的团队中，为了一个共同的目标，_____、_____、_____的过程。
2．团队竞争的最高层次是_____。
3．团队的定位包括_____和_____的定位。
4．所谓激励程度是指激励量的大小，即_____或_____标准的高低。

三、判断题

1．群体没有明确的领导人，而团队有明确的领导人。　　　　　　　　（　　）
2．团队精神的形成要求团队成员牺牲自我。　　　　　　　　　　　　（　　）
3．团队的绩效是每个成员绩效相加之和。　　　　　　　　　　　　　（　　）
4．人们所不知道的和人们所知道的都能导致不信任，必须开诚布公。（　　）

四、简答题

卓越的团队需要具备哪些条件？

五、资料题

游戏：传话。
传话活动需要 30 人参加。将活动者分为 3 个小队，每个小队 10 人。每个小队呈纵队排

列，人与人的前后距离在 30 厘米以内。

事先虚拟一个通知，其内容包括人物、时间、地点、原因、做法等要素。参考内容如下：

3 月 23 日晚，到机场接上海到深圳的客人张大千，航班为 DH9313，起飞时间为北京时间 16:00。

在所有人事前不知道通知内容的前提下，将通知的书面资料交给每个纵队的第一个人。在其默读一分钟后，收回资料。三个队同时开始，逐个向后面的人口头转达通知的内容。最后，要求排在最后的那个人，写出通知的内容。

第七章　职业规划

【学习目标】

通过本章的学习和训练，你将能够：

（1）理解职业规划的内涵。

（2）知道职业规划的意义。

（3）了解影响职业规划的因素。

（4）明确职业规划的步骤和原则。

（5）能根据模板设计自己的职业规划。

【案例导入】

2012 年，李青高考落榜。考虑到未来，望子成龙的父母希望他能读一所民办大学。李青却有自己的想法，他想成为一名 IT 技术工程师，希望能够进入外企工作。因此，他就读了一所高职院校的计算机技术专业。

怀揣 IT 白领梦想的李青开始了他的学习生活。由于目标明确，李青学习很用功，学习成绩一直很理想。在学习 IT 知识的同时，为了提高自己的综合素质，李青还积极参与学校的社会活动。其间，李青被选为学校编程社的社长。编程社社长不仅要技术过关，并且要求具备优秀的表达能力，各方面的素质要求非常高。

毕业后，李青以一名准职业人的状态参与 IT 岗位的应聘。在老师的推荐下，拥有良好技术能力与全面素质的李青顺利通过了亿雅捷交通系统（北京）有限公司的面试，担任运维工程师，负责公司的网络搭建和运维。

【案例讨论】

● 李青的职业目标是什么？

● 为了实现自己的职业目标，李青是如何进行职业规划的？他又是如何努力实现的？

● 人生职业规划在实现职业目标的过程中起着怎样的重要作用？

当今社会，人们越来越重视自我价值的发展完善和实现，这就要求我们须对自己的未来做出一个全方位的统筹规划，也可以说是职业生涯规划。它是我们职业选择乃至一生的计划，对于大学生而言是至关重要的，职业生涯规划让我们能够更充分地认识自我，了解自我的优缺点、兴趣，可以结合我们的特点做出切合实际的方案，为我们的未来奠定良好基础。

体验一 职业规划定义

扫码看视频

【任务】用 A4 纸写下你的职业理想。

【目的】学会规划自己的职业。

【要求】不要受学历和个人能力的限制，尽可能写出个人心中所愿。

【案例】

20 世纪 90 年代初，计算机专业开始成为热门专业，小刘、小周和小亮同时报考并进入了某大学计算机科学与技术专业。

小刘个性活泼，能说会道，对自己充满自信，对生活充满热情，有良好的家庭环境；小周比较内向，不太爱说话，做事细心，思维灵活，家庭环境一般。在小刘的职业规划中，他将售前工程师作为自己的事业奋斗目标，为此制订了相应的行动计划与一系列基本措施，并打算毕业后继续深造；小周则以 Java 高级程序员作为自己的奋斗目标，他选择的不是继续读书深造，而是毕业后找一份程序员的工作，在工作中学习。

小亮刚毕业去了一家国营企业做网管，第一年很有新鲜感，也有成就感，感觉自己的工作在公司还是很重要的。可到了第二年、第三年，他就觉得每天都做一些简单重复的工作，技术也没有多大长进，工作也没有多大意思。他听说程序员的工资很高，就去了一家为银行开发软件的私营企业。经理给他一个月时间学编程。可一个月过去了，他感觉自己还不在状态，于是申请再给半个月的时间。半个月又过去了，他还是没有信心，但不得不硬着头皮上岗。算起来到现在做了两年程序员，他仍然觉得很吃力，有时一个命令弄了一整天，却怎么也过不去。到后来，对着计算机超过两小时就头昏眼花。他发现有三四个同事做得得心应手，就开始怀疑自己是不是不适合做程序员。为了能够清楚地认识自己，他重新给自己的职业生涯发展确定方向，小亮咨询了专业人士。咨询师跟小亮进行了详细的交谈，并让小亮做了一个专业的职业测试，发现小亮喜欢发挥影响、领导作用，喜欢与人打交道，并善于提供信息、启发别人。通过性格分析，确定他属于"外向、主导、理性、直觉"类型的人。综合分析之后，认为小亮最终应该走向企业的经营管理者。咨询师给出的建议是从卖专业软件的销售工程师做起，然后向销售管理方向发展，逐步成为企业的经营管理者，不要继续做计算机编程工作，也不要去做普通商品的销售。几年之后小亮成为一家著名外企 ERP 销售的主管。

一、职业规划的含义

职业规划是指客观认识自己的能力、兴趣、个性和价值观，在对个人和内部环境进行分析的基础上，深入了解各种职业的需求趋势及关键的成功因素，确定自己的事业发展目标，并选择实现这一目标的职业或职位，制订出基本的措施和行动计划，高效行动，灵活调整，有效提升职业发展所需的执行、决策和应变技能，使自己的事业顺利发展，并取得成功。

二、职业规划的意义

职业规划需要遵循一定的原则，对自己的认识和定位是重要的。在全球化的竞争环境下，每个人都要发挥自己的特长，从事热爱的工作，这样的人才是最幸福和最快乐的人。他们最容易在事业上取得最大的成功。有自我生涯规划的人会有清晰的发展目标，每个人的人生不仅与收入有关，还与自己的职业生涯规划发展有关。有目标的人才能抵制短期的诱惑，坚定地朝着自己的目标前进，并感到充实。每个人只有找准自己的角色定位才能做自己喜欢的事情，取得成功。很多时候失败的人不代表没有能力，而是角色定位失败。个人生涯规划正是对个人角色的有效的定位方式。

职业生涯规划的好坏必将影响整个生命历程。我们常常提到的成功与失败，不过是所设定目标的实现与否，目标是决定成败的关键。个体的人生目标是多样的：生活质量目标、职业发展目标、对外界影响力目标、人际环境等社会目标……整个目标体系中的各因子之间相互影响，而职业发展目标在整个目标体系中居于中心位置。这个目标的实现与否，直接引发成就与挫折、愉快与不愉快的不同感受，影响着生命的质量。

【训练活动】

- 活动一：请以小组为单位，思考讨论案例中的小刘和小周，俩人有相同的教育背景，为何选择了不同的职业？
- 活动二：请以小组为单位，思考讨论案例中的小亮最终在事业上取得成功的原因。他为何在刚毕业的前五年工作中始终感觉不如意？

扫码看视频

体验二 影响职业规划的因素

【任务】用一张 A4 纸写下"我的理想生活"。

【目的】学会认识自己。

【要求】1. 尽量多写，不要被限制。

2. 关键词：价值取向、收入、家庭、工作方式、生活方式、人际关系、休闲娱乐。

【案例】

大学生 A 和 B 比较相似，在学校的表现都很优秀，毕业以后，他们分别进入了不同的单位工作。三年之后，两个人的命运却产生了差异，A 已经成为公司的骨干，担任部门的主管，每月的收入在 5000 元之上；B 还是公司的一般职员，收入只有 2500 元，正准备寻找机会跳槽。在这三年期间，两个人都跳过槽，都换过 3 家公司，可是最后的结果却大相径庭。A 毕业后进入一家卖电器的商店做销售代理，工作中勤学好问，很快掌握了销售技巧，成了卖场的优秀销售员；一年之后，跳槽到规模更大的电器连锁店做组长；第三年，跳槽到国内知名的电器销售连锁店做部门主管。B 毕业后进了一家卖电讯器材的公司做销售员；一年后跳槽到一家网络公司做网管；第三年，换工作进了一家生产企业做办公室的文员。笔者认真分析了两个人的经历，发现 A 一直在自己熟悉的电器销售行业工作，跳槽也是为了有更好的位置，B 却没有找准自己的发展方向，在不同的行业跳来跳去，最后还是只能从事低岗位的工作。

在职业成长过程中，大多数人对职业的关注过多地放在有没有证书及其他的职业工具上，却不考虑自己职业增长的需要。职业生涯是一个漫长的过程，相关管理学家在经过长时间跟踪调查后发现，自身、职业、环境等因素都会不同程度地影响人们对自己职业生涯的规划。

一、自身因素

一个人只有真正了解自己，认识自我，才能做到扬长避短，最大限度地发挥自己的优势，在自己的人生中创造出辉煌的业绩。认识自我，是做好职业生涯规划的重要前提之一。

1. 个性

性格、气质是个性当中的稳定因素，其对学生的职业选择乃至职业成功发挥着持续的作用。兴趣是最好的老师，兴趣在学生职业选择过程中发挥着重要作用。社会学研究表明，自主选择与自己兴趣、爱好、能力相符的职业的劳动者，其劳动生产率比不符合要求的劳动者要高40%。相关资料表明，如果一个人对某一工作感兴趣，就能较长时间地保持高效率而不感到疲劳，而对工作缺乏兴趣的人，只能发挥其全部才能的20%～30%，也容易疲劳。兴趣爱好也会发生变化，但一旦确定，就会为职业选择提供驱动力，为职业成功奠定基础。

2．能力

进入职业学校学习的学生已经具备了一定的能力，即在基本活动中表现出的能力，如观察能力、反应能力、抽象概括能力等。同时，职业学校的学生经过多年的基础学习和专业学习，也具有了特殊能力，即在专门活动中要求的能力，如文档设计能力、软件开发能力等。以自身能力强弱作为职业选择的考虑因素，是当今职业学校学生中的普遍现象。尽管他们会出现能力的错误估计，但进行选择时仍是把能力作为一个方面来权衡的。

3．价值取向

学生对某种价值的追求与排斥，对某类事物的偏好与厌恶，对某种情感的向往与躲避成为价值取向中与职业最密切的部分。一个学生可以为了维持生计而工作，为了避免生活空虚而工作，或者为了实现自己的梦想而工作。在学生看来，一种工作可能具有多种意义，这些意义直接作用于职业定向与选择。

二、职业因素

约翰·霍兰德经过多年的研究和测试，创立了人格类型理论，提出了"职业兴趣就是人格体现"的思想。他认为大多数人都可以划分为以下六种人格类型：现实型、研究型、艺术型、社会型、常规型和企业型。其分别与六种对应的职业环境匹配。

1．现实型

个人特点：喜欢与物体打交道；喜欢对机械、工具、电子设备等有形的实物进行摆弄或操纵；任劳任怨、脚踏实地、注重现实；比较关心职业的长期稳定性和安全性。

适合：从事需要进行明确的、具体的、按一定程序要求的技术性、技能性工作，如计算机操作员、工程性工作、室外的保护性工作等职业。

2．研究型

个人特点：偏好对各种现象进行观察、分析和推理，并进行系统的、创造性的探究，以求能理解和把握这些现象；勤奋刻苦、善于钻研，体现出看重科学研究的价值观。

适合：通过观察、科学分析而进行的系统的创造性活动，一般侧重自然科学研究方面，如科学、教学工作、计算机程序设计开发工作等。

3．艺术型

个人特点：大多天资聪颖、感情丰富、创造性强、不拘小节；善于利用感情、直觉、想象力创造出艺术形象或产品。

适合：从事通过非系统化的、自由的活动进行艺术表现，如多媒体设计和制作、文学、美术和音乐等。

4．社会型

个人特点：友好大方、责任感强、善于交往、易于合作；利用处理人际关系的技巧和对他人的兴趣才能完成任务，适应对人进行解释和描述的环境。

适合：有更多的时间与人打交道，善于做说服、教育和治疗工作，如销售人员、律师等。

5. 常规型

个人特点：偏好对数据资料进行明确、有序和系统化的整理工作；稳重顺从，认真细致，尽职尽责。

适合：最能适应要求对各类信息进行系统的、习惯性的处理的环境，如打字员、会计、各种办公室事务工作及行政管理类职业。

6. 企业型

个人特点：对领导角色和冒险活动感兴趣，精明强干，乐于领导，有很强的自信心；看重政治和经济方面的成就。

适合：从事领导他人实现组织目标或获取经济收益的活动，需要胆略、风险意识且能承担责任的活动，如公司经理、管理人员、项目领导等。

人格类型理论对成功择业具有一定的指导意义。但是，在实际生活中，许多人常常是六种人格类型的不同组合，而某一种或两种类型占据主导地位，在这种情况下就更加需要综合兴趣、能力、性格等其他因素来确定职业。

三、环境因素

1. 社会评价

职业社会对各类职业所持的倾向性态度总会通过传媒、习惯、舆论等各种渠道渗透到学生职业评价心理中，成为学生社会化认识的重要方面。职业的社会评价对学生职业选择的影响是潜移默化的，它已经进入了学生的社会认知领域，成为影响职业选择的因素，尤其是对某种职业缺乏深入了解与切身感受时，社会评价作用会格外突出。

2. 经济利益

经济利益在当今学生职业选择中扮演着愈加重要的角色。计划经济下的职业选择坚决排斥经济因素的介入，不同职业的经济收入几乎是同样的，各种职业的收入差异相当小。随着经济结构的改革，经济收入在不同职业之间的差距开始迅速扩大，以至扩大到某些职业收入让人无法接受、引起社会不满的程度。

3. 家庭

家庭环境在人生中会留下深刻痕迹，其中，职业学校生职业选择就融合了家长的意志。职业选择的前奏是专业选择，父母影响更多地通过家庭环境的熏陶，逐渐融入学生的心理结构。职业学校毕业后，当子女在职业选择道路上犹豫不决并寻求帮助时，父母意志的作用又会放大，对子女的职业选择产生重要影响。

【训练活动】

● 活动：填写职业兴趣自我诊断表。

请你仔细阅读下面的问题，对于每项活动，如果你的回答是肯定的，则在"是"一栏中打√；如果你的回答是否定的，则在"否"一栏中打√。最后把"是"一栏的回答次数相加，填入"总计次数"一栏中。

一、测试内容

第一组

1. 你喜欢自己动手修理收音机、自行车、缝纫机、钟表一类的器具吗？　　　　是　否

2. 你对自己家里使用的电扇、电熨斗、缝纫机等器具的质量和性能了解吗？　　　　是　否

3. 你喜欢动手做小型的模型（诸如滑翔机、汽车、轮船、建筑模型等）吗？　　　　是　否

4. 你喜欢与数字、图表打交道（诸如记账、制表、制图）一类的工作吗？　　　　是　否

5. 你喜欢制作工艺品、装饰品和衣服吗？　　　　是　否

总计次数

第二组

1. 你喜欢给别人买东西当顾问吗？　　　　是　否

2. 你热衷于参加集体活动吗？　　　　是　否

3. 你喜欢接触不同类型的人吗？　　　　是　否

4. 你喜欢拜访别人、与人讨论各种问题吗？　　　　是　否

5. 你喜欢在会议上发言吗？　　　　是　否

总计次数

第三组

1. 你喜欢没有干扰且有规律地从事日常工作吗？　　　　是　否

2. 你喜欢对任何事情都预先做周密的安排吗？　　　　是　否

3. 你善于查阅字典、辞典和进行资料索引吗？　　　　是　否

4. 你喜欢按固定的程序有条不紊地工作吗？　　　　是　否

5. 你喜欢对事物进行分类和归档吗？　　　　是　否

总计次数

第四组

1. 你喜欢倾听别人的难处并乐于帮助别人解决困难吗？　　　　是　否

2. 你愿意为残疾人服务吗？　　　　是　否

3. 在日常生活中，你愿意给人们提供帮助吗？　　　　是　否

4. 你喜欢向别人传授知识和经验吗？　　　　是　否

5. 你喜欢医疗和照顾病人的工作吗？　　　　是　否

总计次数

第五组

1. 你喜欢主持班级集体活动吗？　　　　是　否

2. 你喜欢接近领导和老师吗？　　　　是　否

3. 你喜欢在人多时当众发表自己的观点和意见吗？　　　　是　否

4. 如果老师不在，你能主动维持班里学习和生活的正常秩序吗？　　　　是　否

5. 你具有强烈的责任感和工作魄力吗？　　　　是　否

总计次数

第六组

1. 你特别爱读文学著作中对人内心世界的细致描写吗？　　　　是　否

2. 你喜欢听人们谈论他们的活动和想法吗？　　　　是　否

3. 你喜欢观察和研究人的心理和行为吗？　　　　是　否

4. 你喜欢阅读有关领导人物、政治家、科学家等名人传记吗？　　　　是　否

5. 你很想了解世界各国的政治和经济制度吗？　　　　是　否

总计次数

第七组

1. 你喜欢参观技术展览会或收听（收看）技术新消息的节目吗？　　　　是　否
2. 你喜欢阅读科技杂志（诸如《我们爱科学》《科学 24 小时》）吗？　　是　否
3. 你想了解生机勃勃的大自然的奥秘吗？　　　　　　　　　　　　　　是　否
4. 你想了解使用科学精密仪器和电子仪器的工作吗？　　　　　　　　　是　否
5. 你喜欢复杂的绘图和设计工作吗？　　　　　　　　　　　　　　　　是　否

总计次数

第八组

1. 你想设计一种新的发型或服装吗？　　　　　　　　　　　　　　　　是　否
2. 你喜欢创作画吗？　　　　　　　　　　　　　　　　　　　　　　　是　否
3. 你尝试过写小说吗？　　　　　　　　　　　　　　　　　　　　　　是　否
4. 你很想参加宣传队或演出小组吗？　　　　　　　　　　　　　　　　是　否
5. 你喜欢用新方法、新途径来解决问题吗？　　　　　　　　　　　　　是　否

总计次数

第九组

1. 你喜欢操作机器吗？　　　　　　　　　　　　　　　　　　　　　　是　否
2. 你很羡慕机械类工程师的工作吗？　　　　　　　　　　　　　　　　是　否
3. 你想了解机器的构造和工作性能吗？　　　　　　　　　　　　　　　是　否
4. 你喜欢交通驾驶一类的工作吗？　　　　　　　　　　　　　　　　　是　否
5. 你喜欢参观和研究新的机器设备吗？　　　　　　　　　　　　　　　是　否

总计次数

第十组

1. 你喜欢从事具体的工作吗？　　　　　　　　　　　　　　　　　　　是　否
2. 你喜欢做很快就看到产品的工作吗？　　　　　　　　　　　　　　　是　否
3. 你喜欢做让别人看到效果的工作吗？　　　　　　　　　　　　　　　是　否
4. 你喜欢做时间短但可以做得很好的工作吗？　　　　　　　　　　　　是　否
5. 你喜欢做有形的事情（诸如编织、烧饭等）而不喜欢抽象的活动吗？　是　否

总计次数

二、统计方法

根据对每组问题回答"是"的总次数，分别填入下述的分组及兴趣类型的相应行。

组别回答"是"的总次数相应的兴趣类型序号：

第一组　兴趣类型 1

第二组　兴趣类型 2

第三组　兴趣类型 3

第四组　兴趣类型 4

第五组　兴趣类型 5

第六组　兴趣类型 6

第七组　兴趣类型 7

第八组　兴趣类型 8

第九组　兴趣类型 9

第十组　兴趣类型 10

通过以上训练，找出你的兴趣类型。在答"是"的总次数一栏中，得分越高，相应的兴趣类型就越符合你的职业兴趣特点；得分越低，相应的兴趣类型越不符合你的职业兴趣的特点。然后对照各种兴趣类型对应的职业（表 7-1），给你的职业生涯定位。

表 7-1　加拿大职业分类词典中各种职业兴趣类型的特点与适应的职业

兴趣类型	类型特征	适应的职业
1	愿与事物打交道，喜欢接触工具、器具或数字，而不喜欢与人打交道	制图员、修理工、裁缝、木匠、建筑工、出纳员、记账员、会计、勘测员、工程技术人员、机器制造等
2	愿与人打交道，喜欢与人交往，对销售、采访、传递信息一类的活动感兴趣	记者、推销员、营业员、服务员、教师、行政管理人员、外交联络等
3	愿与文字符号打交道，喜欢常规的、有规律的活动。习惯于在预先安排好的程序下工作，愿做有规律的工作	邮件分类员、办公室职员、图书馆管理员、档案整理员、打字员、统计员等
4	愿与大自然打交道，喜欢地理地质类的活动	地质勘探人员、钻井工、矿工等
5	愿从事农业、生物、化学类工作，喜欢种养、化工方面的实验性活动	农业技术员、饲养员、水文员、化验员、制药工、菜农等
6	愿从事社会福利类的工作，喜欢帮助别人解决问题，这类人乐意帮助人，帮助他人排忧解难，喜欢从事社会福利和助人的工作	咨询人员、科技推广人员、教师、医生、护士等
7	愿做组织和管理工作，喜欢掌管一些事情，以发挥重要作用，希望受到众人尊敬和获得声望，愿做领导和组织工作	组织领导管理者，如行政人员、企业管理干部、学校领导和辅导员等
8	愿研究人的行为和心理，喜欢谈涉及人的主题，对人的行为举止和心理状态感兴趣	心理学、政治学、人类学、人事管理、思想政治教育研究工作以及教育、行为管理工作、社会科学工作者、作家等
9	愿从事科学技术事业，喜欢通过逻辑推理、理论分析、独立思考或实验发现和解决问题的、推理的、测试的活动，善于理论分析，喜欢独立地解决问题，也喜欢通过实验有所发现	生物、化学、工程学、物理学、自然科学工作者、工程技术人员等
10	愿从事有想象力和创造力的工作。喜欢创造新的式样和概念，大都喜欢独立的工作，对自己的学识和才能颇为自信。乐于解决抽象的问题，而且急于了解周围的世界	社会调查、经济分析、各类科学研究工作、化验、新产品开发，以及演员、画家、创作或设计人员等
11	愿做操作机器的技术工作，喜欢通过一定的技术来进行活动，对运用一定技术，操作各种机械，制造新产品或完成其他任务感兴趣，喜欢使用工具，特别是大型的、马力强的先进机器，喜欢具体的东西	制造业等，飞行员、驾驶员、机械类
12	愿从事具体的工作，喜欢制作看得见、摸得着的产品并从中得到乐趣，希望很快看到自己的劳动成果，并从完成的产品中得到满足	室内装饰、园林、美容、理发、手工制作、机械维修、厨师等

体验三　职业规划的步骤

【任务】 让自己当一回小记者，采访一两位优秀毕业生，了解他们的职业生涯规划步骤。

【目的】 了解师兄师姐职业生涯规划的步骤，便于更好地规划自己的职业生涯。

【要求】 充分挖掘资源，尽可能多地获取信息。

【案例】

刘家驰是某大学软件技术专业的大一学生，为了避免大学毕业后就业走弯路，他根据自己所掌握的职业生涯规划知识，为自己的三年大学生活做了一个规划。

他根据大家的评价和各种测验，发现自己是一个较为外向开朗的人，给出了如下的自我分析。优点：喜欢过程分析，擅长逻辑推理；愿意接受、学习新技术；喜欢和同学一起学习，一起编程，相信团队合作能让自己最好地发挥作用。缺点：语言表达能力欠佳；说话不注意场合和分寸；考虑问题深度不够，欠周全。

根据以上分析，他制定了一份属于自己的大学三年短期目标。

一年级的目标：初步了解职业，提高人际沟通能力，学好专业知识，主要内容如下所述。

（1）多和学长交流，询问就业情况。

（2）积极参加学校活动，提高交流技巧。

（3）掌握基础的专业知识，学好每一门功课，无挂科，并且在此基础上争取优秀。

（4）通过国家工信部的程序员中级考证（C语言程序设计）。

（5）通过课堂、网络、图书等资源学好平面设计（Photoshop）课程。

二年级的目标：努力学习专业知识，提高专业素质，为就业打下坚实基础。主要内容如下所述。

（1）通过英语四级考试。

（2）参加一些和专业相关的兼职活动，在实践中提升专业技能。

（3）深入学习软件编程技术（C#，Java），软件测试技术，提升自己的专业素质。

三年级的目标：顺利毕业，并获得一份较为满意的工作，主要内容如下所述。

（1）动手做一些与专业相关的项目，巩固知识。

（2）收集和软件开发、软件测试相关的信息，选择就业单位和就业岗位。

（3）凭借前两年积累的人际关系和工作经验，找到一份令自己满意的工作。

制定一份职业发展规划可包括自我评估、职业目标确定、目标实施、生涯评估修正四个步骤。但在真正的职业生涯中，由于内部条件和外部环境的变化，人们可能会反复这一过程，在不断探索中寻找属于自己的准确位置，如图7-1所示。

一、自我评估

职业规划必须是在正确全面地认识自身的条件与相关环境的基础上进行。通过客观的自我评估，参照行业专家的建议和朋友或家人的意见，能正确地分析自己，发现自己的专业特长与兴趣，寻找适合自己的位置。

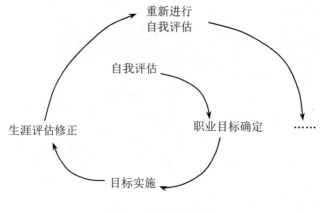

图 7-1　职业规划过程

二、职业目标确定

确立目标是职业规划的关键，有了切实可行的目标，就有了指引前进方向的航灯。

目标的设定一般以自己的才能、性格、兴趣等为依据，要保证目标适中，不可过高或过低。目标分为长期目标、中期目标和短期目标三种。短期目标也即大学阶段的目标，时间至大学毕业前；中期目标从大学毕业后至毕业后五年内；长期目标从毕业后五年至毕业后十年。大学职业生涯规划以立足短期目标为主，结合长期目标，并通过不断实现短期目标而最终实现长期目标。

三、目标实施

大学生职业规划制定好之后，下一步的关键是根据这一规划制订配套的实施方案，并依据实施方案来行动。比如，收集信息资料，获得新的技能或设备，启动一个正式的接受培训计划等。

四、职业规划评估修正

职业规划应该是动态的而不是静态的。随着社会、行业及自身的各种变化，须对职业规划进行调整，你要对这些变化非常敏感。IT 行业作为一个快速变化的行业，它向所有想从事 IT 行业的人提供机会，你要不断地关注这一行业的变化。

总的来说，态度决定一切，命运掌握在自己手里。要用真诚和智慧去实施职业规划。如果做得好，职业规划既不会很难，也不需要耗费过长的时间。引用威廉·亨利的话："无论我将穿过的那扇门有多窄，无论我将肩承怎样的责罚，我是命运的主宰，我是灵魂的统帅。"

【训练活动】

● 活动一：请参考下述案例，每位同学根据自身实际情况，针对以下五个问题做一份答卷。

（1）Who are you?（你是谁？）

（2）What do you want to do?（你想做什么？）

（3）What can you do?（你能做什么？）

（4）What can support you?（你所处的环境允许你做什么？）

（5）What is your final career goals?（你最终的职业目标是什么？）

【案例】

某大学计算机科学与技术专业的一名女大学生，大三学习考试都结束了，暑假后即将成为应届毕业生。这位同学在校期间是优秀学生干部，学习成绩优秀，英语是六级水平。放暑假前，她针对以上五个问题做了一份答卷。

（1）Who are you?

某大学计算机科学与技术专业学生，曾是优秀学生干部，成绩优秀，英语六级。家庭条件一般，父母工作稳定、身体健康。

性格开朗、为人诚实、勤奋努力，做事认真、有上进心。

（2）What do you want to do?

毕业后想到深圳外企或银行软件维护部门上班，做软件开发或维护工作。

另外，如果企业有其他职位如销售、客服等愿意试用我，我也能接受。如果无法进入深圳外企或银行软件维护部门，一般的软件开发企业愿意试用我，我也接受。

（3）What can you do?

在暑假实习期间曾到软件公司做过网站设计与开发工作，有一定的理论知识和实践经验。另外，本人的学习能力较强，可以边学边做；本人很勤奋，有绝对的信心能胜任本职工作并在工作中提高自己的能力；本人性格开朗，到新的环境能结交更多新朋友；本人为人诚实，可以很快使企业或朋友接受自己。

（4）What can support you?

通过互联网、报纸、杂志等搜集深圳的就业信息。

联系深圳接受学生实习的企业，通过学校老师或朋友的推荐来实现；或在深圳正规人才网上查询并找到这样企业的信息，自己打电话与企业联系。为了减少风险，尽量确认企业相关资质，确保是正规企业再进行联系。联系成功后，向学校申请去深圳实习，最好通过住公司公寓或与人合租来解决住房问题。

利用企业实习的机会，提高自己的职业素质及软件开发实战能力，熟悉深圳的人文地理、生存和发展环境，多交对自己就业有帮助的朋友。

（5）What is your final career goals?

短时间内留在实习企业上班。如果不行，则设法在实习期联系好其他企业，先落脚在深圳。有了工作后，再努力提高自己的综合素质。结交在外企或银行业做软件开发的朋友，业余时间与他们多交流，逐步进入到他们的交际圈，争取实现到外企或银行软件开发部门工作的理想。

● 活动二：思考自己的职业类型。

概述：

请仔细思考以下问题，并记下要点。

（1）你在大学期间投入精力最多的是哪些方面？

_____

_____

_____

（2）你认为自己最适合的工作是什么？

_____

_____

（3）对于这份工作的期盼和向往，你是否从来没有改变过？如有改变，是由于什么原因？

_____

_____

（4）你认为能胜任这个职位的人应该具备怎样的素质？

_____

_____

（5）在以上自我认识的基础上，预测你的职业方向。

_____

_____

_____

体验四　职业生涯规划书的结构

【任务】收集优秀的职业生涯规划书案例并学习撰写方法。

【目的】熟练掌握职业生涯规划书的格式及书写要求。

【要求】每位同学至少挑选一份生涯规划书在班级进行分享和点评。

【案例】

某大学软件技术专业学生职业生涯规划书

一、前言

在就业竞争日趋激烈的今天，一个良好的职业规划无疑增加了一份自信。现在身为大学生的我们，与其消磨时光，不如多学习知识来充实自己。未来掌握在自己手中，趁现在还年轻，赶紧为自己的未来之路定好一个方向。一个好的职业规划就像灯塔一样为我们指明方向，我们可以按照这个方向前进。

二、自我剖析

1. 性格分析——适合和喜欢做什么

男，20 岁，文科转工科，身高 1.8 米，苏州健雄职业技术学院一软件与服务外包学院软件技术专业大二学生，一个怀有美好理想并顽强对待残酷现实的青年。在我的人才素质测评报告中（霍兰德 RCCP 通用人职匹配测试量表），职业兴趣前三项是现实型（35 分）、社会型（34 分）、管理型（34 分）。具体描述如下：

（1）喜欢有规则、技术性强的工作；

（2）以身作则，善于与人交往，乐于与他人共事；

（3）富有责任感，热心社会工作；

（4）灵敏的组织能力；

（5）喜欢影响、管理和领导他人，较注重权力和地位，不喜欢处理精确细琐的事务；

（6）常以冒险、狂热、积极进取的态度处理日常事物。

2．职业能力——做过什么

完成职业能力表的填写，具体见表7-2。

表 7-2　职业能力表

能力	优势	能力基础
管理	协调管理各种工作，有一定领导才能	连续 7 年担任班长，大学期间担任学生会主席一职
交际	懂得如何与别人沟通，能清楚表达自己的意思，让别人愿意接受自己，人际关系好，有困难时别人愿意帮助自己	广泛参加活动，使自己的交际能力得到提升
策划	统筹、策划集体活动，做到分工明确，事半功倍，合理利用资源	担任学生会主席期间，和主席团成员共同策划了新年晚会等活动
创新	思维活跃，不受传统观念影响，经常有意想不到的收获	自小形成的思想，对一切新鲜的事物很好奇，能够发挥想象力
推理	对事情的发展能预先判断，并预先做好防范措施，使事情顺利完成	对程序性和推理性问题比较熟悉，所学课程多具有推导、推理性质
学习	专业技能，温故而知新	2014 年 1 月获得"软件测试工程师"技术水平证书；2014 年 4 月，获得蓝桥杯全国软件大赛 Java 软件开发高职高专组江苏省赛一等奖
社会实践	学以致用，参与团购网的测试工作	连续四年组织团队销售，并获得领导的一致好评；研究团购系统，并进行测试运行

三、职业倾向分析

适合的岗位性质：

（1）工作环境较为自由，充满机遇和挑战；

（2）有较多的独立工作时间，可以专心完成整个项目或任务；

（3）较多使用事实、细节和运用实际经验的技术性工作，能够充分发挥自己推理能力、逻辑性强的才能；

（4）工作对象是具体的产品或服务，工作成果要有形并且可以衡量；

（5）有明确的工作目标和清晰的组织结构层次；

（6）团队合作融洽，交流沟通顺畅的工作环境。

四、职业目标选择

软件测试工程师作为软件质量控制过程中不可或缺的重要角色，受到整个行业的高度重视。信息产业部门发布的最新报告显示，我国软件测试工程师的行业需求超过 20 万人。业内专家预计，在未来 5～10 年中，我国企业对软件测试人才的需求数字还将继续增大。而目前国内实际从业人数却不足 5 万人，其中具备 3 年以上从业经验的人员则不超过 1 万人。近期的国家职位分析指数显示，软件测试工程师已经成为近年最紧缺的人才之一。

根据社会环境和职业环境分析，结合个人兴趣和适合的岗位性质，初步定下软件测试工程师的职业目标。

五、未来十年规划

2012～2013 年：认真学好英语、Java 程序设计、平面设计等专业基础课程；每周至少去图书馆 3 次，累计时间至少 15 小时；每周自学软件测试至少 7 小时；积极参与学校组织的活动，培养自己的交际能力。

2013～2015 年：学好各类专业课程，参加各类技能竞赛。争取获院级以上荣誉一项；争取获得软件评测师资格证书。顺利毕业，找到一份和专业相关的技术性工作，最好是软件测试类。

2015 年 7 月：开始工作的职位是初级测试工程师，从基层做起，敢于创新、敢于挑战，不怕吃苦。在人际交往和工作技能等方面积累工作经验，为自己下一步的目标打下基础。

2017 年：成为中级测试工程师。

2019 年：成为高级测试工程师。

2022 年：朝管理方向发展。

六、评估调整

当今社会不断变化，我们要随时掌握最新的信息动态。而计划永远赶不上变化，未来的未知性与可变性让我们必须拟订一个备选方案，从而使自己的职业规划得到补充与调整。

我的备选职业是平面设计师，目前社会对该行业的人才需求量很大，就业情形较好，我们的专业课中有相关的课程。随着市场越来越规范化，公司和其产品越来越注重其形象包装。平面设计是任何企业和公司都必不可少的岗位，好的平面设计师会为公司的形象和市场的开拓助力。

七、总结

任何目标，只说不做到头来都会是一场空。然而，现实是未知多变的，定出的目标计划随时都可能遇到问题，这就要求我们保持清醒的头脑。一个人，若要获得成功，就必须拿出勇气、付出努力，去拼搏和奋斗。成功，不相信眼泪；未来，要靠自己去打拼！实现目标的历程需要付出艰辛的汗水和不懈的追求。不要因为挫折而畏缩不前，不要因为失败而一蹶不振；要有屡败屡战的精神，要有越挫越勇的气魄。成功最终会属于你的。每天要对自己说："我一定能成功，我一定按照目标的规划行动、坚持，直到胜利的那一天。"既然选择了，就要一直走下去。在这里，这份职业生涯规划也差不多进入尾声了，然而，我的真正行动才刚开始。现在我要做的是，迈出艰难的一步，朝着这个规划的目标前进，以满腔的热情去获取最后的胜利。

从案例《某大学软件技术专业学生职业生涯规划书》中可以看出，职业生涯规划书的结构如下：

（1）个人因素分析；

（2）职业因素分析；

（3）职业生涯目标；

（4）制定措施步骤；

（5）评估调整计划。

【训练活动】

● 活动一：个人 SWOT 分析。

SWOT 是 4 个英文单词（Strengths、Weaknesses、Opportunities、Threats）的缩写，即强项、弱项、机会、威胁。其指从业者在制定职业目标时，要首先对自己进行自我认知，对自己的工作、职业、生活及大环境进行研究，制定一份个人的 SWOT（强项、弱项、机会、威胁）的分析报告。

请结合前面所学内容，对自己的学习、生活及大环境进行研究，制定一份个人 SWOT 分析报告，见表 7-3。

表 7-3　SWOT 分析

强项：	弱项：
机会：	威胁：

- 活动二：制定你的职业目标。

（1）长期目标。你可以从以下方面来考虑：工作、生活方式、家庭、居住条件及其他。

（2）中期目标。大学期间学习、生活、健康方面；分成每个学期进行思考和规划；分析与长期目标的关系。

（3）短期目标。近一年或一个学期必须实现的目标。

本章总结

- 在激烈的市场竞争下，树立正确健康的职业规划理念对于大学生就业具有非常重要的作用。
- 高职院校要对学生的兴趣、爱好以及特性有充分的了解，因材施教，帮助学生树立正确的价值观，从而建立健康的职业规划理念。
- 大学生职业规划作为学校教育工作的一个有机组成部分，是一个全程、全体、全方位的教育过程。
- 对待职业规划要有积极的心态，更要有符合实际的理念。大学生职业规划教育是大学生面对今后在社会顺利工作的助跑力量，只有根基牢固才能保证今后工作能够顺利开展。

习题七

一、单选题

1. 职业生涯规划是指一个人对其一生中所有与（　　）相关的活动与任务的计划或预期性安排。

　　A．理想　　　　　B．职业　　　　　C．家庭　　　　　D．生活

2.（　　）是指值得个人投入一生心力，以获得最大人生价值的生涯目标。

　　A．工作　　　　　B．职业　　　　　C．事业　　　　　D．生涯

3.（　　）不属于对职业生涯规划做出的评价。

　　A．自我评价　　　B．他人评价　　　C．集体评价　　　D．老师评价

二、填空题

1．职业是一个人_____和_____的基础，而岗位成才是成才的重要途径。

2．职业规划需要遵循一定的原则，对自己的_____和_____是重要的。

3．职业生涯发展目标分为_____和_____。

4．约翰·霍兰德经过多年研究和测试，创立了人格类型理论，提出了"职业兴趣就是人格体现"的思想。他认为大多数人都可以划分为以下六种人格类型：_____、_____、_____、_____、_____和_____。

三、判断题

1．职业生涯规划有明确的方向和可操作性，要求目标明确，阶段清晰，至于措施则不必要太具体。　　　　　　　　　　　　　　　　　　　　　　（　　）

2．职业资格证书是专业技能素质的凭证，是求职的"敲门砖"。　　（　　）

3．只要有报酬的劳动就是职业。　　　　　　　　　　　　　　　（　　）

4．一个人的兴趣可以培养，但性格是不能改变的。　　　　　　　（　　）

四、简答题

简要介绍职业规划的步骤。

五、资料题

请每位同学根据自身实际情况，参照案例中的结构，撰写适合自己的职业生涯规划书。

第八章　Microsoft Visio 绘图技能训练

扫码看视频

【学习目标】

通过本章的学习和训练，你将能够：
（1）熟悉 Visio 的操作环境。
（2）掌握 Visio 的基础操作技巧。
（3）学会构建不同的流程图。
（4）学会构建不同的项目管理图。
（5）学会构建不同的网络图。

【案例导入】

罗敏是计算机专业的大一新生，其所在专业第一学期就开设了《C 语言程序设计》这门专业课程。由于罗敏在高中阶段未曾接触过编程语言，所以在学习时存在较大的困难，经常无法很好地理解程序的逻辑结构，特别是在讲到循环结构时，百思不得其解。后来，老师用 Visio 软件给她画了流程图，并借助流程图给她分析讲解。有了流程图的帮助，她终于掌握了这个知识点。在后面的学习中，罗敏也习惯用 Visio 画图来帮助自己理解课程内容，在学期末，顺利考取了 C 语言国家二级考试证书。

【案例讨论】

● Visio 软件的主要功能是什么？
● Visio 绘图的类型有哪些？
● Visio 绘图的优点是什么？

Visio 2010 是 Microsoft 公司推出的新一代商业图表绘制软件，具有操作简单、功能强大、可视化等优点，深受广大用户的青睐，已被广泛地应用于软件设计、办公自动化、项目管理、企业管理及日常生活等众多领域。

体验一　构建流程图

【任务】用 Visio 软件绘制不同类型的流程图。
【目的】了解各种流程图的功能和操作方法。
【要求】展示一副流程图作品。
【案例】

A 软件企业为某高校开发一套综合考务管理系统。经过与客户沟通，了解其需求为，集用户管理、试题录入、试卷生成、在线考试、成绩查询、新闻公告等功能于一体的、基于 B/S 模式的应用软件。在需求明确的情况下，该企业先制作了网站规划方案，并和用户洽谈设计细节，双方达成共识并签订协议。随后客户提交网站资料，企业设计主页元素、详细页面等。在最后成功交付前，又和客户进行了多次沟通并对设计进行相应的修改。为了更清晰有序地描述整个项目管理过程，该公司使用 Visio 软件绘制了网站建设流程图，如图 8-1 所示。

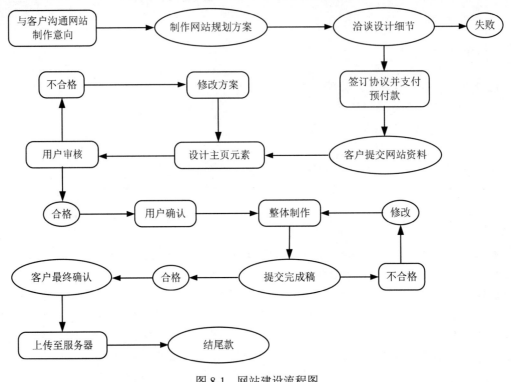

图 8-1　网站建设流程图

一、创建基本流程图

在日常工作和学习中，用户往往需要以序列或流的方法来显示服务、业务程序、操作步骤等工作流程。用户可以利用 Visio 2010 中简单的箭头等几何形状绘制基本流程图。本实例运用 Visio 2010 中的基本流程图模板，创建一个程序设计中的循环结构流程图，如图 8-2 所示。

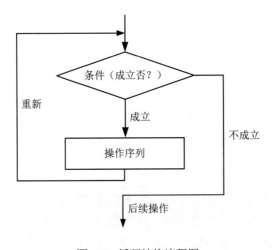

图 8-2　循环结构流程图

创建循环结构流程图的具体操作步骤如下：

（1）执行【文件】|【新建】命令，选择【流程图】选项，在展开的列表中选择【基本流程图】选项，然后单击【创建】按钮，如图 8-3 所示。

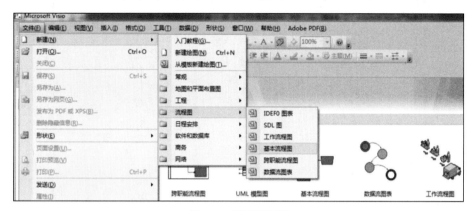

图 8-3　新建流程图

（2）将【基本流程图形状】模具中的【判定】形状拖到绘图页中，调整形状的大小和位置。

（3）将【基本流程图形状】模具中的【进程】形状拖到绘图页中，调整形状的大小和位置。

（4）为所有的形状添加文本，并设置文本的字体格式，如图 8-4 所示。

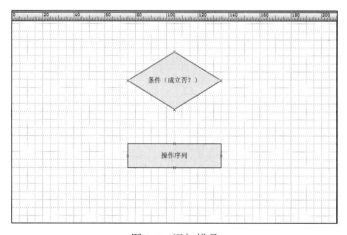

图 8-4　添加模具

（5）执行【开始】|【工具】|【连接线】命令，用连接线连接各个形状，并调整连接线的位置，添加连接线文本，如图 8-5 所示。

二、创建跨职能流程图

软件项目的过程大致分为需求、设计、开发、测试、实施和维护六个阶段。通常，下一阶段的工作要在前一阶段的工作成果基础上开展，但未必需要等前一阶段结束了下一阶段才开始。譬如说，开发和测试可以同步进行；软件进行需求分析的时候，测试人员可以开始进行测试的需求分析；而程序员开始编写代码的同时，测试员可以进行单元测试等。通过图 8-6 可以清楚地查看整个软件的开发过程。

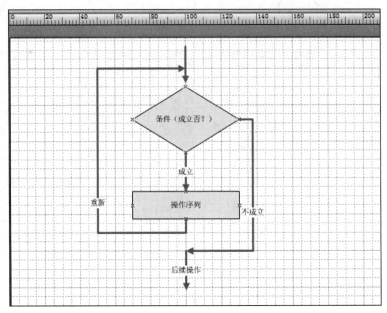

图 8-5　添加连接线

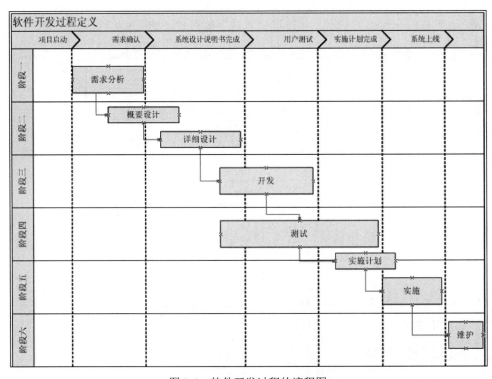

图 8-6　软件开发过程的流程图

创建跨职能流程图的具体步骤如下：

（1）执行【文件】|【新建】|【流程图】命令，在展开的列表中选择【跨职能流程图】命令，如图 8-7 所示。

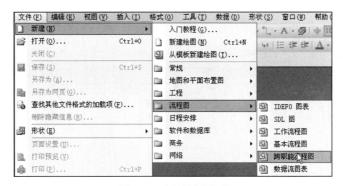

图 8-7　选择绘图类型

（2）在打开的【流程图】对话框中选择带区方向为"水平"，带区的数目为 4，如图 8-8 所示。

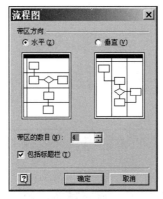

图 8-8　选择带区方向及数目

（3）单击【确定】按钮后，拖拽左侧的" 职能带区 "工具项，在新建的跨职能图中添加两个职能带区，如图 8-9 所示。

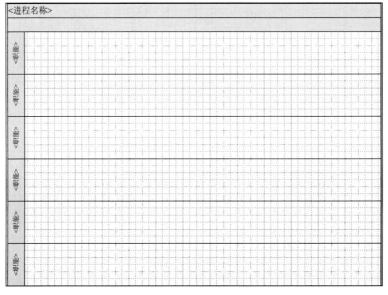

图 8-9　添加职能带区

（4）单击并按住鼠标左键，拖拽分隔符"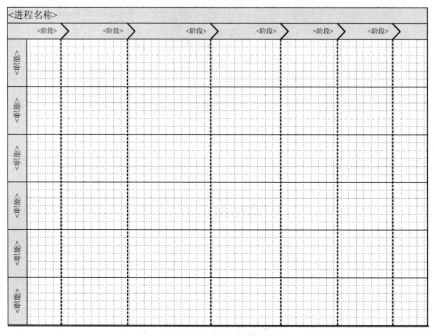分隔符"到合适位置再松开。添加分隔符后如图 8-10 所示。

图 8-10　添加分隔符

（5）更改进程、职能、阶段名称。双击相应文本，即可对其进行编辑。进程名称为"软件开发过程定义"，阶段名称分别为"项目启动""需求确认""系统设计说明书完成""用户测试""实施计划完成"和"系统上线"，职能为阶段一至阶段六，如图 8-11 所示。

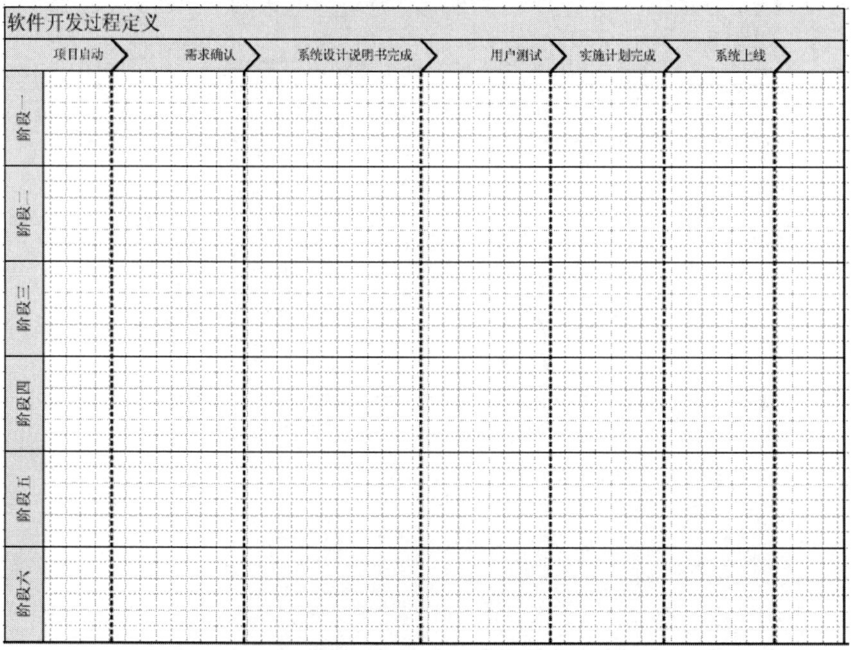

图 8-11　更改进程、职能、阶段名称

（6）打开基本流程图形状，选择" ☐ 流程 "形状，并拖入绘图页中，双击每个形状为其添加文字，完成后如图 8-12 所示。

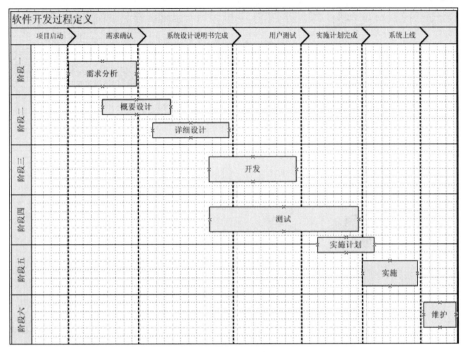

图 8-12　添加流程

（7）按流程先后顺序使用"连接线"工具连接绘图页中的流程，完成后如图 8-13 所示。

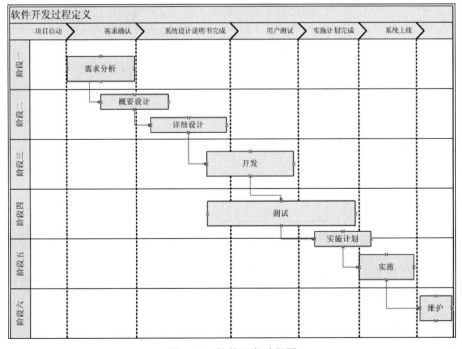

图 8-13　软件开发过程图

【训练活动】

- 活动一：请使用 Visio 2010 绘制某物流公司费用报销审批流程的跨职能流程图，要求绘制完成后的结果如图 8-14 所示。（提示：使用混合流程图形状）

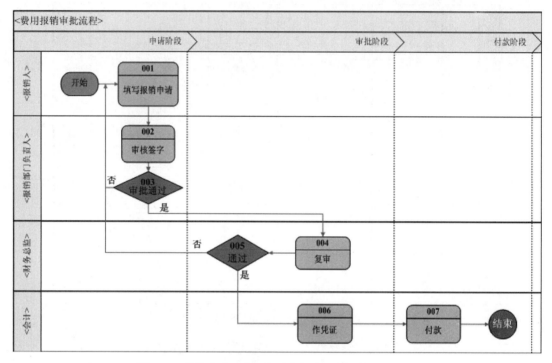

图 8-14　某物流公司费用报销审批流程的跨职能流程图

- 活动二：请使用 Visio 2010 绘制某公司的组织结构图，要求绘制完成后的结果如图 8-15 所示。（提示：选择【新建】|【商务】|【组织结构图】命令）

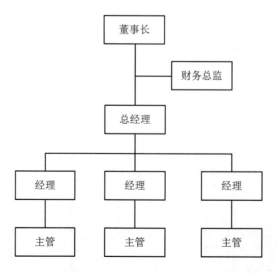

图 8-15　某公司组织结构图

体验二　构建项目管理图

【任务】 利用 Visio 软件绘制不同类型的项目管理图。

【目的】 了解各种项目管理图的功能和操作方法。

【要求】 展示一个项目管理图作品。

【案例】

某同学为了做好考研计划，更好地进行考研时间安排，便利用 Visio 软件绘制了一张考研时间安排表，具体如图 8-16 所示。其展示了各个阶段的计划任务，每个任务的起止时间以及里程碑信息。此表帮助他成功地制订了考研计划。

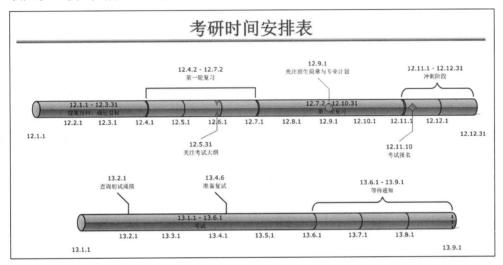

图 8-16　考研时间安排表

一、创建日程表

日程表用来显示某时间段内的活动安排与关键日期。用户可以使用 Visio 2010 中的【日程表】模板，创建沿着水平或垂直日程表显示任务、阶段或里程碑信息的日程表。在本实例中，通过【日程表】模板，使用为日程表添加里程碑与间隔形状的方法，制作一个以月为时间基准的月工作安排日程表，如图 8-17 所示。

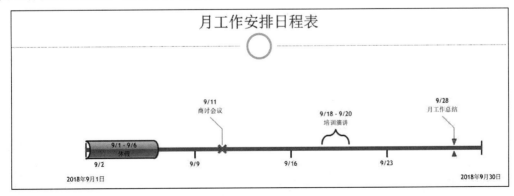

图 8-17　月工作安排日程表

创建日程表的具体操作步骤如下：

（1）执行【文件】|【新建】命令，选择【日程安排】选项。

（2）在展开的列表中选择【日程表】选项，并单击【创建】按钮，如图 8-18 所示。

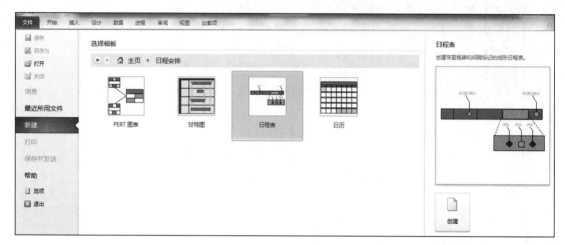

图 8-18　创建日程表

（3）将【线形日程表】形状拖到绘图页中，在【时间段】选项卡中，设置开始与结束的日期和时间，如图 8-19 所示。

图 8-19　配置日程表

（4）激活【时间格式】选项卡，设置日程表的日历形状与日期格式。

（5）将【经过的时间】形状添加到绘图页中的日程表中。

（6）将【圆柱形间隔】形状拖到绘图页中，在【配置间隔】对话框中设置起止日期与说明，如图 8-20 所示。

（7）将【X 形里程碑】形状添加到绘图页中，在【配置里程碑】对话框中设置相应的信息，如图 8-21 所示。

（8）将【括号间隔 1】形状添加到绘图页中，在【配置间隔】对话框中设置相应的信息，效果如图 8-22 所示。

（9）将【双三角形里程碑】形状添加到绘图页中，在【配置间隔】对话框中设置相应的信息，如图 8-23 所示。

图 8-20　配置间隔

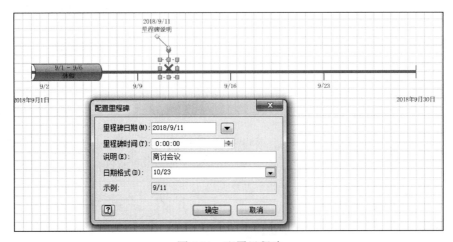

图 8-21　配置里程碑

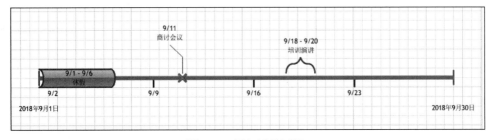

图 8-22　添加括号间隔 1

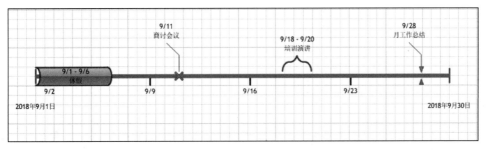

图 8-23　添加双三角形里程碑

（10）执行【设计】|【主题】|【效果】|【轮廓】命令，设置绘图页的主题效果。

（11）执行【设计】|【背景】|【实心】命令，然后再执行【设计】|【背景】|【边框和标题】|【市镇】命令，添加标题形状并输入标题名称，效果如图 8-24 所示。

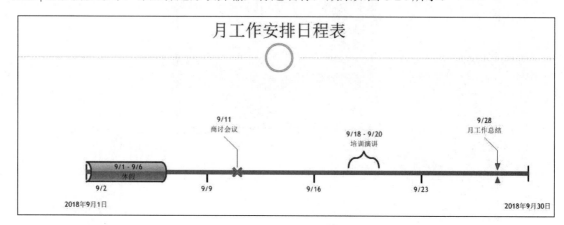

图 8-24　最终效果图

二、创建甘特图

大部分企业通常都需要先制订整个项目开发的计划，明确每个计划项的具体任务、完成任务的起止时间、里程碑信息等。本实例以"综合考务管理系统"项目开发为例，运用 Visio 2010 中的【甘特图】模板制作本项目的进度计划表。

综合考务管理系统项目的开始时间为 2018 年 10 月 8 日，结束时间为 2018 年 10 月 30 日，共需 17 个工作日，具体项目进度计划如表 8-1 所列。

表 8-1　项目进度计划

任务名称		工　期	资　源
软件规划	项目规划	1 个工作日	王洪波
	计划评审	1 个工作日	黄国伟
需求分析	编写需求规格说明书	1 个工作日	王洪波
	用户需求评审	1 个工作日	王洪波
设计	概要设计	1 个工作日	王洪波
	详细设计	1 个工作日	王洪波
实施		10 个工作日	王洪波　曹国伟
集成测试		1 个工作日	外包

创建甘特图的具体操作步骤如下：

（1）执行【文件】|【新建】|【日程安排】命令，选择【甘特图】选项，单击【创建】按钮，如图 8-25 所示。

（2）在弹出的【甘特图选项】对话框中，将【任务数目】设置为 11，设置开始日期与完成日期，如图 8-26 所示。

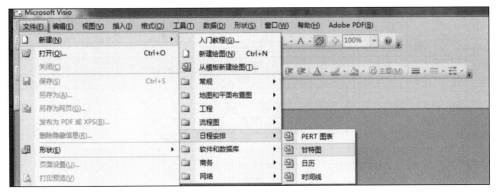

图 8-25　新建甘特图

图 8-26　配置甘特图选项

（3）按 Ctrl+A 组合键，全选甘特图，将鼠标置于选择手柄上，向下拖动，调整甘特图的位置。

（4）在甘特图中输入相应的内容，并设置文本的字体格式，如图 8-27 所示。

ID	任务名称	开始时间	完成	持续时间	2018年 10月
1	软件规划	2018/10/8	2018/10/9	2d	
2	项目规划	2018-10-8	2018-10-8	1d	
3	计划评审	2018/10/9	2018/10/9	1d	
4	需求分析	2018/10/10	2018/10/11	2d	
5	编写需求规格说明书	2018/10/10	2018/10/10	1d	
6	用户需求评审	2018/10/11	2018/10/11	1d	
7	设计	2018/10/12	2018/10/15	2d	
8	概要设计	2018/10/12	2018/10/12	1d	
9	详细设计	2018/10/15	2018-10-15	1d	
10	实施	2018/10/16	2018/10/29	10d	
11	集成测试	2018/10/30	2018/10/30	1d	

图 8-27　输入文字

（5）同时选择任务 2 和任务 3，执行【甘特图】|【降级】命令。使用同样的方法，降级其他任务，如图 8-28 所示。

ID	任务名称	开始时间	完成	持续时间
1	软件规划	2018/10/8	2018/10/9	2d
2	项目规划	2018/10/8	2018/10/8	1d
3	计划评审	2018/10/9	2018/10/9	1d
4	需求分析	2018/10/10	2018/10/11	2d
5	编写需求规格说明书	2018/10/10	2018/10/10	1d
6	用户需求评审	2018/10/11	2018/10/11	1d
7	设计	2018/10/12	2018/10/15	2d
8	概要设计	2018/10/12	2018/10/12	1d
9	详细设计	2018/10/15	2018/10/15	1d
10	实施	2018/10/16	2018/10/29	10d
11	集成测试	2018/10/30	2018/10/30	1d

图 8-28　降级任务

（6）同时选择任务 2 和任务 3，执行【甘特图】|【链接任务】命令。使用同样的方法，链接其他任务，如图 8-29 所示。

ID	任务名称	开始时间	完成	持续时间
1	软件规划	2018/10/8	2018/10/9	2d
2	项目规划	2018/10/8	2018/10/8	1d
3	计划评审	2018/10/9	2018/10/9	1d
4	需求分析	2018/10/10	2018/10/11	2d
5	编写需求规格说明书	2018/10/10	2018/10/10	1d
6	用户需求评审	2018/10/11	2018/10/11	1d
7	设计	2018/10/12	2018/10/15	2d
8	概要设计	2018/10/12	2018/10/12	1d
9	详细设计	2018/10/15	2018/10/15	1d
10	实施	2018/10/16	2018/10/29	10d
11	集成测试	2018/10/30	2018/10/30	1d

图 8-29　链接任务

（7）执行【甘特图】|【选项】命令，在弹出的【甘特图选项】对话框中设置甘特图的格式，如图 8-30 所示。

图 8-30　配置甘特图选项

（8）执行【设计】|【主题】|【颜色】命令，设置绘图页的主题效果。

（9）在绘图页输入标题文本并设置文本的字体格式，如图 8-31 所示。

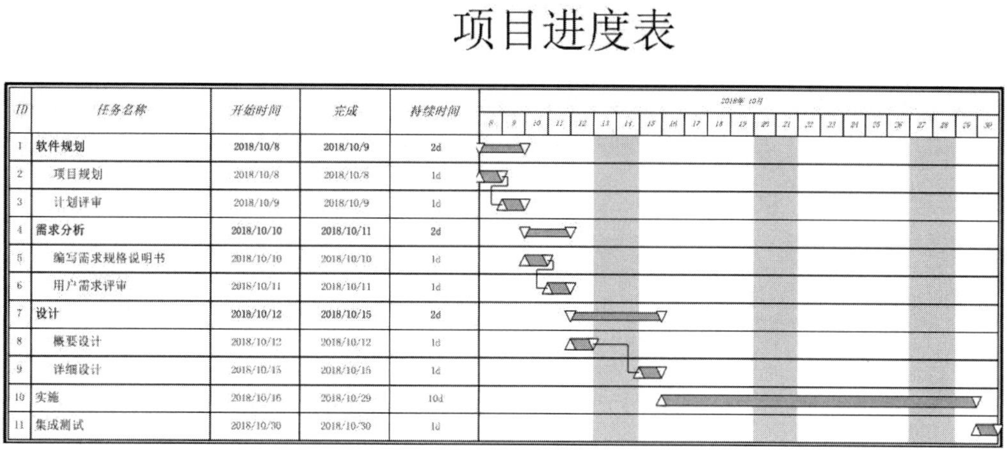

项目进度表

ID	任务名称	开始时间	完成	持续时间	2018年 10月
					8 9 10 11 12 13 14 15 16 17 18 19 20 21 22 23 24 25 26 27 28 29 30
1	软件规划	2018/10/8	2018/10/9	2d	
2	项目规划	2018/10/8	2018/10/8	1d	
3	计划评审	2018/10/9	2018/10/9	1d	
4	需求分析	2018/10/10	2018/10/11	2d	
5	编写需求规格说明书	2018/10/10	2018/10/10	1d	
6	用户需求评审	2018/10/11	2018/10/11	1d	
7	设计	2018/10/12	2018/10/15	2d	
8	概要设计	2018/10/12	2018/10/12	1d	
9	详细设计	2018/10/15	2018/10/15	1d	
10	实施	2018/10/16	2018/10/29	10d	
11	集成测试	2018/10/30	2018/10/30	1d	

图 8-31　最终效果图

【训练活动】

- 活动一：模拟"体验二"中的考研时间安排表案例，绘制专转本时间安排表。
- 活动二：使用 Visio 2010 绘制工程进度计划表，如图 8-32 所示。

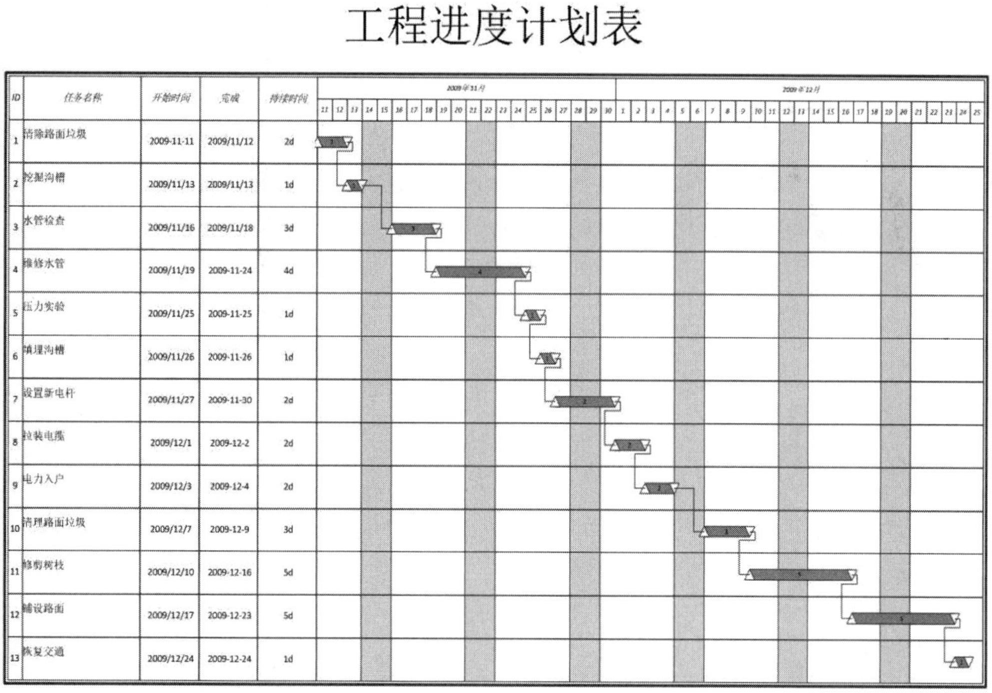

工程进度计划表

ID	任务名称	开始时间	完成	持续时间	2009年 11月		2009年 12月	
					11 12 13 14 15 16 17 18 19 20 21 22 23 24 25 26 27 28 29 30		1 2 3 4 5 6 7 8 9 10 11 12 13 14 15 16 17 18 19 20 21 22 23 24 25	
1	清除路面垃圾	2009-11-11	2009/11/12	2d				
2	挖掘沟槽	2009/11/13	2009/11/13	1d				
3	水管检查	2009/11/16	2009/11/18	3d				
4	维修水管	2009/11/19	2009-11-24	4d				
5	压力实验	2009/11/25	2009-11-25	1d				
6	填埋沟槽	2009/11/26	2009-11-26	1d				
7	设置新电杆	2009/11/27	2009-11-30	2d				
8	拉装电缆	2009/12/1	2009-12-2	2d				
9	电力入户	2009/12/3	2009-12-4	2d				
10	清理路面垃圾	2009/12/7	2009-12-9	3d				
11	修剪树枝	2009/12/10	2009-12-16	5d				
12	铺设路面	2009/12/17	2009-12-23	5d				
13	恢复交通	2009/12/24	2009-12-24	1d				

图 8-32　工程进度计划表

体验三　构建网络图

【任务】利用 Visio 软件绘制不同类型的网络图。

【目的】了解各种网络图的功能和操作方法。

【要求】展示一个网络图作品。

【案例】

企业中发票申请的审批程序比较复杂，往往需要经过多个管理层人员的审核才能通过，该企业对于发票申请制定了一个流程，并利用 Visio 中的"UML 模型图"绘制成用例图，完成后的结果如图 8-33 所示。

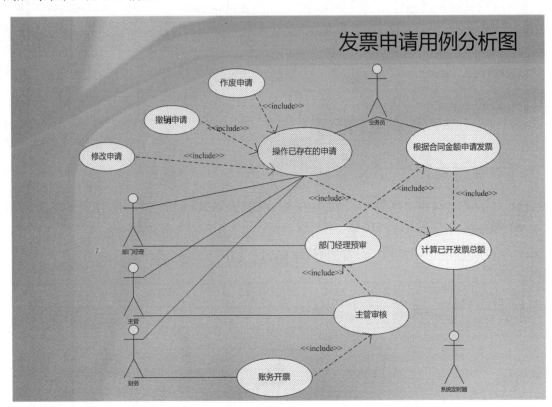

图 8-33   发票申请用例分析图

一、创建 UML 模型图

以综合考务管理系统作为项目背景，该系统中主要的用户有三类，分别为考生、批改试卷人员和后台管理员。

考生登录综合考务管理系统后，只能进行报名、参加考试、查询分数等操作。

批改试卷人员登录系统后可以浏览考试的试卷并进行批改，然后提交批改信息。

后台管理员具有系统的最高权限，可以对考生信息、题库信息、试卷信息进行维护，进行考务分配和管理。

如何比较直观地描述每类用户及其拥有的功能呢？用例图可以实现此功能。

用例图是由参与者、用例以及彼此之间的关系构成的图。各个组成部分说明如下：

（1）系统。系统是用例图的一个组成部分，它代表的是一个活动范围，而不是一个真正的软件系统。系统的边界用来说明构建的用例的应用范围。

（2）参与者。一般来说，参与者是扮演特定角色或描述特定特征的人。如本系统中，三类用户即为参与者。

（3）用例。用例定义了参与者启动系统时执行或完成的特定功能或过程。在本系统中，考生执行的功能有"考生登录""考生报名""考生考试""考生查分""考生修改个人信息"。

构建一个用例图需要四个阶段，具体如下：

● 清晰定义系统或系统边界。

● 标识与各种过程或用例直接相关的参与者。

● 标识各个用例。

● 确定参与者和用例之间的关系。

用 Visio 2010 工具构建考生管理用例图的具体步骤如下：

（1）启动 Visio，选择绘图类型。执行【新建】|【软件】|【UML 模型图】命令，如图 8-34 所示。

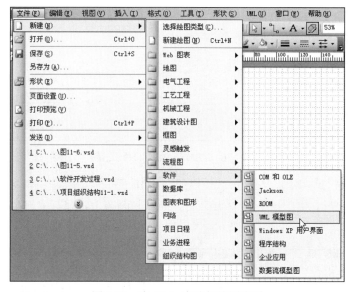

图 8-34　在 Visio 中选择绘图类型

（2）在 Visio 界面左侧的"形状"栏中选择"UML 用例"工具箱，如图 8-35 所示。

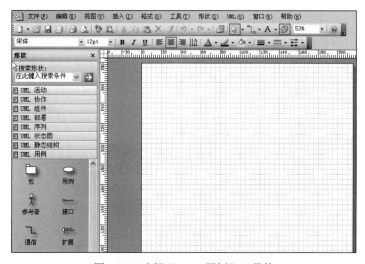

图 8-35　选择"UML 用例"工具箱

（3）添加系统边界。在"形状"栏的"UML 用例"工具箱中，拖放"系统边界"图到画布中，将其名称改为"考生管理"，如图 8-36 所示。

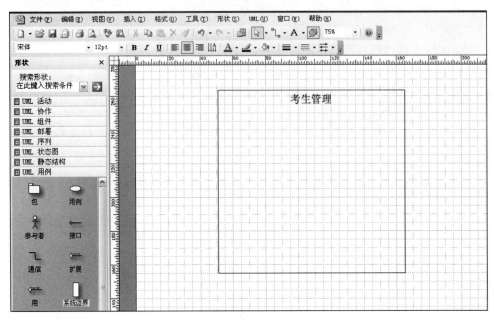

图 8-36   在画布中添加系统边界

（4）添加参与者与用例，在"形状"栏的"UML 用例"工具箱中，将一个参与者拖放到画布上，将其名称修改为"考生"。将五个用例拖放到画布上，将其名称分别修改为"考生登录""考生报名""考生考试""考生查分""考生修改个人信息"，如图 8-37 所示。

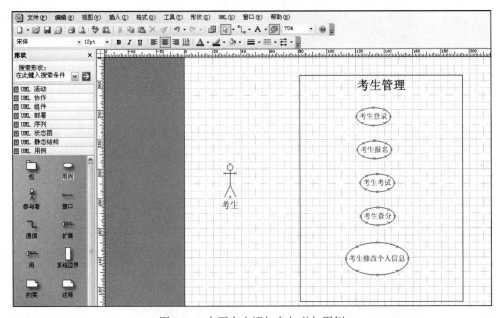

图 8-37   在画布中添加参与者与用例

（5）确定参与者与用例之间的关系，参与者"考生"与用例之间是"通信"关系，完成后的用例图如图 8-38 所示。

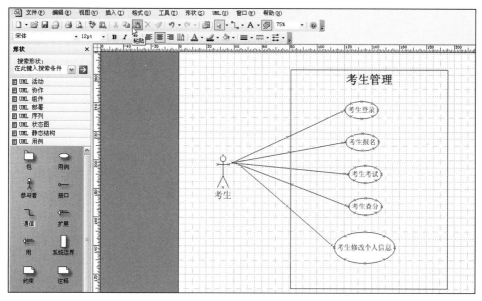

图 8-38　考生管理用例图

二、创建网络拓扑图

网络拓扑图是指传输媒体所需的各种设备的物理布局，是用网络节点设备和通信介质来标明网络内各设备间的逻辑关系的网络结构图。在本实例中，将通过"详细网络图"模板制作一张由防火墙与网管组成的网络结构拓扑图。创建网络拓扑图的具体操作步骤如下：

（1）执行【文件】|【新建】|【网络】命令，在弹出的列表中选择【详细网络图】选项，单击【创建】按钮，如图 8-39 所示。

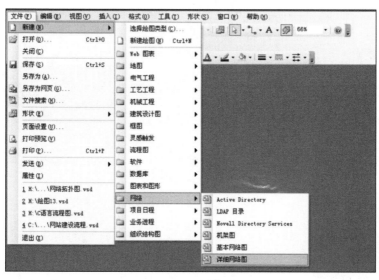

图 8-39　新建详细网络图

（2）利用绘图工具栏的"直线"工具绘制方形形状，并设置线条和填充颜色。

（3）调整方形形状的大小，将【计算机和显示器】模具中的 PC 形状与【服务器】模具中的服务器形状拖拽到绘图页中，并绘制直线连接各个形状，如图 8-40 所示。

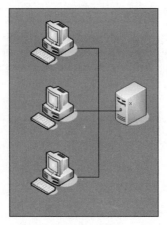

图 8-40　模具添加与连接（一）

（4）复制方形形状并调整其形状。将"终端"与"管理服务器"形状拖拽到方形形状上，并绘制直线连接各个形状，如图 8-41 所示。

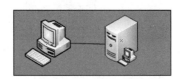

图 8-41　模具添加与连接（二）

（5）利用上述方法分别添加其他形状。然后，将"云"和"防火墙"形状拖拽到绘图页中，并调整放置位置，如图 8-42 所示。

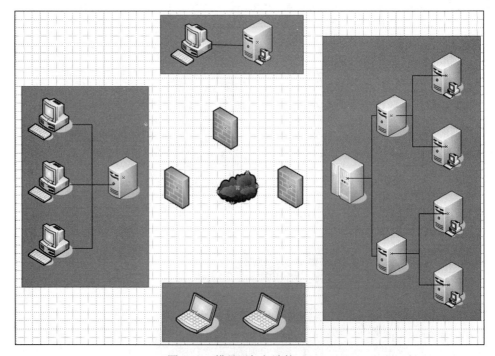

图 8-42　模具添加与连接（三）

（6）连接"防火墙"与各形状，并双击各个形状，添加文本说明，如图 8-43 所示。

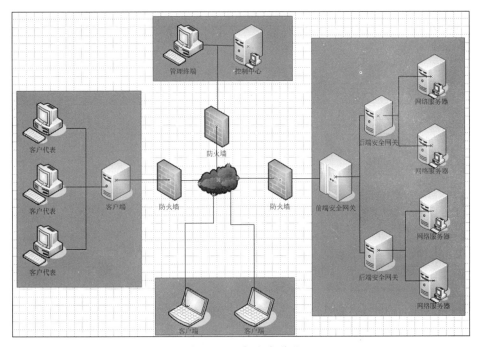

图 8-43　添加文本说明

（7）在【边框和标题】模具中选择一个合适的标题命令，拖拽到绘图页中，输入"网络拓扑图"作为标题，效果如图 8-44 所示。

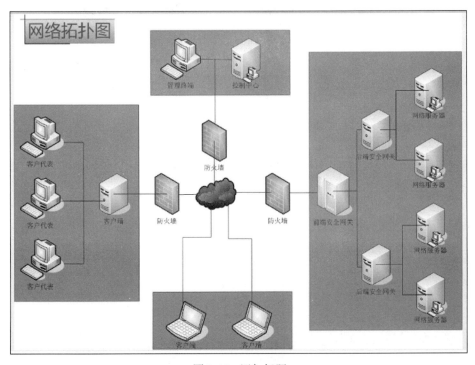

图 8-44　添加标题

【训练活动】

● 活动一：参考上述用例图绘制过程，完成综合考务管理系统——批改试卷人员管理用例图。

● 活动二：网络系统图主要用来展示网络系统动作方式和系统组成人员的可视化图表。利用 Visio 2010 中的"详细网络图"模板与"工作流程图"模板来制作如图 8-45 所示的三维网络系统图。

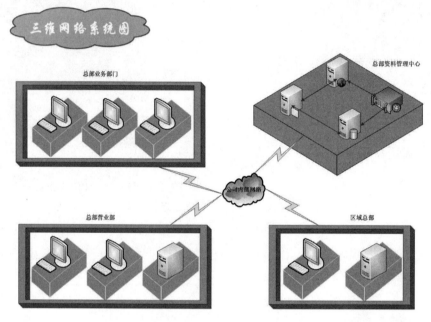

图 8-45　三维网络系统图

本章总结

● Visio 2010 已成为目前市场中最优秀的绘图软件之一，其因功能强大、操作简单而受到广大用户的青睐。

● Visio 2010 被广泛应用于软件设计、项目管理、建筑规划、机械制图、系统集成等众多领域中。

● Visio 2010 可以构建流程图，如创建基本流程图、跨职能流程图、数据流程图等。

● Visio 2010 可以构建项目管理图，如创建日程表、甘特图、PERT 图等。

● Visio 2010 可以构建网络图，如创建网站图、UML 用例图、界面图等。

习题八

一、单选题

1. 在 Microsoft Visio 2010 中，带有图 8-46 所示形状的是模板。其属于（　　）模板。

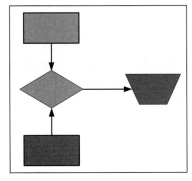

图 8-46

  A. 流程图　　　　　　　　　B. 框图

  C. 基本流程图　　　　　　　D. 组织结构图

2.（　　）不属于基本流程图结构。

  A. 顺序结构　　　　　　　　B. 选择结构

  C. 循环结构　　　　　　　　D. 并行结构

3. 在 Visio 中，基本流程图中的圆角矩阵一般用来表示（　　）。

  A. 开始　　　　B. 结束　　　　C. 属性　　　　D. 开始或结束

4. 在 Microsoft Visio 2010 中，对齐形状不可以使用的是（　　）。

  A. 左对齐　　　B. 右对齐　　　C. 水平居中　　　D. 分散对齐

5. 要在 Microsoft Visio 2010 中设计家居规划图，其类别属于（　　）模板。

  A. 常规　　　　　　　　　　B. 工程

  C. 地图和平面布置图　　　　D. 平面布置图

二、填空题

1. 在 Microsoft Visio 2010 中，如果想将图表保存为图片文件，以便以后作为网页素材使用，那么可以保存的图片格式的文件的扩展名有_____、_____、_____。

2. 在 Microsoft Visio 2010 中，绘制图表的默认格式的文件扩展名是_____。

三、判读题

1. 在 Microsoft Visio 2010 中，要将某个形状（如"文档"）从图表页中删除，正确的操作是将形状拖出图表页。（　　）

2. 在 Microsoft Visio 2010 中，使用"基本流程图"打开的绘图页，形状间有自动连线功能。（　　）

3. 在 Microsoft Visio 2010 中，圆角不属于连接线类别。（　　）

四、简答题

简述组织结构图的概念和作用。

五、操作题

1. 使用 Microsoft Visio 绘制软件测试 V 模型图，如图 8-47 所示。

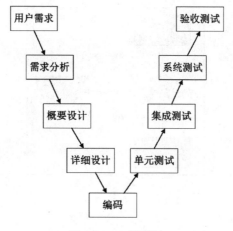

图 8-47　V 模型图

2．使用 Visio 2010 绘制学生资助管理流程图，如图 8-48 所示。

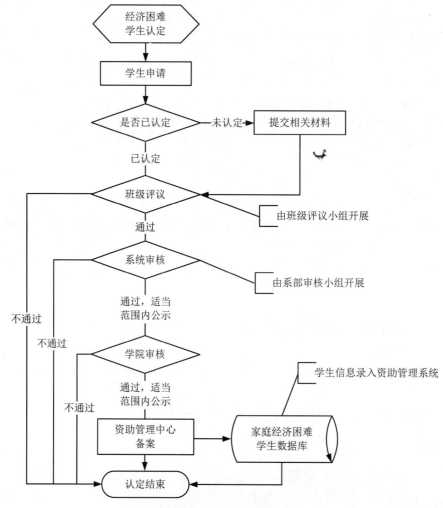

图 8-48　学生资助管理流程图

第九章 思维导图的绘制

【学习目标】

通过本章的学习和训练，你将能够：

（1）理解思维导图的概念。

（2）理解思维导图的特点和功能。

（3）掌握手绘思维导图的步骤和要点。

（4）掌握软件绘制思维导图的步骤和技巧。

【案例导入】

每个企业对于每个岗位都有特定的要求，最快进入新工作状态的方式，就是快速了解工作的所有内容，并找到实施的方法。小 A 的岗位是办公室文员，常规工作包括以下部分：

（1）综合日常事务的处理；

（2）打印各种文件；

（3）领取中心材料；

（4）认真贯彻执行党和国家的政策法规和中心的各项规章制度；

（5）收发、登记和整理各类文件；

（6）办公室的日常管理，处理投诉和接待来访，收发传真；

（7）统筹中心会议，通知、组织和整理会议记录。

为了更加清晰地了解自己的岗位职责，小 A 利用工具软件绘制了思维导图，如图 9-1 所示，使自己的工作内容一目了然，得到了老板的赏识。

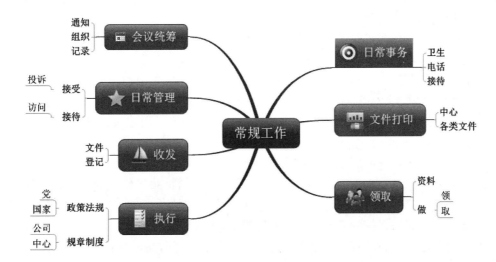

图 9-1　常规工作思维导图

【案例讨论】

- 什么是思维导图？
- 思维导图的优势是什么？
- 如何绘制思维导图？

思维导图法是一种提升大脑思考能力与学习能力的方法，我们所熟知的思维导图是由英国大众心理学家东尼·博赞提出的，它的应用范围非常广泛，包括分析与解决问题、创意思考、进行头脑风暴、整理资料、提高学习技巧等。

体验一　思维导图的理论基础

【任务】用列表和思维导图两种方式列出你一周的工作计划。

【目的】理解思维导图的概念和优势。

【要求】列举任务时要详细，必须细化到二级分支以上。

【案例】

波音公司设计波音 747 飞机这样一个大型的项目通常要花费 6 年的时间。但是，通过使用思维导图，工程师只使用了 6 个月的时间就完成了波音 747 的设计！光在成本方面，波音公司就因此每年最少节省了 1100 万美金。

"9·11"事件发生后，康·爱迪生电力公司的管理人员及工程师临危不惧，利用思维导图做筹划，及时恢复了曼哈顿地区的电力供应。

英国 Channel 4 电视台说，通过接受培训，其在两天内创造的新点子比过去六个月里想出的还要多。

一、思维导图的概念

思维导图由英国大脑基金会总裁，被誉为英国"记忆力之父"的东尼·博赞发明，在全世界各领域内得到了广泛使用。

思维导图是一种将思维形象化的方法。我们知道放射性思考是人类的自然思考方式，每种进入大脑的资料，不论是感觉、记忆还是想法——包括文字、数字、符码、香气、食物、线条、颜色、意象、节奏、音符等，都可以成为一个思考中心，并由此中心向外发散出成千上万的关节点。每一个关节点代表与中心主题的一个连接，而每一个连接又可以成为另一个中心主题，再向外发散出成千上万的关节点，呈现出放射性立体结构，而这些关节点的连接可以视为个人的记忆，也就是个人数据库。

思维导图又称脑图、心智地图、脑力激荡图、灵感触发图、概念地图、树状图、树枝图或思维地图，是一种图像式思维的工具及利用图像式思考的辅助工具。思维导图是使用一个中央关键词或想法引起形象化的构造和分类的想法。它用一个中央关键词或想法以辐射线形连接所有的代表字词、想法、任务或其他关联项目的图解方式。

回顾自己的学习经历，翻看笔记本进行总结，常用的笔记方式如下：

1. ＿＿

（1）＿＿＿＿＿＿＿＿＿＿＿＿＿＿＿＿＿＿＿＿＿＿＿＿＿＿＿＿＿＿＿＿＿＿＿＿＿＿

（2）_____
（3）_____
2.　_____
（1）_____
（2）_____
（3）_____
3.　_____
（1）_____
（2）_____
（3）_____

通常下面这些笔记方式是不可取的：

- 大段文字的线性记录；
- 从头到尾使用一个颜色的笔；
- 无整体性，不能一目了然；
- 没有拓扑性，即没有空间可以添加新的内容；
- 浪费时间，即注意力放在记笔记上；
- 可读性差，不能培养兴趣。

有什么方法可以提高学习效率，进一步激发学习的主动性呢？通过大量的学习和研究，并对不同学习方法之间的对比和分析，发现思维导图能更好地激发我们的全脑思维，提高学习主动性。

在思维导图的绘制中，我们集听、说、做于一身，创造出属于自己的思维导图作品，大大提高了我们的学习保持率。

在提取关键词的过程中，保持高度的专注；在中心图的创作中，充分运用我们的联想和想象能力；在小图标的运用中，充分发挥我们的视觉化思维，这就是主动的学习。

二、思维导图的功能

思维导图对我们大多数人来说，既陌生又熟悉。陌生在于它深不可测，熟悉是因为它在我们的生活中无处不在。它被应用于文化、教育、工业、商务等领域，可以在决策分析、沟通管理、营销管理、财务管理、时间管理等方面应用，提高工作的效率。

（1）文化领域思维导图案例。广受欢迎的小说《哈利·波特》的作者罗琳便是用思维导图的方式演绎出小说中丰富多彩的情节和鲜活的人物。

（2）教育领域思维导图案例。思维导图帮助师生掌握正确有效的学习方法，建立系统的知识框架体系，促进师生间的交流沟通，实现因材施教，使整个教学过程和流程设计更加系统、科学，促进教学效率和质量的提高。

（3）工业领域思维导图案例。美国波音公司的一份飞行工程手册被压缩成了7.6m长的思维导图，可让高级航空工程师在几个星期内学会以前需要几年时间才能学会的东西，仅此一项即可大大节约航空公司的运行成本。

（4）商务领域思维导图案例。全球越来越多的公司在日常工作中采用思维导图，如Fluor Daniel公司在内部流程设计、日程安排、会议管理等方面采用思维导图，效率得到了很大的提升。我们使用"思维导图"来安排会议日程，做"头脑风暴"，设计组织结构图，记笔记和写总结报告。"思维导图"是一个通向未来的必备工具。

思维导图的四大作用：记忆、分析、创意和沟通。

- 记忆。思维导图具有计算机般的超强记忆，且可以随时轻易地打印（回忆）出其内容。因为思维导图法有助于右脑的长期记忆及左脑的归纳整理。

- 分析。思维导图法好比放大镜，可以看清楚事物的真相，就像把一个苹果切成好几小片一样。思维导图通过将繁杂的事物切割成若干片段，帮助我们在轻松愉快的状态下分析问题。这是因为思维导图法使用到左脑的分析、逻辑归纳功能，以及右脑的整体思考功能。

- 创意。应用思维导图法思考事情时，由于充分发挥了右脑的色彩、图像、想象力等思维功能与左脑的逻辑、顺序等功能，使得创意如同天上的云彩般有着无限的变化，同时又具有可行性。

- 沟通。思维导图法发挥了左右脑的所有功能。当你应用思维导图法时，左右脑无形当中被充分活化，因此左脑的理性与右脑的感性得到平衡发展，人际沟通自然，如同双向桥般畅通无阻，生活也将充满喜悦。

三、思维导图的基本特点

1. 发散性 —— 放射思维能力

没有任何事情是始于推理的，其大多来源于直觉和想象。想象的能力很重要，它可以帮助我们认识和理解事物。

比如：手机是什么样的？

你脑海里出现的画面：

打电话，发短信，看微信，刷朋友圈，购物……

扁扁的立方体，黑的、白的、红的、黄的……

大大的屏幕……

老人用、年轻人用、孩子也用……

以上是我们学习和认知事物的过程。全方位了解信息，分类，比较，找到因果关系，完成建构，形成新的认知理解。当获得更多的素材和信息的时候，理解会更为深刻，同时也更容易记忆。

2. 联想性 —— 创造思维能力

当一个主题确定下来后，该点引发的、与它有关的联想由此产生，就像一把钥匙，瞬间打开了大脑里千万个信息存储空间。这种通过关联联想，不断产生新的思路、新的想法的方式，大大提高了我们的创造思维能力。

3. 条理性 —— 归纳思维能力

相对于传统线性笔记，思维导图利用本身所具有的逻辑归纳的特点，可以帮助我们从材料中找出重点，选择并提炼关键词，进行全面的逻辑梳理与归纳，锻炼我们的归纳思维能力，从而使材料本身变得条理更加清晰。

4. 整体性 —— 分析思维能力

思维导图所体现的多维空间显示了它具有高度的全局整体性。它着眼于全局，可以从宏观角度进行整体分析，从而有效地处理宏观与微观之间的关系。

【训练活动】

● 活动一：假设有一天，在一座陌生的城市中你丢失了证件、现金等物品，你该怎么办？
要求：请用思维导图进行发散练习，并找到解决办法。
● 活动二：请用思维导图方法归纳总结传统笔记的不足。

体验二　思维导图的基本应用

【任务】列举生活中接触到的思维导图并指出其带来的好处。
【目的】通过观察多种思维导图，了解思维导图的基本应用，加深直观印象。
【要求】多途径检索，收集思维导图图片，并用语言表达出思维导图的内容。
【案例】

永盛的故事

我叫永盛，来自新加坡。自从我 14 岁第一次接触东尼的一本书起，我便对绘制思维导图产生了强烈的兴趣。目前，我是拉夫堡大学一名大二的学生，学习体育科学管理专业。

东尼·博赞来新加坡参加研讨会的时候，我遇见了他，之后，我定期联系他，告诉他我在追求自己的梦想——成为奥运会十项全能冠军，以及我在这条道路上所取得的进步。下面的思维导图（图 9-2）是我向东尼汇报的每月进步图之一。

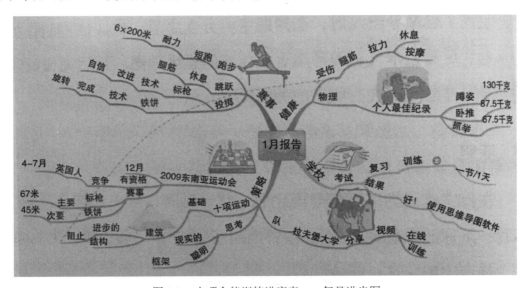

图 9-2　十项全能训练进度表——每月进步图

"赛事"分支用来快速总结我在现阶段不同赛事中的状态及我的进展情况；"策略"分支是我目前对进展方法的思考和计划；"健康"分支分析了目前我身体所处的状态；"学校"分支列出了学校中可能影响到我的事宜。

我没有料想到的是它成了一张绝佳的快照，让我看清楚了我 1 月份的情况。再看它时，我想发出惊叹，我之前并未意识到在 1 月里我取得了这么多进步！但是，我仍然没有达到最佳水平，再次追寻十项全能冠军之梦时，我的身体状态还远远不够理想，膝盖上还有以前在军队时受过的伤，我还不能达到赢得十项全能（最难的赛事之一）奥运奖牌的水平。

今年 5 月，我参加了全英比赛，但表现极其糟糕，令我非常沮丧。另外，我的伤势看起来也不妙。所以，我将不会参加我在策略分支里列出的 2009 年东南亚运动会。过去几个月甚为艰苦，我努力克服我的弱点。回过头看 1 月各项健身练习的最好成绩，我已经取得了巨大进步。我觉得现在我只需要用思维导图制订一个更好的计划，并继续前进。

（摘自《思维导图宝典》）

一、用于自我分析

1. 应用思维导图法进行自我分析的优点

（1）完全客观地分析自我。

（2）充分地了解自己。

（3）能同时从宏观与微观的角度分析自己。

（4）越了解自己，就越容易精确地规划未来。

（5）它可以作为永久的记录，在未来的日子里成为一份历史资料。

（6）通过色彩、图像和符号，可轻易地表达自己的情感、价值观以及其他重点。

2. SWOT 分析法

SWOT 分析法是一种用来确定企业（个人）自身的优势、劣势、机会和威胁，从而将公司的战略与公司内部资源、外部环境有机地结合起来的科学的分析方法。

SWOT 方法的优点在于考虑问题全面，是一种系统思维，而且可以把对问题的"诊断"和"开处方"紧密结合在一起，条理清楚，便于检验。

3. 自我 SWOT 思维导图分析法

用 SWOT 进行自我分析的时候，一定要有具体的目标或者运用范畴，不要单纯地去做分析。因为没有实际的运用，分析出来的内容也是无用的。

SWOT 分析法分为三个部分，第一部分是问题和目标，分析要解决的实际问题；第二部分是全面地了解自己；第三个部分是基于目标结果，包括明确的步骤和方法，可以先列出大的方向，然后在每个方向加上内容和关键词。

图 9-3 是一位即将毕业的大学生针对求职所做的 SWOT 思维导图分析。

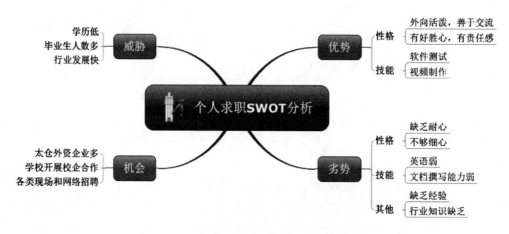

图 9-3　个人求职 SWOT 分析思维导图

二、用于头脑风暴

思维导图法让大脑通过水平与垂直思考，产生许多框架清晰的构想，是企划思考的重要工具。

以生日宴会为例，首先通过水平思考产生了"日期""地点""人员""费用"及"活动"五大主题，接着根据每一个主题进行水平或垂直思考，从而产生多个想法，例如从"人员"会联想到"亲戚""朋友""公司"，从"亲戚"又可以联想到应该邀请哪些亲戚。一个小型企划案用 5～10 分钟即可完成。多做几次练习，可以用一个主架构的思维导图配上一些结构化的迷你思维导图，这样一个大型企划案的雏形就诞生了，如图 9-4 所示。（摘自《思维导图法基础实务》）

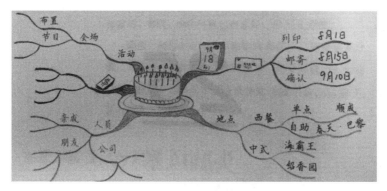

图 9-4 生日宴企划案的思维导图

下面是以"椰子的用途"为主题的案例。

如果你首先想到的用途是"花盆"，那么先别急着从中心主题直接分支出去写"花盆"。可以思考一下："花盆"属于"容器"，"容器"属于"家用品"。因此以"家用品"为主干，别人或你自己接下来就可以由"家用品"或"容器"产生更多结构化的点子，"椰子的用途"的思维导图如图 9-5 所示。

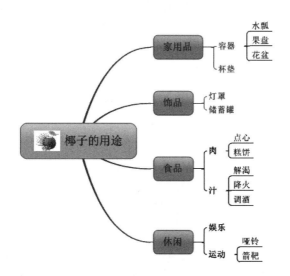

图 9-5 "椰子的用途"的思维导图

三、用于读书心得

看完一本书后可能会有一些心得感想，若不记录下来，就会遗忘。为了记录下来这些读书心得，采用思维导图方式是最佳选择。

《杰克韦尔奇全传》一书是一部堪称"CEO 圣经"的管理必读书。它是 20 世纪美国最有影响力的管理美国书之一。它也是韦尔奇注入毕生心血、亲笔完成的唯一一部个人传记。在书中，韦尔奇首次透露了他的青年岁月、成长历程、管理秘诀，以及如何开创了一种独特的管理模式，帮助庞大多元的商业帝国摆脱庞大体制的痼疾，走上灵活主动的管理模式的道路。他用自己独特的韦氏语言，把人生体悟、职业经历、管理经验巧妙地结合在一起，织就了一部富有智慧、独具韵味而又发人深思的管理传奇。图 9-6 是该书的读书笔记思维导图，通过它，可以更清晰明了地理解书中的内容和表达的情感。

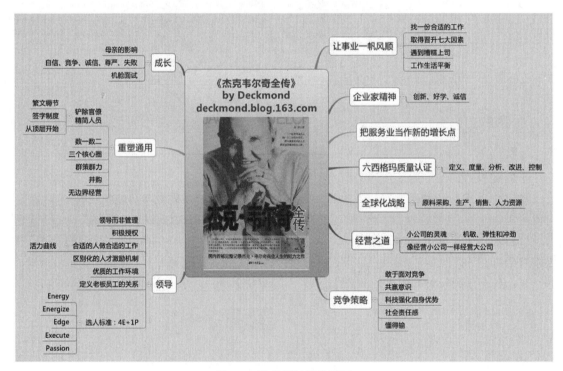

图 9-6   读书笔记思维导图

在课程学习时也可以用思维导图法做笔记，除了能增强学习效果外，也能方便日后复习。图 9-7 是在学习《SQL Server 数据库技术》中针对 SQL 语言知识点绘制的思维导图。

【训练活动】

- 活动一：请用头脑风暴的方法，以"手机"为主题词，展开丰富的联想，并绘制思维导图。
- 活动二：以思维导图的方式来完成一本书的读书笔记。

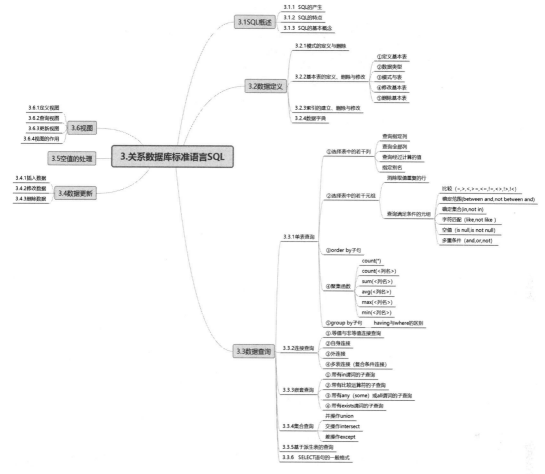

图 9-7　关系数据库标准语言 SQL 思维导图

体验三　手工绘制思维导图

【任务】进行全面的自我分析，手工绘制个性化的个人简历思维导图。

【目的】明确个性化简历的关注要点，掌握手工绘制导图的步骤和要点。

【要求】1. 导图至少包含四个一级分支。

　　　　2. 内容包含简历关注要点。

　　　　3. 绘图简洁，条理清晰。

【案例】

开学第一天，我女儿（读小学四年级）放学后以思维导图的方式表达她对新学期的期许。通过图像、色彩，我们可以洞悉小孩儿的内心。当她犯错时，拿出她自己定下的目标，与她一起讨论为何无法实现。比起一天到晚在小孩耳边唠叨，你更喜欢哪一种方式？你的小朋友喜欢哪一种方式？

平时写作文，女儿也喜欢用思维导图的方式进行内容梳理。她会先画一个中央图像，代表文章的主题。然后放开思路，增加分支，写得越多，画得越多，得到的想法就越多，想法就越是新奇而富有创造力。写作文"我的妹妹"时，她手工绘制了思维导图，如图 9-8 所示。

图 9-8　"我的妹妹"作文练习思维导图

一、思维导图绘制的四大要素

1. 图像

比起抽象的文字符号，人的大脑对图像的敏感度更高。图像使记忆更加容易，也更加牢固，甚至是无意识地、毫不费力地就在相应的场景中学会了知识。

2. 颜色

颜色结合物体的形状特征，会方便联想。所以在绘制思维导图时，涉及什么，就可以画一些辅助的小简图，并填充漂亮的色彩，这样不仅受大脑喜欢，更容易记住，还会让导图变得更精美、生动。

3. 线条

思维导图的线条包括主干和分支两部分，主干是一级分支。主干的线条一般更粗更长；二级分支、三级分支的线条一般较为短细。

思维导图里的线条都是曲线，而且是末端平滑的曲线。之所以用曲线表示是因为曲线非常灵活，当想要添加新的内容的时候，就可以引一道曲线出来，而且思维导图的组织形式使得纸张或平面上空白的地方多，方便用曲线添加内容。另外，线条上面要放关键词，也是末端是平滑的曲线的重要原因。因此，思维导图里面的线条，要用末端平滑的曲线。

4. 关键词

爱因斯坦曾经说过，"如果你不能简单地解释一个事物，那说明你还没有真正理解它。"

关键词，顾名思义，就是提取我们学习内容的关键信息的词语。其一般写在主干和分支的线条上。

二、思维导图绘制的步骤

1. 心态篇

（1）找到相对安静的环境。

（2）30～50 分钟不会被打搅的黄金时间。

（3）舒适的环境：书房、咖啡馆、图书馆。

（4）专注、细致、耐心。

2. 绘制篇

（1）横放纸张，以使宽度更大。在纸的中心，画出能够代表心目中主体形象的中心图像。具体要求如下：

- 与中心主题有关；
- 画在纸的中央；
- 7cm×9cm 大小（九宫格的中间位置）；
- 使用 3～7 种颜色。

（2）绘画时，应先从图形中心开始，画一些向四周放射出来的粗线条。在每一个分支上，用大号的字清楚地标上关键词，这样，当想到这个概念时，这些关键词就会立刻从大脑里跳出来。要求如下：

1）绘制一级分支。

- 左右归类互不交叉；
- 逻辑递进形成结构；
- 曲线呈现形式；
- 十二点钟方向起顺时针转动。

2）绘制二级分支。

- 关键词提炼准确；
- 一词一线；
- 从左到右书写；
- 字迹清晰。

（3）要善于运用想象力，以改进思维导图，添加色彩和小图标。大脑的语言构件是图像。在每一个关键词旁边，画一个能够代表它、解释它的图形。

（4）用联想来扩展思维导图。每一个关键词都会让人想到更多的词。例如"橘子"这个词会使人想到颜色、果汁、维生素 C 等。

【训练活动】

- 活动一：列出绘制思维导图中的四大要素，并针对每个要素做简要说明。
- 活动二：在下面的学习材料中找出关键词并涂上颜色，然后用手绘思维导图完成该材料的笔记。

网络课程相比面授课程的好处

（1）课程收费便宜，节约资金。

（2）在家就能学习，节省大量往返课堂的时间。

（3）无论身在何处，都能及时学习相关课程。

（4）分段授课，学员有充分时间消化当天课程，学习效果更佳。

（5）配合论坛与辅导中心进行交流，更能充分体验学习的氛围。

（6）课程结束后仍然能继续与老师交流互动，持续获得提高。

（7）与其他学员有更充分的交流，以加深对课程内容的理解。

（8）通过重听录音或重听课程等方式，确保学会为止。

（9）能认识更多热爱学习的朋友，共同进步。

（10）能不断受到网络学习氛围的熏陶，持续进步。

体验四　软件绘制思维导图

【任务】列举绘制思维导图的软件。

【目的】总结软件绘制思维导图的优点。

【要求】学习使用多种软件绘制思维导图的方法，比较其优缺点。

【案例】

蕾切尔·古迪说："对于我来说，线性计划才是真正的挑战。我已经手绘思维导图很多年了。电子版本可以让我随着时间的推移不断发展自己的想法。在我目前的工作中，它极其有用。"软件绘制思维导图的优点主要有以下方面：

1. 全自动思维导图生成与加工

使用软件应用程序绘制思维导图非常简单，也非常直观。用软件绘制思维导图不会出现在纸上绘制时遇到的纸张大小不够用的问题。

2. 毫不费力地进行重构与编辑

对于创作好了的思维导图，可以很容易地"修改"并重构它，让它更加有意义，或者给它加入新的观点和见解。思维导图软件在掌控观点和信息方面具有更高的自由度和灵活性。

3. 提高信息分析和管理水平

软件在计算机上绘制的思维导图提供的信息交互量远远超过了手绘图中所能获得的。事实上，软件在计算机上绘制的思维导图可以很轻松地转变成严肃的知识管理工具，是处理超负荷信息和进行深度分析的完美工具。

软件绘制思维导图具有传统手绘思维导图的视觉多样性、流畅性，还具有传统手绘思维导图所不具有的便携性。比如，单击拖拽一下鼠标，便能创作出自由流动的分支。

常用的思维导图软件有 Mindjet、MindManager、Xmind、iMindMap11。下面以 Mindjet 软件为例，介绍绘制思维导图的方法。

（1）打开软件，单击新建，建立新的思维导图主题，如图 9-9 所示。

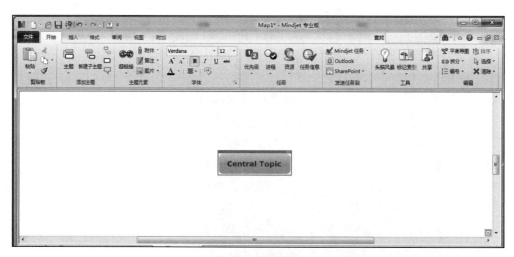

图 9-9　新建文件

（2）选中央主题（Central Topic），按键盘上的【回车】键或【插入】键，插入一级分支；

以相同方法【插入】另一个一级分支；按【插入】键生成二级分支，继续按【插入】键可生成
下一级分支，如图 9-10 所示。

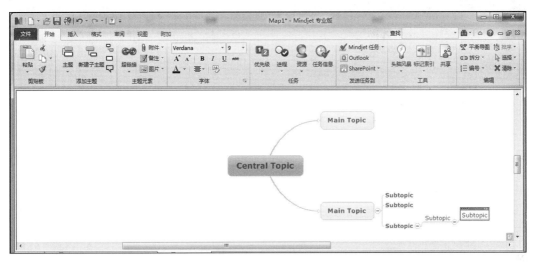

图 9-10 插入分支

（3）对某个节点内容进行标注。选中节点，右击选择【插入】|【标注主题】命令，如
图 9-11 所示。

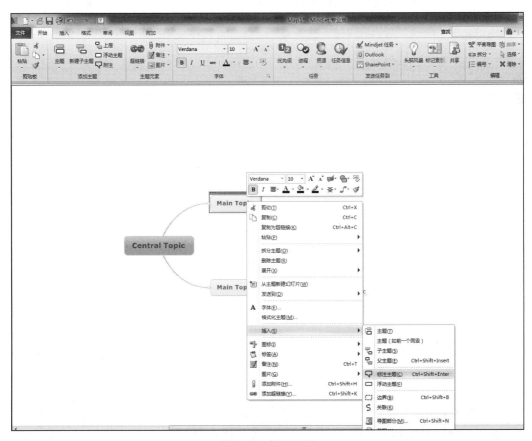

图 9-11 标注主题

（4）标注效果如图 9-12 所示。

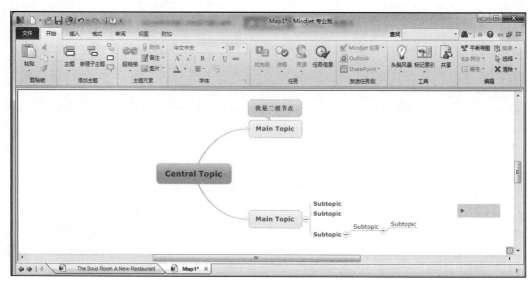

图 9-12　标注效果

（5）对节点进行关联。选中节点，右击选择【插入】|【关联】命令，如图 9-13 所示。

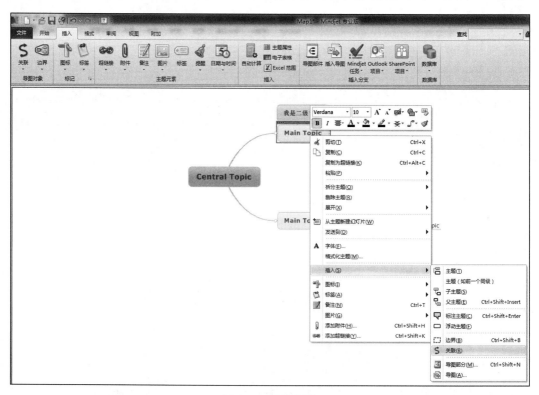

图 9-13　插入关联

（6）执行【关联】命令后，将鼠标移到该子主题，左键拖拽至目的子主题，松开左键，完成节点关联。双击关联线条，可对线条进行颜色等样式的修饰。单击并拖拽关联线条辅助线的端点，可改变线条形状，如图 9-14 所示。

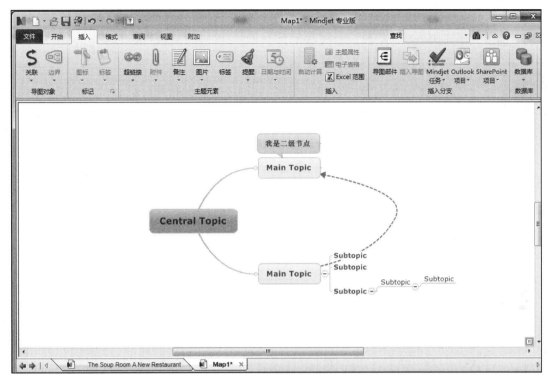

图 9-14　改变关联效果

（7）选中某个节点后再增加边界，可将该节点及其子节点内容用边框圈起来，增加边界的效果如图 9-15 所示。

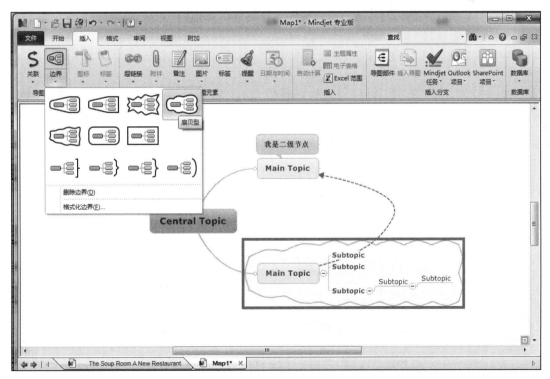

图 9-15　增加边界

（8）选中某个节点后，从工具栏的"边界"菜单项的下拉列表里选择"摘要"项，可将该节点的最末级处用大括号括起，如图 9-16 所示。

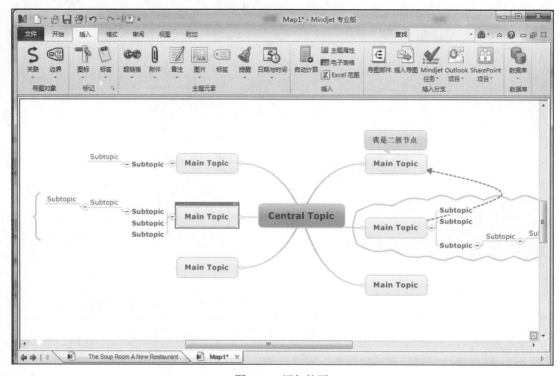

图 9-16　添加摘要

（9）在工具栏"格式"菜单项的下拉列表里选择"导图样式"项，进行当前导图的样式变换。图 9-17 是导图样式变换的结果。

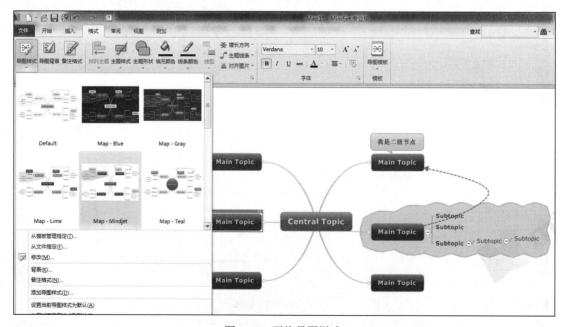

图 9-17　更换导图样式

（10）除中心节点外，其他节点可任意拖拽至其他节点，成为其他节点的子节点。子节点可以通过单击"+""−"图标进行展开或隐藏。单击一级节点连接处的圆点图标"●"，按住鼠标左键拖拽，可设置该节点的位置。拖拽节点和修改文字后的效果如图 9-18 所示。

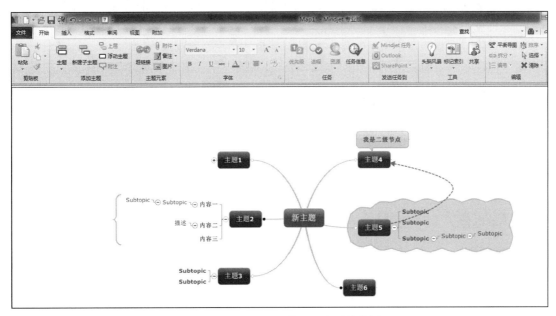

图 9-18　拖拽节点和修改文字后的效果

（11）还可以从模板建立思维导图，进行图标的添加或更换、文字或形状的更改，必要时可设置优先级标识。通过软件绘制思维导图的效果图如图 9-19 所示。

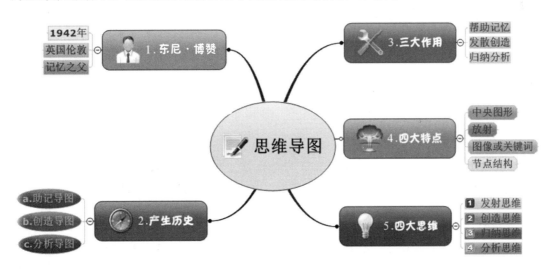

图 9-19　软件绘制思维导图效果图

【训练活动】

活动：进行全面的自我分析，利用软件绘制个性化的个人简历思维导图。

本章总结

- 思维导图又称脑图，是一种图像式的思维工具，具有发散性、联想性、条理性和整体性特点。
- 思维导图被广泛应用于文化、教育、工业、商务等领域。
- 应注意手工绘制思维导图的步骤和要点，其核心在于把动态的思维用图示化的方法静态地呈现出来。
- 软件绘制思维导图具有传统手绘思维导图的视觉多样性、流畅性特点，还具有传统手绘思维导图所不具有的便携性特点。

习题九

一、单选题

1. 思维导图是一种图像式思维的工具，还是一种利用图像式思考的辅助工具，其还被称为（　　）。

    A．结构图　　　　　B．脑图　　　　　C．心智地图　　　　D．树状图

2. 下面不属于思维导图的作用的是（　　）。

    A．记忆　　　　　　B．美观　　　　　C．分析　　　　　　D．创意

3.（　　）不属于思维导图绘制的四大要素。

    A．图像　　　　　　B．线条　　　　　C．颜色　　　　　　D．文字

二、填空题

1. 思维导图由英国大脑基金会总裁，被誉为_____的东尼·博赞发明，并在全世界各领域被广泛使用。

2. 绘制思维导图时颜色种类一般大于_____，小于_____。

三、判断题

1. 应用思维导图法思考事情时，由于充分发挥了左脑的色彩、图像、想象力等思维功能与右脑的逻辑、顺序等功能，所以创意如同天上的云彩般有着无限的变化，同时又具有可行性。　　　　　　　　　　　　　　　　　　　　　　　　　　　　（　　）

2. 思维导图的条理性培养了人们的放射思维能力。　　　　　　　　　（　　）

3. 思维导图可以用于自我分析、头脑风暴、读书心得、提高学习技巧等。　（　　）

四、简答题

阐述手工绘制思维导图的步骤及注意事项。

五、资料题

1. 资料阅读。

练习中的图画联想

几位成年人参加了一个讲座，其中一位参与者五岁的儿子也参与进来。这位小男孩名叫亚历山大，只会写几个字母。他吵着非要参加这个练习课不可。尽管大人们提出了抱怨，可这个小孩子最终还是被批准参加了。

亚历山大选择了人脑作为他的中央图，因为前几天他听好多人说到过人脑。然后他就开始"念叨着画画"：

"现在，我们来看看，我的大脑在干什么呢？……啊，对了，它会提问题!"这样说的时候，他画了一个问号的大致样子，然后接着说："现在，我的大脑还会干什么呢？……啊，有了，它会交朋友!"这么说的时候，他很快画了个小图画，两只手彼此握着，又说："我的大脑还会干什么呢？……"

"有了，它会说谢谢!"他就画了一个小信封。就这样，他画得越来越起劲，每想到一个点子就在他的座椅上跳上跳下："我的大脑还会干什么呢？……"

"啊，有了，它喜欢妈妈和爸爸!"这样，他就画了个心形图，一刻不停地画出了十个联想图，完成的时候乐得叫了起来。这是个正在自然流畅地工作着的大脑，放射性的思维在流动着，产生了开放和优美的联想。

2．思维导图练习。

请你按照词汇联想练习的办法进行练习，自己画"家"的中央图，再把想起来的图画加上去。

第十章　数据处理与分析

【学习目标】

通过本章的学习和训练，你将能够：

（1）掌握数据采集的方法。

（2）掌握调查问卷的设计与录入方法。

（3）掌握数据的清洗和加工方法。

（4）掌握数据分析的方法和技巧。

（5）掌握数据呈现的方法。

【案例导入】

　　某家杂志社要进行一项关于家长如何教育子女的调研，目的是帮助家长掌握正确的教育方法。根据这个调研目的，杂志社组建专门的讨论小组，确定本次调研项目的研究内容，设计调查问卷。其主要包括教子态度、教子行为、教子效果、子女的基本情况及父母的基本情况几大内容，并针对每个内容设计了多个子问题。

　　杂志社调查的研究对象为中小学的学生家长，通过学校下发问卷给家长，回收得到的答卷数据真实有效。经过专业人员后期的数据处理与分析，得到了有效的分析结果并撰写了调查报告。

【案例讨论】

● 调查问卷如何设计能使研究内容不重不漏？

● 如何进行问卷数据的录入？

● 数据处理包含哪些过程？

● 如何进行有效的数据分析？

　　在信息飞速发展的社会，要想获取先机，最重要的一条就是抓住信息。能否更好地筛选信息、鉴别信息、利用信息，决定着人们能否成功。因此，需要我们掌握数据采集的基本方法和途径，数据处理和分析的基本原理和方法，能够运用图表有效表达数据分析的结果。

体验一　数据采集

扫码看视频

　　【任务】根据需求，现要求每位同学购买一台笔记本计算机，请大家搜集购买前需要准备的相关信息。

　　【目的】掌握获取数据的途径和方法。

　　【要求】包含笔记本计算机的完整配置、品牌、价格等信息。

【案例】

获取大学生创业信息的五种途径

1. 大学课堂、大学图书馆与大学社团

创业者通过课堂学习能拥有过硬的专业知识，在创业过程中将受益无穷；大学图书馆通常能找到创业指导方面的报刊和图书，广泛阅读能加深对创业市场的认识；大学社团活动能锻炼各种综合能力，这是创业者积累经验必不可少的实践过程。

2. 媒体资讯

一是纸质媒体，人才类、经济类媒体是首要选择。例如比较专业的《21世纪人才报》《21世纪经济报道》《IT经理人世界》等。

二是网络媒体，管理类、人才类、专业创业类网站是必要的选择。例如《中国营销传播网》《中华英才网》《中华创业网》等。此外，从各地创业中心、创新服务中心、大学生科技园、留学生创业园、科技信息中心、知名民营企业的网站等都可以学到创业知识。

3. 与商界人士广泛交流

商业活动无处不在。可以在生活的周围，找有创业经验的亲朋好友交流。在他们那里可得到最直接的创业技巧与经验，更多的时候这比看书本的收获更大。甚至还可以通过电子邮件和电话拜访成功的商界人士，或咨询与创业项目有密切联系的商业团体。

4. 曲线创业过程

先就业再创业是时下很多学生的选择。毕业后，由于自己各方面阅历和经验都不够，能够到实体单位锻炼几年，积累了一定的知识和经验再创业也不迟。

先就业再创业的学生所从事的创业项目通常是在过去的工作中密切接触并了解的。在准备创业的过程中，可以利用与专业人士交流的机会获得更多的来自市场的创业知识。

5. 创业实践过程

真正的创业实践开始于创业意识萌发之时。大学生的创业实践是学习创业知识的最好途径。

间接的创业实践学习可借助学校举办的某些课程的角色性、情景性模拟参与来完成。例如，积极参加校内外举办的各类大学生创业大赛、工业设计大赛等，对知名企业家成长经历、知名企业经营案例开展系统研究等也属间接学习范畴。

直接的创业实践学习主要可通过课余、假期的兼职打工、试办公司、试申请专利、试办著作权登记、试办商标申请等事项来完成；也可通过举办创意项目活动、创建电子商务网站、谋划书刊出版事宜等多种方式来完成。

总之，创业知识广泛存在于大学生的学习、生活中，只要善于学习，总能找到施展才华的途径。但在信息泛滥的社会里，"去粗取精，去伪存真"也是很重要的。善于学习和总结永远是赢者的座右铭。

一、确定所需数据

采集数据的关键要点之一就是在接受某项任务时能够了解并确定所需采集的数据内容，即要思考：这项任务我要查找什么？需要哪些方面的数据？哪些数据有助于解决必须解决的问题？

假设某高中请你分析本校高一学生的学习情况。接到这样的需求，你的首要工作是什么？请详细说明。

分析：首要工作是沟通，明确学校的研究目的是什么。是要解决目前学生在学习方面存在的困难，还是要把班级拆分成侧重不同学习内容的班级。如果是前者，可以对学习成绩不理想的同学进行访谈，统计出影响学习成绩的各种因素的分布情况。例如对学习不感兴趣的占多少、基础差的占多少、缺少家庭关爱的占多少、不喜欢任课老师的占多少等，然后根据各种影响因素的分布情况提出相应的解决方案。如果是后者，就不需要对学生进行深入研究了，只要请同学报名自己喜欢的科目，据此进行分班即可。

二、找准研究对象

研究对象是回答向谁（Who）调查的问题。如何寻找研究对象呢？这主要依据研究目的和内容来决定。

三、确定采集方法

数据采集是按照确定的数据分析框架，收集相关数据的过程。它为数据分析提供了素材和依据。这里所说的数据包括第一手数据与第二手数据。第一手数据主要指可直接获取的数据；第二手数据主要指经过加工整理后得到的数据。一般数据来源主要有以下几种方式：

1. 数据库

每个公司都有自己的业务数据库，公司成立以来产生的相关业务数据都存放其中。这个业务数据库就是一个庞大的数据源，需要有效地利用起来。

2. 公开出版物

可以用于收集数据的公开出版物包括《中国统计年鉴》《中国社会统计年鉴》《中国人口统计年鉴》《世界经济年鉴》《世界发展报告》等统计年鉴或报告。

3. 互联网

随着互联网的发展，网络上发布的数据越来越多。在互联网上进行信息查询可帮助我们快速找到所需要的数据。例如国家及地方统计局网站、行业组织网站、政府机构网站、传播媒体网站、大型门户网站等平台均可进行信息查询。

4. 市场调查

进行数据分析时，需要了解用户的想法与需求，但是通过以上三种方式获得此类数据会比较困难，因此可以尝试使用市场调查的方法收集用户的想法和需求数据。市场调查就是指运用科学的方法，有目的的、系统地收集、记录、整理有关市场营销的信息和资料，分析市场情况，了解市场现状及其发展趋势，为市场预测和营销决策提供客观、正确的数据资料。市场调查可以弥补其他数据收集方式的不足。但进行市场调查所需的费用较高，而且会存在一定的误差，故仅作参考之用。

四、问卷设计与录入

1. 问卷设计

调查问卷的设计是有一定要求和原则的，下面给大家展示一份问卷示例，见表 10-1。调查问卷的内容结构一般包括起始部分、背景部分、甄别部分、主体部分。

（1）起始部分，包括标题、访问员信息、调查目的的说明等。

（2）背景部分，用于分析研究。背景部分与主体部分结合起来就可以反映出不同用户的差异，而这种差异往往能解释态度和行为背后的深层次原因。

（3）甄别部分，通过题目将不符合要求的受访者筛选出去，以保证分析结果的有效性。

（4）主体部分，即问题的组成部分。一般分为开放性问题和封闭性问题两种方式。开放性的问题一般不设定答案，提出问题后由受调查者根据自己的理解进行自由填写。封闭式问题即在提出问题后给出答案，让应答者在给出的答案中进行选择，可以是单项选择也可以是多项选择。这里需要注意的是，在题目进行编排时，一要掌握主题一致性，即相同主题的问题要放在一起；二要掌握先简后难的原则，即简单、容易回答的问题靠前，难、繁杂的问题放在后面。

表 10-1　问卷示例

大学生成长学分制实施情况调查问卷

问卷编号：

亲爱的同学们：

　　你们好！学分制是现代高等教育教学的重要组织形式和教学管理制度，我院已在专业教育学分制的情况下，设立了成长学分制，并从 2015 年起开始实施。为了了解成长学分制实施过程中存在的问题，更好地将职业技能训练与德育培养结合在一起，使同学们更好地提高自身的综合素质，尽快缩短职业适应期，本课题组设计了本调查问卷，请您用几分钟时间帮忙填答这份问卷。本问卷实行匿名制，所有数据只用于统计分析，请您放心填写。题目选项无对错之分，请根据您的实际情况如实填写。对于您的配合，我们致以真诚的感谢！

《职业技能训练体系中成长学分制的构建与实践研究》课题组

2018 年 9 月

本次问卷如无特别注明，请将您认为合适的答案填在括号内。

【背景资料】

您的性别（　　　　）　　　您所读的专业（　　　　　）　　　您所在的班级（　　　　）

【甄别部分】

S1.请问您最近一个月接受过成长学分方面的调查吗？（单选）

A. 接受过（终止访问）　　　　B. 没有接受过（继续访问）

S2.请问您所在班级实施过成长学分吗？（单选）

A. 有　　　　　　　　　　　B. 没有（终止访问）

【主体部分】

一、大学生成长学分制认知情况

1. 您了解我院的大学生成长学分制吗？（　　）

　A. 非常了解　　　B. 比较了解　　　C. 不太了解　　　D. 不了解

2. 您关心自己的成长学分吗？（　　）

　A. 非常关心　　　B. 比较关心　　　C. 不太关心　　　D. 不关心

3. 您认为大学生成长学分制的实施对自己的综合素质能力提升有帮助吗？（　　）

　A. 很有帮助　　　B. 比较有帮助　　　C. 不太有帮助　　　D. 没有帮助

4. 您认为目前大学生成长学分制的实施对自己的职业技能提升有帮助吗？（　　）

　A. 很有帮助　　　B. 比较有帮助　　　C. 不太有帮助　　　D. 没有帮助

5. 您了解我院的大学生成长学分的内容设置吗？（　　）

　A. 非常了解　　　B. 比较了解　　　C. 不太了解　　　D. 不了解

6. 您认为我院的大学生成长学分内容指标设置详细吗？（　　）

　　A. 非常详细　　　　B. 比较详细　　　　C. 不太详细　　　　D. 不详细

7. 您认为我院的大学生成长学分项目分值设置合理吗？（　　）

　　A. 非常合理　　　　B. 比较合理　　　　C. 不太合理　　　　D. 不合理

8. 您认为我院的大学生成长学分获取途径广泛吗？（　　）

　　A. 非常广泛　　　　B. 比较广泛　　　　C. 不太广泛　　　　D. 不广泛

9. 您认为我院的大学生成长学分公开程度如何？（　　）

　　A. 非常公开　　　　B. 比较公开　　　　C. 不太公开　　　　D. 不公开

10. 您认为我院的大学生成长学分公正吗？（　　）

　　A. 非常公正　　　　B. 比较公正　　　　C. 不太公正　　　　D. 不公正

二、大学生成长学分制实施情况

1. 您的成长学分主要扣分项目有（　　）（可多选）

　　A. 无扣分　　　　　　　　　　　B. 上课迟到、早退、旷课等

　　C. 违反宿舍管理规定　　　　　　D. 受到违纪处分

　　E. 定岗实习受单位处罚　　　　　F. 其他

2. 您的成长学分主要得分项目有（　　）（可多选）

　　A. 听讲座　　　　　　　　　　　B. 参加文体活动

　　C. 担任学生干部　　　　　　　　D. 技能竞赛获奖

　　E. 青年志愿者活动　　　　　　　F. 其他社会实践活动

　　G. 其他

3. 您的成长学分统计频率是（　　）

　　A. 每周统计　　　B. 每月统计　　　C. 每季度统计　　　D. 每学期统计

4. 您的成长学分统计方式是（　　）

　　A. 本人记录，教师审核　　　　　B. 班级指定一人记录，教师审核

　　C. 教师记录和审核　　　　　　　D. 其他

5. 您的成长学分评分依据是（　　）

　　A. 客观定量评价　　　　　　　　B. 主观定性评价

　　C. 客观和主观相结合　　　　　　D. 无依据

三、大学生成长学分制改进建议

1. 您认为有必要调整成长学分的内容指标吗？（　　）

　　A. 非常有必要　　　B. 有必要　　　C. 无所谓　　　D. 没必要

2. 您认为有必要将职业技能训练方面的相关活动增加到我院的大学生成长学分内容中去吗？（　　）

　　A. 非常有必要　　　B. 有必要　　　C. 无所谓　　　D. 没必要

3. 您认为可以通过哪些途径既能获取自己的成长学分，又能提高自身的职业技能？（　　）（可多选）

　　A. 参加各类职业技能竞赛　　　　B. 参加各类专业社团

　　C. 参加各类创新创业大赛　　　　D. 参加各类社会实践活动

　　E. 其他

4. 您认为理想的成长学分统计频率是？（　　）

　　A. 每周统计　　　　　　　　　　B. 每月统计

　　C. 每季度统计　　　　　　　　　D. 每学期统计

5．您认为理想的成长学分统计方式是？（ ）

    A．传统的纸质方式   B．网络化方式

    C．纸质和网络相结合   D．其他

6．您认为理想的成长学分评分依据是？（ ）

    A．客观定量评价   B．主观定性评价

    C．客观和主观相结合   D．其他

四、您对大学生成长学分制还有其他什么好的建议？请写在下面空白处。

_____

_____

_____

_____

_____

_____

_____

_____

_____

_____

_____

_____

_____

_____

_____

_____

_____

_____

_____

_____

_____

_____

_____

_____

_____

_____

2．问卷录入

常用的问卷题目类型主要有单选、多选、排序和开放性问题这四种。那么每种类型应该采取怎样的录入格式呢？下面以员工满意度调查为例进行讲解。因为问卷题目很多，所以每种题型就分别挑选一道作为示例讲解，如图 10-1 所示。

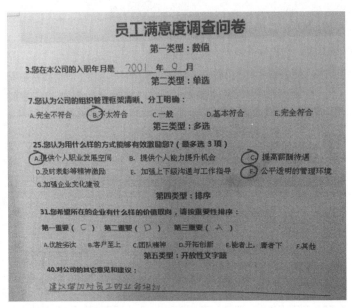

图 10-1　公司员工满意度问卷示例

（1）数值题。在图 10-1 中，第 3 题就是数值题。数值题一般要求被调查者填入相应的数值，或者打分。录入人员只需输入被调查者实际填入的数值即可。

（2）单选题。单选题的特征就是答案只能有一个选项，所以编码时只需定义一个变量，即给该题留一列进行数据的录入。录入时可采用 1、2、3、4 分别代表 A、B、C、D 四个选项的方式，例如选 C 则录入 3。对于图 10-1 中的第 7 题，只需在对该份问卷的记录中对应第 7 题所在的列位置录入 2 即可。

（3）多选题。多选题的特征是答案可以有多个选项，其中又分为项数不定多选和项数限定多选。项数不定多选就是对所选择的数目不作限定；项数限定多选有"最多选**项"的要求，如图 10-1 中的第 25 题就对项数有限制。

多选题的录入有两种方式：二分法和多重分类法。

- 二分法，把每一个相应选项定义为一个变量，每一个变量值均做如下定义："0"代表未选，"1"代表已选；即对于被调查者选中的选项录入"1"，对未选的选项录入"0"。比如，在图 10-1 所示中被调查者选 A、C、F，则 A、B、C、D、E、F、G 的选项下分别录入 1、0、1、0、0、1、0。

- 多重分类法，事先定义录入的数值，比如 1、2、3、4、5、6、7 分别代表选项 A、B、C、D、E、F、G，并且根据限选的项数确定应录入的变量个数。例如图 10-1 所示第 25 题，那么需要设立三个变量，被调查者在该题选 A、C、F，则这三个变量的值分别为 1、3、6。

（4）排序题。对于排序题需要对选项重要性进行排序，比如图 10-1 所示第 31 题，共有六个选项，需要按重要程度排出前三名来。排序题的录入与多重分类法类似，先定义录入的数值，1、2、3、4、5、6，分别代表选项 A、B、C、D、E、F，然后按照被调查者填写的顺序录入选项，因此对于第 31 题，我们按顺序录入 3、4、1。

（5）开放性文字题。开放性文字题一般都放在问卷的末尾，需要被调查者自己填写一些文字以表述观点或建议，例如图 10-1 中所示的第 40 题。对于开放性文字题，如果可能的话可以按照含义相似的答案进行归类编码，转换成为多选题进行分析。如果答案内容较为丰富，不容易归类，就应对这类问题直接做定性分析。

上述几道题的录入结果如图 10-2 所示。

二分法

编号	第3题		第7题	第25题							第31题			第40题
	年	月		A	B	C	D	E	F	G	第一重要	第二重要	第三重要	
405	2001	9	2	1	0	1	0	0	1	0	3	4	1	建议增加对员工的业务培训

多重分类法

编号	第3题		第7题	第25题			第31题			第40题
	年	月		选项一	选项二	选项三	第一重要	第二重要	第三重要	
405	2001	9	2	1	3	6	3	4	1	建议增加对员工的业务培训

图 10-2　问卷录入结果

【训练活动】

- 活动一：某手机企业希望了解手机市场动向、各品牌的差异、竞争格局、消费者的需求偏好以及有效的营销方式。该企业为此要做调研，请问应该选择谁作为调查对象？为什么？
- 活动二：为上述手机企业设计一份调查问卷，尽量包含问卷的完整部分。
- 活动三：发放上述的大学生成长学分制实施情况调查问卷并回收（不少于 50 份），并将问卷数据用二分法和多重分类法进行录入。

体验二　数据处理

【任务】用三种不同的方法找出一张表中的重复数据。

【目的】掌握查找重复数据的不同方法。

【要求】原始数据至少包含二十条，重复数据至少包含三条。

【案例】

一位人事经理在参加应届毕业生招聘面试时，发现大部分应届生都说自己精通 Excel、Word、PPT 软件。那到底是不是真地精通呢？于是，他问了一道简单的 Excel 问题"用几种不同的方法可以找出一张表中的重复数据"，并让所有应聘者作答。结果无人能回答正确。

一、数据清洗

最初采集到的数据往往是比较杂乱的，需要根据工作任务的需要，对数据进行加工处理。清洗数据是第一步，它包含三个方面：清除不必要的重复数据、填充缺失的数据、检测逻辑错误的数据。做这些工作的目的是为后面的数据加工提供简洁、完整、正确的数据。

1．重复数据的处理

员工编号、学生学号、问卷编号等字段信息都具有唯一性，如果有重复，就需要进行重复数据的处理。查重方法有多种，如函数法（COUNTIF 函数）、高级筛选法、条件格式法、数据透视表法。下面具体介绍条件格式法。

下面以截取的一列学生"学号"数据为例，如图 10-3 所示。选中该列数据，选择【开始】|【条件格式】|【突出显示单元格规则】|【重复值】命令，就可以把重复的数据及所在单元格标为不同的颜色，如图 10-4 所示。

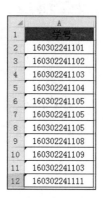

图 10-3　处理重复数据

图 10-4　用条件格式法查找重复值

接着进行重复数据的删除操作。选择 A1:A12 数据区域。在【数据】选项卡上的【数据工具】组中，单击【删除重复项】，在【列】区域下选择要删除的列，单击【确定】按钮，Excel 将显示一条消息，指出有多少重复值被删除，有多少唯一值被保留。单击【确定】按钮完成操作。

2．缺失数据处理

除了重复数据外，我们还会经常碰到缺失值的问题。如在调研数据中，缺失可能产生于调查环节，受访者没有回答；也可能产生于录入环节，录入人员忘记录入。如果缺失值是空值，可以通过定位功能进行查找。首先选中所有数值区域，按组合键"Ctrl+G"，在弹出的【定位】对话框中选择"定位条件"为"空值"，则所有的空值就全被选中，如图 10-5 所示。

缺失值是空值，但空值不一定是缺失值，只有必填的空值才是缺失值。常用的处理缺失值的方法有四种。

图 10-5 定位查找

（1）用一个样本统计量的值代替缺失值。最典型的做法就是以该变量的样本平均值代替缺失值。

（2）用一个统计模型计算出来的值去代替缺失值。常使用的模型有回归模型、判别模型等，不过这须使用专业数据分析软件。

（3）将有缺失值的记录删除，这可能会导致样本量的减少。

（4）将有缺失值的记录保留，仅在相应的分析中做必要的排除。当调查的样本量比较大，缺失值的数量少，而且变量之间也不存在高度相关的情况下，采用这种方式处理缺失值比较可行。

在实际操作中，采用样本平均值替代缺失值是比较常见的实用方法。

3. 检查数据逻辑错误

数据的错误有两种：非逻辑错误和逻辑错误。

非逻辑错误是指无法通过问卷内在的逻辑关系判断的错误。比如受访者本来喜欢蓝色，但因其他因素选了红色。再比如"性别"的编号本来是1，但录入人员将其录入为2。非逻辑错误是由人为因素造成的，无法通过问卷内在的逻辑关系检查出来，只能靠加强调研质量控制等方式来控制。

逻辑错误是指可通过问卷内在的逻辑关系进行判断的错误。以上面的员工满意度调查为例，对于"最多选择3个选项"的多选题，答题者选择了4个选项；对于二分法的多选题录入，出现了"0"和"1"之外的数据。下面分别介绍这两种错误的检验方法。

（1）选择答案的数量超过规定个数。检验函数及结果如图10-6所示。其中 COUNTIF 是计数函数，含义是"对满足指定条件的单元格进行计数"。IF 是判定语句，判断逻辑值是真还是假。

	A	B	C	D	E	F	G	H	I	J
1	编号				第25题				检验	
2		A	B	C	D	E	F	G		
3	405	1	0	1	0	0	1	0	正确	
4	406	1	1	0	1	0	1	0	错误	
5	407	1	0	1	0	2	0	0	正确	
6	408	1	10	1	0	0	0	0	正确	
7										
8	检验一 （IF函数）：I3=IF(COUNTIF(B3:H3,"<>0")>3,"错误","正确")									
9										

图 10-6 检查逻辑错误——利用 IF 函数

（2）数值超出取值范围。检验函数及结果如图10-7所示。具体操作步骤如下：选择数据区域，执行【开始】|【条件格式】|【突出显示单元格规格】|【其他规则】|【使用公式确定

要设置格式的单元格】命令，在"为符合此公式的值设置格式"文本框中输入"=OR(B3=1,B3=0)=FALSE"，最后单击【格式】按钮将格式调整为红色字体，完成设置。对于"=OR(B3=1,B3=0)=FALSE"，OR 代表"或"的意思。OR 函数代表的意思：函数的任意一个参数为真时，返回 TRUE，否则返回 FALSE。

图 10-7   检查逻辑错误——利用条件格式

二、数据加工

数据清洗完之后，接下来要加工数据，即对数据表中现有的不满足数据分析需求的数据字段进行抽取、计算或转换，形成分析所需的一列新数据字段。

1. 数据抽取

数据抽取是指保留原数据表中某些字段的部分信息，组合成一个新字段。可以是截取某一字段的部分信息——字段分列，也可以是将某几个字段合并为一个新字段——字段合并，还可以是将原数据表没有但其他数据表中有的字段，有效地匹配过来——字段匹配。

（1）字段分列。以客户登记表为例，介绍采用函数法将姓氏和出生年月截取出来的技巧，效果如图 10-8 所示。

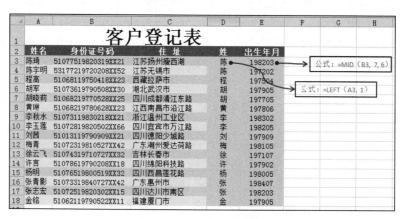

图 10-8   字段分列示例

使用 LEFT 函数可以将姓氏截取出来。LEFT 函数的语法如下：

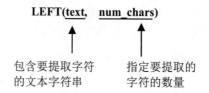

LEFT(text, num_chars)

包含要提取字符   指定要提取的
的文本字符串   字符的数量

使用 MID 函数可以将出生年月提取出来，MID 函数的语法如下：

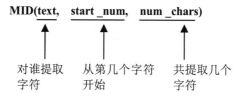

MID(text,　start _num,　num _chars)

- text：对谁提取字符
- start _num：从第几个字符开始
- num _chars：共提取几个字符

（2）字段合并。字段合并可以用连字符“&”实现。用 LEFT 函数截取“住址”列的省市名称，再与“姓名”列合并，即可得到“称谓”列的数据。具体效果如图 10-9 所示。

客户登记表

姓名	身份证号码	住 址	姓	出生年月	称谓
陈琦	51077519820319XX21	江苏扬州瘦西湖	陈	198203	江苏扬州陈琦
陈宇明	53177219720208XX52	江苏无锡市	陈	197202	江苏无锡陈宇明
程高	51068119750418XX23	西藏拉萨市	程	197504	西藏拉萨程高
胡军	51073619790508XX30	湖北武汉市	胡	197905	湖北武汉胡军
胡晓莉	51068219770528XX25	四川成都清江东路	胡	197705	四川成都胡晓莉
黄琳	51068219780628XX23	江西南昌市沿江路	黄	197806	江西南昌黄琳
李秋水	51073119830218XX21	浙江温州工业区	李	198302	浙江温州李秋水
李玉莲	51072819820502XX66	四川宜宾市万江路	李	198205	四川宜宾李玉莲
刘茜	51013119790909XX21	四川德阳少城路	刘	197909	四川德阳刘茜
梅青	51072319810527XX42	广东潮州爱达荷路	梅	198105	广东潮州梅青
徐云飞	51074319710727XX32	吉林长春市	徐	197107	吉林长春徐云飞
许言	51078619790208XX18	四川绵阳科技路	许	197902	四川绵阳许言
杨明	51076519800519XX32	四川西昌莲花路	杨	198005	四川西昌杨明
张青影	51073319840727XX42	广东惠州市	张	198407	广东惠州张青影
张志宏	51072519820302XX15	四川达川市南区	张	198203	四川达川张志宏
金铭	51062119790522XX11	福建厦门市	金	197905	福建厦门金铭

公式：=LEFT(C3,4)&A3

图 10-9　字段合并示例

（3）字段匹配。前面讲的字段分列和字段合并都是从原数据表中的某些字段提取信息，但有时候原数据表没有我们需要的字段，而需要从其他数据表中获取字段，这时就需要用到字段匹配。如某公司销售部门的员工职位经常发生变动，其中最新的员工职位表如图 10-10 所示，现在想截取其职务信息对应到图 10-11 所示的“员工个人信息（销售部）”表中。方法如下：

姓名	工号	部门	职务
黄雅	A0041	销售部	销售代表
王伟	A0056	销售部	销售代表
谢秋	A0061	销售部	销售代表
汪元超	A0067	销售部	销售总监
孙科	A0045	市场部	市场总监
黄佳	A0087	市场部	市场助理
王悦	A0089	市场部	市场助理

图 10-10　员工职位表

姓名	工号	出生年月	性别	工龄	职务
黄雅	A0041	198909	女	7	
王伟	A0056	197910	男	10	
谢秋	A0061	199203	女	8	
汪元超	A0067	197206	男	28	

图 10-11　员工个人信息表（销售部）

1）打开“员工职位表”和“员工个人信息表（销售部）”两张表格。

2）在“员工个人信息表（销售部）”的 F2 单元格中输入公式 “=VLOOKUP(B2,员工职位表!B:D,3,FALSE)，按 Enter 键。其中 VLOOKUP 函数的作用是在表格的首列查找指定的数据，并返回指定的数据所在行中的指定列处的单元格内容。

匹配效果如图 10-12 所示。

姓名	工号	出生年月	性别	工龄	职务
黄雅	A0041	198909	女	7	销售代表
王伟	A0056	197910	男	10	销售代表
谢秋	A0061	199203	女	8	销售代表
汪元超	A0067	197206	男	28	销售总监

图 10-12　完成匹配的“员工个人信息表（销售部）”

2. 数据计算

（1）简单计算。有时候数据表中的字段不能从数据源表字段中直接提取出来，但是可以通过计算来满足我们的需求。如知道销售数量和单价，就可知道销售额，关系如下：

销售额=销售数量×单价，效果如图 10-13 所示。

天天超市商品进货单价				
商品名称	销售数量	单价(元)	销售额（元）	
波兰豆	45	1.5	67.5	公式：=B3*C3
萝卜爽爽脆	28	1.7	47.6	
麻辣脆脆果	56	2.0	112	
美意香皂	25	2.4	60	
高级沙拉酱	35	3.0	105	
食用香精	44	3.1	136.4	
宝宝乐水杯	20	3.9	78	
滔滔消毒纸巾	89	3.7	329.3	
小小牌口杯	150	3.6	540	

图 10-13　计算产品销售额

（2）复杂计算。复杂计算是指运用到函数的计算。平常工作中我们用到的函数并不复杂，求平均值函数为 AVERAGE 函数，求和函数为 SUM 函数。以计算产品的季度平均销量和总销售量为例，效果如图 10-14 所示。

产品名称	第一季度	第二季度	第三季度	第四季度	季度平均	总销售量			
产品A	51	41	56	92	60	240	公式：=SUM（B2：E2）		
产品B	20	16	22	36	24	94			
产品C	154	123	169	277	181	723	公式：=AVERAGE（B2：E2）		
产品D	60	48	66	108	71	282			
产品E	96	77	106	173	113	452			
产品F	95	76	105	171	112	447			

图 10-14　求平均值和求和函数举例

日期函数为 DATA 函数。该函数有三个参数，依次代表年、月、日，而且这三个参数是不可省略的。图 10-15 中的具体时间则是利用 DATA 函数生成的。

2018年节假日时间一览表						
节日名称	月	日	具体时间			
元旦节	1	1	2018/1/1	公式：=DATA(2018,B3,C3)		
情人节	2	14	2018/2/14			
春节	2	16	2018/2/16			
元宵节	3	2	2018/3/2			
劳动节	5	1	2018/5/1			
儿童节	6	1	2018/6/1			
国庆节	10	1	2018/10/1			
圣诞节	12	25	2018/12/25			

图 10-15　日期函数举例

更多函数功能请参阅关于 Excel 内容的专门书籍。

3. 数据转换

如果要实现图 10-16 所示的数据表行列转换，可以利用选择性粘贴功能。选择性粘贴不仅可以解决转置的问题，还可以选择性地粘贴格式、公式等，甚至还能选择数值将它们批量变成负数，或者加/减/乘/除一个固定值。

操作方法：复制好数据区域后，右击选择【选择性粘贴】命令，弹出如图 10-17 所示的对话框，勾选上"转置"复选框，即可实现转置粘贴。

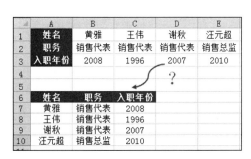

图 10-16 行列互换

图 10-17 选择性粘贴

【训练活动】

● 活动一：描述 Excel 中 LEFT 函数和 MID 函数的功能。

● 活动二：公司准备在 5 月份举行成立 10 周年庆祝活动，要邀请生日为 5 月份的客户参加。小张希望通过客户名单的记录信息来通知 5 月份出生的客户。由于以前的客户名单只记录了身份证号码和地址，现在小张要通过身份证号判断客户性别，并以"***（省市名）***（姓名）*先生（或女士）"的形式合并出客户的称谓名单，以便在公司网站公布或发送信函。具体形式如图 10-18 所示，源文件请看"客户登记表.xlsx"。

图 10-18 客户称谓信息表

扫码看视频

<h1 style="text-align:center">体验三　数据分析</h1>

【任务】利用数据透视表功能，快速分析班级某门功课男生和女生的平均成绩。

【目的】掌握数据透视表的使用方法和技巧。

【要求】呈现分析结果并得出结论。

【案例】

　　张丽在某公司人事部门就职，主要负责公司员工的工资计算及人事信息的整理、更新工作。由于员工工资的计算公式比较复杂，涉及基本工资、津贴补贴、岗位绩效等，通过手工计算会非常复杂，并且容易出错。在同事的帮助下，张丽学习并掌握了 Excel 的强大数据处理功能。她通过 Excel 内嵌的函数计算、数据透视表分析、排序筛选等功能，把整个公司员工的每月工资计算得准确无误，而且效率比手工计算提高很多倍。

一、认识数据透视表

　　数据透视表是 Excel 自带的数据分析工具。使用数据透视表可以快速分类、汇总、比较大量的数据，并可以随时快速查看源数据的不同统计结果。它集数据汇总、排序、筛选等多种实用功能于一身，是 Excel 中最常用、功能最齐全的数据分析工具之一。

　　数据透视表的相关术语见表 10-2。

表 10-2　数据透视表相关术语

术语	内容
轴	数据透视表中的一个维度，例如行、列或页
数据源	创建数据透视表的数据表、数据库等
字段	数据信息的种类，相当于数据表中的列
字段标题	描述字段内容的标志，可通过拖拽字段标题对数据透视表进行透视分析
透视	通过改变一个或多个字段的位置来重新安排数据透视表
汇总函数	Excel 用来计算表格中数据的值的函数。数值和文本的默认汇总函数分别是求和与计数
刷新	重新计算数据透视表，以反映目前数据源状态

二、数据透视表分析实践

以图 10-19 所示的学生成绩表为例，思考以下几个问题：

● C 语言和数据库两门课程的平均成绩是多少？

● 每个学院这两门课程的平均分是多少？

● 哪个学院 C 语言平均成绩最高？哪个学院数据库平均成绩最高？

操作步骤如下：

（1）打开本章素材文件"成绩表.xlsx"，单击数据表空白处任意一个单格，如 H4。在【插入】选项卡中单击【表格】组中的【数据透视表】按钮。

（2）在弹出的【创建数据透视表】对话框中，选择想要分析的数据区域，指定存放数据透视表的位置。本例设置情况如图 10-20 所示。

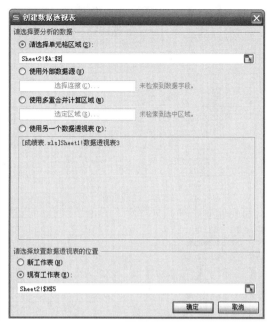

	A	B	C	D	E
1	系部	学号	姓名	C语言成绩	数据库成绩
2					
3	软件学院	160302241201	李孔雀	85	75
4	软件学院	160302241202	穆兰徐	80	85
5	软件学院	160302241203	滕细琴	72	96
6	软件学院	160302241204	封洁	95	56
7	软件学院	160302241205	索朗塔培	65	78
8	软件学院	160302241206	张磊	84	68
9	软件学院	160302241207	郭志新	70	91
10	软件学院	160302241208	席攀凯	90	57
11	艺术学院	160302241209	张传龙	98	86
12	艺术学院	160302241210	巴桑扎西	52	74
13	艺术学院	160302241211	史瑶	90	60
14	艺术学院	160302241212	薛玲	92	89

图 10-19 学生成绩表　　　　　图 10-20 创建数据透视表

（3）单击【确定】按钮关闭对话框。此时 Excel 自动创建了一个空的数据透视表，在窗口右侧有一个数据透视表字段的窗格，如图 10-21 所示。

图 10-21 创建的空的数据透视表

（4）在【数据透视表】窗格中分别勾选"系部""姓名""C 语言成绩""数据库成绩"字段的复选框，这些字段名及其内容将出现在窗格下方的【行】区域和【值】区域中，同时也被添加到数据透视表中，如图 10-22 所示。

图 10-22　添加字段后的数据透视表

（5）对"求和项：C 语言成绩"和"求和项：数据库成绩"的值字段进行修改，将汇总方式从"求和"修改为"平均值"。值字段设置如图 10-23 所示。数据透视表效果如图 10-24 所示。

图 10-23　值字段设置

图 10-24　数据透视表

通过数据透视表的分析可以得出：C 语言的平均成绩为 79.04，数据库的平均成绩为 75.79，信息学院 C 语言和数据库的平均成绩均最高。

三、多选题分析

下面来学习如何应用数据透视表进行多选题的分析。现有一个用户品牌知名度调查，让用户从 A、B、C、D、E 五个品牌中选择听说过的品牌，可多选。调查结果如图 10-25 所示。

图 10-25　多选题分析数据示例

现在我们要了解以下情况：

（1）用户对五个品牌整体的认知度怎样？哪个品牌用户知名度高？哪个品牌用户知名度低？

（2）不同性别的用户对品牌的认知度是否有差异？

（3）不同年龄段的用户对品牌的认知度是否有差异？

针对上述三个问题的操作说明简述如下。

第一个问题：创建数据透视表，将 A、B、C、D、E 五个品牌字段添加到【值】区域中，如图 10-26 所示。通过透视表分析，可以得知 B、C、D、E 品牌知名度在用户认知中比 A 高，C、D 品牌认知度较其他品牌高。

图 10-26　多选题分析之整体分析结果

　　第二个问题：只需在第一个问题的数据透视表中增加一个"性别"维度，也就是将"性别"字段拖至行标签区域，分析结果如图 10-27 所示。由此结果可知，D、E 两个品牌知名度在男性用户中相对较高，C 品牌知名度在女性中最高。

性别	求和项:A	求和项:B	求和项:C	求和项:D	求和项:E
男	2	3	2	4	4
女	6	7	11	9	6
(空白)					
总计	8	10	13	13	10

图 10-27　多选题分析之性别分析结果

　　第三个问题：由于原始数据中没有直接给出年龄段信息，所以需要增加一个"年龄段"分组字段，可利用 VLOOKUP 函数根据"年龄"字段进行年龄段的分组，如图 10-28 所示。

	A	B	C	D	E	F	G	H	I	J	K	L	M	N
1	编号	性别	年龄	学历	A	B	C	D	E	年龄段		阈值	分组	
2	10001	男	35	大学	1	0	1	0	1	中年		0	青年	
3	10002	女	26	大学	1	1	1	0	0	青年		30	中年	
4	10003	女	22	中专	0	1	1	1	0	青年		50	老年	
5	10004	女	28	大学	1	0	1	1	0	青年				
6	10005	男	40	高中	0	1	0	1	1	中年		公式:		
7	10006	女	36	高中	1	0	1	1	0	中年		=VLOOKUP(C2,$L$1:$M$4,2)		
8	10007	女	41	高中	1	1	1	0	0	中年				
9	10008	女	45	大学	0	1	1	1	0	中年				
10	10009	女	50	中专	1	0	1	1	0	老年				
11	10010	女	52	中专	0	1	0	0	1	老年				
12	10011	女	36	研究生	1	0	1	0	1	中年				
13	10012	女	42	大学	0	1	0	0	1	中年				
14	10013	女	40	高中	0	1	1	1	1	中年				
15	10014	男	28		0	1	0	1	0	青年				

图 10-28　多选题分析之年龄段分组分析示例

　　选择增加"年龄段"字段的新数据，重新创建数据透视表，将 A、B、C、D、E 五个品牌字段添加到【值】区域中，将"年龄段"字段拖至行标签区域，如图 10-29 所示。

年龄段	计数项:A	计数项:B	求和项:C	求和项:D	求和项:E
老年	3	3	1	3	2
青年	6	6	5	3	3
中年	10	10	7	7	5
(空白)	4	4			
总计	23	23	13	13	10

图 10-29 多选题分析之"年龄段"分析结果示例

通过数据透视表的分析，我们可以得知各年龄段对品牌 A 和品牌 B 都较为熟悉，C 品牌知名度在老年用户中最低，D 和 E 品牌知名度在青年用户中最低，E 品牌知名度在中年用户中最低。

【训练活动】

● 活动一：简述数据透视表的概念和功能。

● 活动二：现有某公司在苏州、常熟等地区的部分产品销售数据，具体请看源文件"数据透视表.xlsx"，请利用数据透视表工具，汇总各个区域的每个月的销售额与成本总计，同时算出利润。效果如图 10-30 所示（部分截图）。

所属区域			
常熟			
订购日期	成本总计	销售额总计	利润
1月	163,220	177,531	14,311
2月	126,834	154,443	27,608
3月	643,957	780,895	136,938
4月	360,302	413,048	52,745
5月	465,481	534,930	69,449
6月	282,458	323,517	41,060
7月	340,280	387,627	47,347
8月	293,851	370,988	77,137
9月	617,742	716,062	98,320
10月	483,090	611,062	127,972
11月	1,840,869	2,118,504	277,635
12月	262,919	324,454	61,536
总计	5,881,004	6,913,061	1,032,057

图 10-30 按月汇总数据（部分截图）

体验四 数据呈现

【任务】了解 Excel 中的各种图表类型并能区分各类图表所适合表达的信息。

【目的】认识各类图表并学会选取方法。

【要求】分享的图表类型不少于 5 种。

【案例】本案例所用数据见表 10-3。

表 10-3 2008～2009 年全国固定资产投资额及其增长情况 （单位：亿元）

资金来源	2008 年	2009 年	同比增长率
国内贷款	26444	39303	49%
国家预算	7955	12686	59%
利用外资	5312	4624	-13%
自筹资金	143205	193617	35%
总计	182916	250230	37%

小李：从表 10-3 可以看出，固定资产投资有国内贷款、国家预算、利用外资和自筹资金 4 种来源。

小蔡：从投资额看，自筹资金所占的比重最高，利用外资所占的比重最低。

小刘：从投资额变动看，利用外资的同比增长率最低，国家预算的同比增长率最高。

小白：还可以对不同的资金来源从投资总额和同比增长率两个角度同时进行比较。

对于表 10-3，每个人有自己的解读角度。小李强调资金构成，而其他人强调资金对比。对资金对比时角度也不一样。小蔡对比的是投资额，小刘对比的是投资额变动，而小白则是投资额和投资额变动同时考虑。所以不同的解读角度所画出的图表应该是各不相同的。

一、饼图应用实例

饼图通常只有一个数据系列，它是将一个圆划分为若干个扇形，每个扇形代表数据系列中的一项数据值。扇形的大小表示相应数据项占该数据系列总和的比例值。饼图通常用来描述构成比例方面的信息。下面通过一个简单的实例来介绍三维饼图的制作方法。

【案例】制作"一车间"不同型号的产品不合格率占比图表。

图 10-31 所示为某环保公司对所生产的不同型号的环保产品所做的产品质量检验报告表。

产品名称	规格型号	生产单位	抽检数量	不合格数	不合格率
脉冲阀	LDF-60-100型	一车间第一生产线	650	11	1.69%
脉冲阀	LEF-40-80型	一车间第一生产线	190	4	2.11%
电磁脉冲放气阀	KXD-IV型	一车间第二生产线	260	24	9.23%
电磁脉冲阀	DMF-Z-20型	一车间第二生产线	240	8	3.33%
电磁脉冲阀	DMF-Z-40型	一车间第二生产线	110	9	8.18%
电磁脉冲阀	DMF-Z-41型	一车间第二生产线	290	3	1.03%
电磁脉冲阀	DMF-Z-53型	一车间第二生产线	170	2	1.18%
电磁脉冲阀	DMF-Z-44型	二车间第一生产线	600	4	0.67%
电磁脉冲阀	DMF-Z-25型	二车间第二生产线	360	8	2.22%
电磁阀	KXD-1型	三车间第一生产线	240	13	5.42%
电磁阀	KXD-2型	三车间第一生产线	300	17	5.67%
电磁阀	KXD-3型	三车间第二生产线	480	1	0.21%
电磁阀	KXD-4型	三车间第二生产线	120	7	5.83%
脉动阀	QMF-98型	四车间第一生产线	170	6	3.53%
脉动阀	QMF-99型	四车间第二生产线	180	11	6.11%
脉动阀	QMF-100型	四车间第三生产线	370	6	1.62%
低压控制柜	常规	五车间第一生产线	530	31	5.85%
电控柜	PLC	五车间第二生产线	510	12	2.35%

图 10-31　创建饼形图的源数据列表

操作步骤如下：

（1）打开本章素材文件"饼图应用实例.xlsx"，筛选"一车间"产品数据，如图 10-32 所示。选择 B2:B8 和 F2:F8 单元格区域，然后单击【插入】选项卡中的【图表】组中的【饼图】按钮，插入一个三维饼图，如图 10-33 所示。

产品名称	规格型号	生产单位	抽检数量	不合格数	不合格率
脉冲阀	LDF-60-100型	一车间第一生产线	650	11	1.69%
脉冲阀	LEF-40-80型	一车间第一生产线	190	4	2.11%
电磁脉冲放气阀	KXD-IV型	一车间第二生产线	260	24	9.23%
电磁脉冲阀	DMF-Z-20型	一车间第二生产线	240	8	3.33%
电磁脉冲阀	DMF-Z-40型	一车间第二生产线	110	9	8.18%
电磁脉冲阀	DMF-Z-41型	一车间第二生产线	290	3	1.03%

图 10-32　筛选创建饼图的源数据

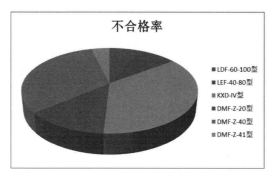

图 10-33 插入三维饼图

（2）选中图表，将图表标题名称修改为"产品不合格率分析"，设置标题的字体格式。为了突出显示某一型号的不合格率，可以将该型号分离出来。本例将不合格率最高的型号单独分离出来。双击饼图中最大的区域，并确保只选中了该区域，然后在【设置数据点格式】任务窗格中切换至【系列选项】子选项卡，将【点爆炸型】选项设置为"15%"，如图 10-34 所示。

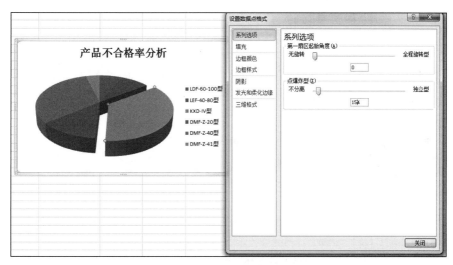

图 10-34 分离部分饼图区域

（3）右击分离出的区域，选择【添加数据标签】命令，为该区域加数据标注，三维饼图的最终效果如图 10-35 所示。

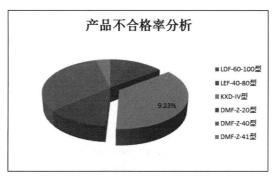

图 10-35 三维饼图最终效果

二、折线图应用实例

折线图以点状图形为数据点，并由左向右，用直线将各点连接成为折线形状。折线的起伏可以反映出数据的变化趋势。折线图用一条或多条折线来绘制一组或多组数据。通过观察可以判断每一组数据的峰值和谷值，以及折线变化的方向、速率和周期等特征。

【案例】制作 2018 年某地区楼市近 6 周周认购和成交量统计折线图。

2018 年某地区楼市近 6 周周认购和成交量的数据如图 10-36 所示，现在需要根据数据表中的数据创建一张折线图。

日期	周认购	成交量
2018年太仓楼市近6周周认购和成交量统计		
日期	周认购	成交量
7月6日	178	166
7月13日	120	94
7月20日	175	82
7月27日	245	131
8月3日	109	104
8月10日	84	105

图 10-36　创建折线图的源数据表

操作步骤如下：

（1）打开本章素材文件"折线图应用实例.xlsx"，选择其中的 A2:C8 单元格区域，然后选择【插入】选项卡中的【图表】组中的【插入折线图】命令，插入一个带数据标记的折线图，如图 10-37 所示。

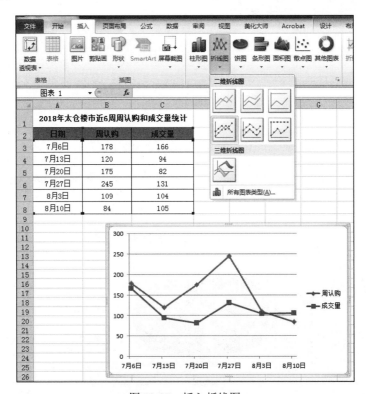

图 10-37　插入折线图

（2）通过【设置图例格式】任务窗格设置图例在靠上位置处显示，如图 10-38 所示。单击"成交量"数据系列，在【设置数据系列格式】任务窗格中的【数据标记选项】区域中勾选【内置】单选按钮，设置【类型】为"正方形"，【大小】为"7"，如图 10-39 所示。用同样的方法设置"周认购"数据系列。

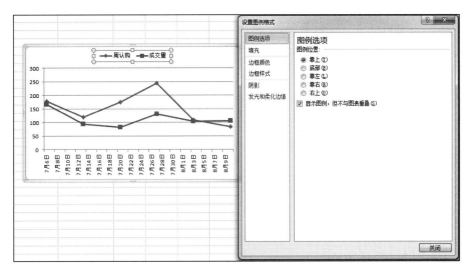

图 10-38　设置图例格式

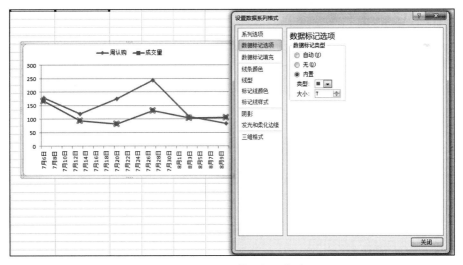

图 10-39　设置数据标记格式

（3）为折线添加数据标签，如图 10-40 所示，同时可以根据实际情况对数据标签设置格式。

（4）接下来为折线图中"成交量"数据系列添加一条趋势线。首先右击"成交量"数据系列，在弹出的快捷菜单中选择【添加趋势线】选项，如图 10-41 所示。

（5）双击时间坐标轴。在【设置坐标轴格式】任务窗格中切换到【坐标轴选项】子选项卡，在【主要刻度单位】区域修改代表天数的数字为"7"，如图 10-42 所示。折线图最终效果如图 10-43 所示。

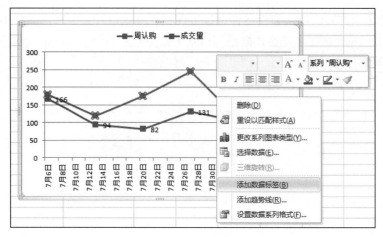

图 10-40　添加数据标签

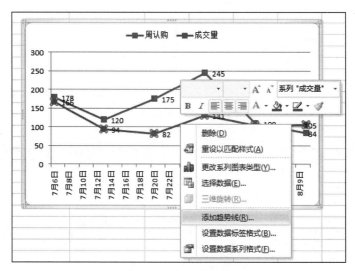

图 10-41　添加趋势线

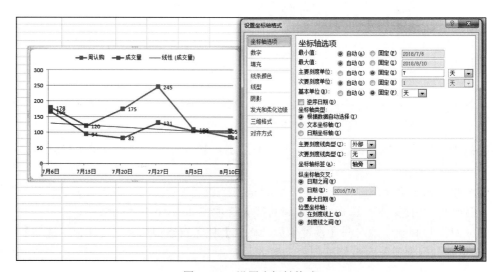

图 10-42　设置坐标轴格式

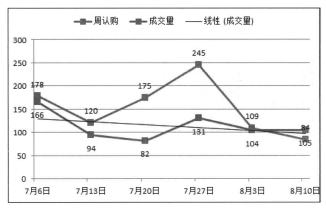

图 10-43　完成后的折线图效果

三、复合图表的设计与应用

复合图表指的是由不同图表类型的系列组成的图表，比如可以让一个图表同时显示折线图和柱形图。创建一个复合图表可以在源数据的基础上直接创建，也可以在创建普通图表之后，将单个或多个的数据系列转变成其他图表类型。

【案例】创建柱形图与折线图复合图表。

操作步骤如下：

（1）打开本章素材文件"复合图表应用实例.xlsx"，选择数据表中的 A1:F3 单元格区域作为源数据区域，选择【插入】菜单项中的【柱形图】命令，在弹出的选项框中选择合适的柱形图选项，生成效果如图 10-44 所示。

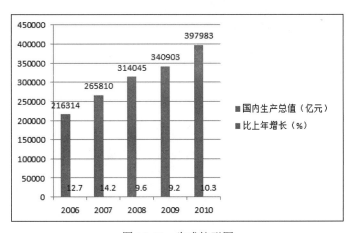

图 10-44　生成柱形图

（2）设置数据图例的位置为底部，选中百分比这组数据（因为数值相对很小，几乎与 X 轴重合，要比较有耐心），右击，设它为次坐标轴，如图 10-45 所示。

（3）更改它的图表类型为折线图，如图 10-46 所示。

（4）再设置次坐标轴（也就是折线图）的格式，选中后在上面右击选择【设置坐标轴格式】命令，设置刻度最大和最小值分别为 30 和 0，主要刻度线类型选"内部"，如图 10-47 所示。

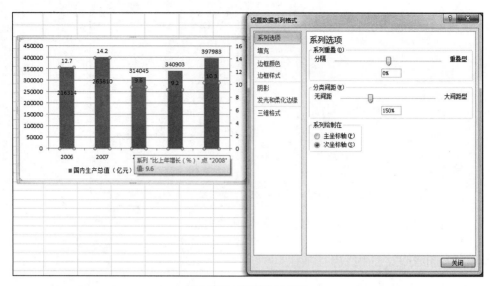

图 10-45　设置次坐标轴

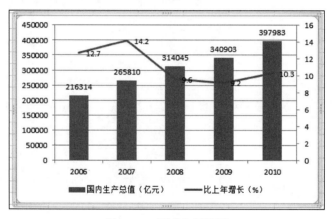

图 10-46　更改为折线图

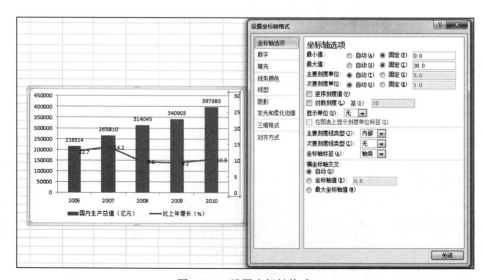

图 10-47　设置坐标轴格式

（5）设置图表格式，把柱状图填充的颜色去掉，换成框线，把主要刻度线类型选为"内部"。完成后的复合图表效果如图 10-48 所示。

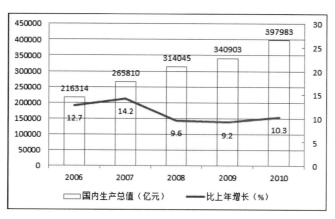

图 10-48　复合图表效果

【训练活动】

● 活动一：将表 10-3 的数据信息，重新表述为表 10-4 的形式。绘制圆环图，直观显示固定资产投资构成的比例分布。

表 10-4　固定资产投资的不同资金来源的投资额比例　　　　（单位：亿元）

资金来源	2008 年	2009 年	小计	投资额比例
国内贷款	26444	39303	65747	15%
国家预算	7955	12686	20641	5%
利用外资	5312	4624	9936	2%
自筹资金	143205	193617	336822	78%
总计	182916	250230	433146	100%

● 活动二：将表 10-4 的数据信息重新表述为表 10-5 的形式，绘制复合饼图，显示其他资金的详细组成。

表 10- 5　固定资产投资的不同资金来源的投资额比例　　　　（单位：亿元）

资金来源	投资额比例		
自筹资金	78%		
其他资金	22%	利用外资占其他资金的比例	8%
		国内贷款占其他资金的比例	69%
		国家预算占其他资金的比例	23%

● 活动三：线柱图是柱形图的衍生，常用于同时比较总量变动和相对变动。利用表 10-3 的数据信息，绘制如图 10-49 所示的线柱图。其中线表示增长率的变化，柱表示销售规模的变化。

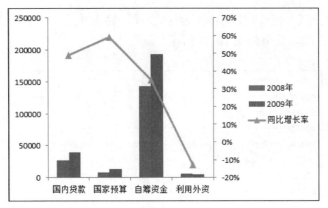

图 10-49　线柱图

本章总结

- 在明确研究目的后需要采集数据，可以通过问卷设计、调查方法等获取一手数据，也可以通过查找资料、统计网、第三方等获取二手数据。
- 调查问卷的设计应考虑全面，问题不重复不遗漏，在录入过程中应注意数据编码形式。
- 数据在处理前应进行清洗，包括去重、补缺、改错。
- 数据加工包含数据抽取、排序、计算等。
- 用图表的形式呈现数据，使得数据变得直观形象。

习题十

一、单选题

1．（　　）不属于常用的问卷题目类型。

　　A．单选　　　　　　B．多选　　　　　　C．判断　　　　　　D．开放性问题

2．某校把学生的纸笔测试、实践能力、成长记录三项成绩分别按 50%、20%、30% 的比例计入学期总评成绩，90 分以上为优秀。甲、乙、丙三人的各项成绩见表 10-6（单位：分），学期总评成绩优秀的是（　　）。

表 10-6　学生成绩记录

姓名＼类型	纸笔测试	实践能力	成长记录
甲	90	83	95
乙	98	90	95
丙	80	88	90

　　A．甲　　　　　　B．乙、丙　　　　　　C．甲、乙　　　　　　D．甲、丙

3．设 A1 单元格中的数据为"广东省广州市"，则公式（　　）取值为 FALSE。

A．=LEFT(RIGHT(A1,3),2)="广州"

B．=MID(A1,4,2)="广州"

C．=MID(A1,FIND("广",A1),2)="广州"

D．=RIGHT(LEFT(A1,5),2)="广州"

4．在 Excel 中，清除图表中的数据，对工作表中的单元格的数据的影响是（　　）。

A．不会影响　　　　B．会影响　　　　C．影响一部分　　　D．有时会影响

5．让一个数据清单中，只显示外语系学生成绩记录，可选择【数据】菜单中的（　　）命令。

A．【筛选】　　　　　　　　　　B．【分类汇总】

C．【排序】　　　　　　　　　　D．【分列】

二、填空题

1．一般来说，数据来源主要有数据库、公开出版物、互联网和_____。

2．用多重分类法录入多选题数据时，若事先定义录入的数值，比如 1、2、3、4、5、6、7 分别代表选项 A、B、C、D、E、F、G，那么被调查者若在该题选 A、C、F，则三个变量的值分别为_____、_____、_____。

3．最初采集到的数据往往是比较杂乱的，需要对数据进行加工处理，_____是第一步。

4．数据的错误有两种：_____和_____。

5．字段合并可以用_____连字符实现。

三、判断题

1．调查问卷中起始部分主要包括标题、访问员信息、调查目的说明等。　　（　　）

2．单选题录入时可采用 1、2、3、4 分别代表 A、B、C、D 四个选项的方式。　（　　）

3．多选题的录入有两种方式，即单重分类法和多重分类法。　　　　　（　　）

4．调查问卷中，对于开放性文字题一般是直接做定量分析。　　　　　（　　）

5．缺失值是空值，但空值不一定是缺失值。　　　　　　　　　　　（　　）

四、简答题

数据的错误有两种：非逻辑错误和逻辑错误。分别简要叙述这两种错误。

五、操作题

打开素材文件"停车场计时收费表.xlsx"，如图 10-50 所示。制作一个某商场地下停车场的计时收费表，运用时间函数计算出停车时间，然后根据不同日期的停车费用单价来计算停车总费用。

收费规则：停车场按平时每小时 5 元收费，周末每小时 10 元收费。停车 15 分钟以内，不收费；停车时间在 15～30 分钟，按 0.5 小时收费；超过 30 分钟，按 1 小时计算。

任务分解如下：

任务一：计算停车累计时间。

（1）使用 MINUTE 函数计算车辆的停车分钟数。

（2）使用 HOUR 函数计算车辆的停车小时数。

（3）使用 DAY 函数计算车辆的停车天数。

（4）利用计算出的数据统计停车累计小时数。

任务二：判断停车日期，计算停车费用。

（1）使用 WEEKDAY 函数计算停车日期对应的星期数。

（2）依据收费规则计算停车费用，星期一至星期五按 5 元每小时收费，星期六和星期日按 10 元每小时收费。

任务三：完善表格。

（1）计算出收费总计金额。

（2）完善表格。

某商场地下停车场计时收费表

车牌号	停车时间	离开时间	停车星期数	累计时间				应收费用
				分钟	小时	天数	累积小时数	
渝A16XX0	2017/2/11 8:50	2017/2/11 12:35						
渝B66XX8	2017/2/11 8:52	2017/2/11 9:20						
川A50XX1	2017/2/11 9:08	2017/2/11 11:56						
沪A71XX1	2017/2/12 11:12	2017/2/12 13:11						
陕K32XX8	2017/2/12 11:13	2017/2/12 15:40						
渝A54XX4	2017/2/13 11:18	2017/2/13 13:06						
渝A13XX7	2017/2/13 11:58	2017/2/13 17:32						
闽A33XX8	2017/2/14 12:00	2017/2/14 15:03						
川B21XX0	2017/2/14 12:32	2017/2/15 14:21						
粤A50XX0	2017/2/15 13:50	2017/2/15 18:09						
京A5PXX2	2017/2/15 14:11	2017/2/15 15:23						
渝A22XX8	2017/2/16 15:52	2017/2/16 19:47						
				停车总计：		总计		
员工签名					日期		
经理签名					日期		

图 10-50　停车场计时收费表

第十一章　TRIZ 理论简介

扫码看视频

【学习目标】

通过本章的学习和训练，你将能够：

（1）知道什么是 TRIZ 理论。

（2）了解 TRIZ 理论起源和发展。

（3）了解 TRIZ 理论的应用情况

（4）初步明确大学生创新能力培养的方法。

【案例导入】

大学的学习生活丰富多彩，各种竞赛给予了大学生施展自己才华的机会，其中大学生创新创业大赛最引人注目。

通过开展大学生创新创业大赛活动，可以激发大学生的创新创业意愿和抱负，为懂创新、会创新、敢担当的创新人才搭建舞台，让大学校园的创新活力在积极竞争的良性循环中得到激发。同时，引导大学生实践创新精神、创新理论、创新思维、创新技法，为国家"双创"工作的开展培养适应新形势、新要求的"双创"型复合人才。通过开展大学生创新创业大赛活动，为大学生整合各类创新创业相关的科技服务，积极营造鼓励独立思考、自由探索和勇于创新的良好环境，加强学生创新的内在动力，鼓励、支持真正的原始性创新。

徐建是一名计算机专业大二的学生，具备一定的专业基础知识，同时也拥有一颗"不安分"的心，他希望自己能在大学期间有所作为，崭露头角。

【案例讨论】

结合实际情况，简述徐建应如何为参加大学生创新创业大赛做准备。

创新是实现可持续发展的重要手段。创新需要先进的方法指导，TRIZ 的引入给我国的企业带来了强有力的创新武器，部分企业已经开展了 TRIZ 的学习和应用，并取得了显著的成效。同时，针对目前大学生创新创业能力培养方面存在的问题，利用 TRIZ 理论优势，将其应用到大学生创新创业教育体系之中。

体验一　TRIZ 理论概述

【任务】说说回形针的用途。

【目的】掌握创新思维的方法。

【要求】1. 在五分钟的时间内提出尽可能多的想法。

　　　　2. 对所有的想法进行筛选评估。

【案例】

<h2 style="text-align:center">一孔值万金</h2>

美国一家制糖公司每次向南美洲运方糖时都因方糖受潮而遭受巨大的损失。因此有人建议，既然方糖如此用蜡密封还会受潮，不如用小针戳一个小孔使之通风。该方法果然取得了意想不到的效果，建议者申请了专利。据媒体报道，该专利的转让费高达 100 万美元。

一、TRIZ 理论的起源

TRIZ 的俄文拼写为 теории решения изобрет-ательских задач，俄语缩写"ТРИЗ"，翻译为"发明问题解决理论"，按 ISO/R9-1968E 规定，将其转换成拉丁文 Teoriya Resheniya Izobreatatelskikh Zadatch 的词头缩写。其英文全称是 Theory of the Solution of Inventive Problems，缩写为 TSIP。其意义为发明问题的解决理论。

TRIZ 之父根里奇•阿奇舒勒（G. S. Altshuller），于 1926 年 10 月 15 日生于苏联乌兹别克的塔什干。1946 年，阿奇舒勒开始了发明问题解决理论的研究工作，通过研究成千上万的专利，他发现了发明背后的模式并形成了 TRIZ 理论的原始基础。为了验证这些理论，他相继做了许多发明，例如获得前苏联发明竞赛一等奖的排雷装置、船上的火箭引擎、无法移动潜水艇的逃生方法等，其中多项发明被列为军事机密，阿奇舒勒也因此被安排到海军专利局工作。在海军专利局处理世界各国著名发明专利的工程中，阿奇舒勒总是思考这样一个问题：当人们进行发明创造、解决技术难题时，是否有可以遵循的科学方法和法则，从而能迅速地实现新的发明创出或解决技术难题呢？答案是肯定的。他发现任何领域的产品改进、技术的变革、创新和生物系统一样，都存在产生、生长、成熟、衰老、灭亡的过程，是有规律可循的。人们如果掌握了这些规律，就能能动地进行产品设计并能预测产品的未来趋势。此后数十年里，阿奇舒勒穷其毕生的精力致力于 TRIZ 理论的研究和完善。1970 年，在他的领导下，前苏联的研究机构、大学、企业组成了 TRIZ 的研究团体，分析了世界近 250 万份高水平的发明专利，总结出各种技术发展进化遵循的规律模式，以及解决各种技术矛盾和物理矛盾的创新原理和法则，建立了一个由解决技术，实现创新开发的各种方法、算法组成的综合理论体系，并综合多学科领域的原理和法则，建立起 TRIZ 理论体系。

二、TRIZ 理论的发展

TRIZ 理论的发展可以划分为四个阶段，具体如下：

第一阶段（1946～1956 年），TRIZ 理论体系的建立和完善，以阿奇舒勒 1956 年发表关于 TRIZ 理论的第一篇论文和阿奇舒勒、沙皮罗提出 ARIZ（发明问题解决算法）为标志。

第二阶段（1957～1985 年），TRIZ 理论在前苏联得到不断推广、普及和完善，以 1961 年出版第一本有关 TRIZ 理论的著作《怎样学会发明创造》为标志。

第三阶段（1986～1999 年），TRIZ 在全世界范围内传播，以 1989 年阿奇舒勒集合世界上数十位 TRIZ 专家，在彼得罗扎沃茨克建立国际 TRIZ 协会、1999 年美国阿奇舒勒研究院成立两个事件为标志。

第四阶段（2000 年至今），TRIZ 在全球范围内推广，TRIZ 理论不断得到完善，并被应用到非技术领域，以 2000 年欧协会（ETRIA）成立、2004 年 TRIZ 国际认证引入中国两个事件为标志。

三、TRIZ 理论的主要内容

创新从最通俗的意义上来讲就是创造性地发现问题和创造性地解决问题的过程。TRIZ 理论的强大作用正在于它为人们创造性地发现问题和解决问题提供了系统的理论和方法工具。

现代 TRIZ 理论体系主要包括以下几个方面的内容：

1. 创新思维方法与问题分析方法

TRIZ 理论中提供了如何系统分析问题的科学方法，如多屏幕法等，而对于复杂问题的分析，则包含了科学的问题分析建模方法——物—场分析法，它可以帮助人们快速确认核心问题，发现根本矛盾所在。

2. 技术系统进化法则

针对技术系统进化演变规律，在大量专利分析的基础上，TRIZ 理论总结提炼出八个基本进化法则。利用这些进化法则，可以分析确认当前产品的技术状态，并预测未来发展趋势，开发出富有竞争力的新产品。

3. 技术矛盾解决原理

不同的发明创造往往遵循共同的规律。TRIZ 理论将这些共同的规律归纳成 40 个创新原理，针对具体的技术矛盾，可以基于这些创新原理、结合工程实际寻求具体的解决方案。

4. 创新问题标准解法

针对具体问题的物—场模型的不同特征，分别对应有标准的模型处理方法，包括模型的修整、转换、物质与场的添加等。

5. 发明问题解决算法

问题解决算法（ARIZ）主要针对问题情境复杂、矛盾及其相关部件不明确的技术系统。它是一个对初始问题进行一系列变形及再定义等非计算性的逻辑过程，实现对问题的逐步深入分析、问题转化，直至问题的解决。

6. 基于物理、化学、几何学等工程学原理而构建的知识库

基于物理、化学、几何学等领域的数百万项发明专利的分析结果而构建的知识库可以为技术创新提供丰富的方案来源。

四、TRIZ 的核心思想及其特点

TRIZ 的核心思想如下：首先，不论是一个简单产品还是复杂的技术系统，其核心技术的发展都是遵循着客观的规律发展演变的，即具有客观的进化规律和模式；其次，各种矛盾的彻底解决是推动这种进化过程的动力；最后，技术系统发展的理想状态是用尽量少的资源实现尽量多的功能。

相对于传统的创新方法，例如试错法、头脑风暴法等，TRIZ 理论具有鲜明的特点和优势。它成功地揭示了创造发明的内在规律和原理，着力于澄清和强调系统中存在的矛盾，而不是逃避矛盾，其目标是完全解决矛盾，获得最终的理想解，而不是采取折衷或者妥协的方法，而且它是基于技术的发展演化规律研究整个设计与开发过程，而不再是随机的行为。实践证明，运用 TRIZ 理论可大大加快人们创造发明的进程，而且能得到高质量的创新产品。它能够帮助我们系统地分析问题情境，快速地发现问题本质或者矛盾，准确地确定问题探索方向。TRIZ 还能够帮助我们开发富有竞争力的新产品。

【训练活动】

● 活动一：突破思维定势训练。

设想多种答案。书本上提供的答案往往是"唯一的""标准的"答案，这种答案有时会束缚人们的头脑，降低人们的创新意识。儿童读的书少，反而不受这种束缚，能够自由地发挥自己的思维活力。请读下面的故事：

有一天，幼儿园的老师问一群孩子："花儿为什么会开？"第一个孩子说："花儿睡醒了，它想看看太阳。"第二个孩子说："花儿一伸懒腰，就把花骨朵给顶开了。"第三个孩子说："花儿要跟小朋友比一比，看看哪一个穿的衣服更漂亮。"第四个孩子说："花儿想看一看，有没有小朋友把它摘走。"第五个小朋友说："花儿也有耳朵，它想出来听一听，小朋友们在唱什么歌。"年轻的幼儿园老师被深深地感动了。老师原先准备的答案十分简单，简单得有几分枯燥——"花儿为什么会开？""因为天气变暖和了！"

请模仿儿童的思维，想一想如下问题的多种答案，得出的答案越多越新奇越好。

（1）大雁为什么向南飞？

（2）面条是怎样做成的？

（3）天空为什么是蓝色的？

（4）浪花为什么是白色的？

● 活动二：能否将洒水与扫地两个步骤合成一个步骤，发明一种无尘的扫帚？

体验二　应用 TRIZ 解决创新问题的实例

【任务】通过收集各类资料，了解 TRIZ 解决创新问题的实例。

【目的】学会多途径信息搜集，了解 TRIZ 的应用实例。

【要求】尽可能多地列举 TRIZ 的应用实例，并在课上进行交流。

【案例】

运用 TRIZ 创新原理的生活实例

1. 可调节百叶窗

人们使用的传统的幕布窗帘只能拉上或拉开，因此效果就是光线要么太强要么太弱。于是，人们利用 TRIZ 的创新原理——分割原理："提高系统的可分性，以实现系统的改造"，发明了可调节的百叶窗。只要调节百叶窗叶片的角度，就可以控制外边射入的光线的强弱。

2. 多格餐盒

将一个餐盒分割成多个间隔，在不同的间隔中放置不同的食物，这种构造避免了食物之间的彼此"串味"。这是一个"让物体的各部分，均处于完成各自动作的最佳状态"的典型实例。它是利用 TRIZ 的创新原理：局部质量原理。

3. 强化复合实木地板

居室装修时，人们不是直接使用纯实木来做地板，而是使用耐磨性好的强化复合实木地板。这是一个"用复合材料来替代纯质材料"的典型实例。它是利用 TRIZ 的创新原理：复合材料原理。

4. 推拉门

为节省空间，人们发明了推拉门，开门时直接把门推进墙内的空隙，而不是把门推到外面或里面而占据较大的空间。它是利用 TRIZ 的创新原理——嵌套原理：“把一个物体嵌入另一个物体”的典型实例。

5. 手术前先将手术器具按顺序排好

手术前先将手术器具按顺序排好利用了 TRIZ 的创新原理——预先作用原理：“预先安置物体，使其在最方便的位置，不浪费运送时间”。

类似的例子还有楼道里安装的灭火器、半成品食物、已充值的储蓄卡等。

6. 电梯

人在地面上行走时，是地面不动而人向前走动；乘客随滚动电梯上下楼时则恰好相反：地面向后运动而人保持不动。这是利用了 TRIZ 的创新原理——反向作用原理：“让物体或环境，可动部分不动，不动部分可动”。

类似的例子还有跑步机、倒立搁置剩余很少的洗发液瓶子等。

7. 用拨子弹奏乐器

人们借助拨子这个中介物来弹奏乐器，动作精准且不伤手指。这是利用了 TRIZ 的创新原理——借助中介物原理：“使用中介物实现所需动作”。

类似的例子还有托盘、吸管、婚介等。

8. 解雇员工方法

现在，人们已经发现了一种最有效的解雇员工的方法：就是不要把解雇的时间拖得太长。如果解雇的过程是有条理的，并且能够快速执行，那么就可以大大减少对员工的伤害。这是利用了 TRIZ 的创新原理——减少有害作用的时间原理：“将危险或有害的流程或步骤在高速下进行”。

类似的例子还有闪光灯、X 射线透视，快速冷冻鱼虾等。

一、TRIZ 在三星公司的应用实效

TRIZ 理论系统在美、欧、日、韩、以色列等国家得到了广泛的研究、推广与应用。有关 TRIZ 的研究咨询机构也相继成立，众多的跨国公司将 TRIZ 的理论和方法应用于产品的创新和管理创新中，并加以推广，取得了明显的经济效益和社会效益，其中最为成功的当属三星公司。

1998 年之前，三星公司只是韩国一家知名企业，经过短短十几年的发展，它已成为世界著名的跨国公司。是什么力量使三星公司从一个世界上的二流企业变为世界一流企业，从一个技术上的“跟随者”成为“领跑者”？

2005 年 9 月 19 日，三星公司首次在美国《财富》杂志（75 年专刊）发表了“永久的危机机器”一文，该文揭示其技术创新成功的秘密与实施 TRIZ 密切相关。三星公司引入 TRIZ 的主要原因如下：一是希望尽快实现从行业的跟随者到领导者的角色转变；二是三星公司多年来学习日本实施六西格玛管理，但六西格玛管理未能全面解决企业产品研发过程中所面临的一系列问题，从而使三星公司将目光投向了 TRIZ。

1997 年，三星公司开始实施价值创新计划（Value Innovation Program），邀请了十多名俄罗斯专家在研发部门中开展 TRIZ 培训，节约了大量的研发经费，并使三星公司在 1988 年第一次进入了美国发明专利授权榜前十名。其创新能力在随后的几年中逐步提高，发明专利授权量稳步提升。1998～2004 年，三星公司获得的美国工业设计协会工业设计奖达 17 项，连续 6 年成为获奖最多的公司；2005 年，三星公司在美国发明专利的数量上超过 Micron Technology 和 Intel，

在全球排名第五；2010 年排名第二，成为仅次于 IBM 的全球最具创新精神的企业之一。

二、TRIZ 在三星公司的应用分析

三星公司的成功主要得益于以下两个方面：

1. 重视推动 TRIZ 的应用

实施 TRIZ 成功的最主要因素有两方面：一是邀请前苏联专家对其研发人员进行 TRIZ 培训，帮助设计人员解决在研发过程中遇到的实际问题；二是加强了自身的技术创新组织建设，成立了"三星 TRIZ"，开展全员培训认证工作，从公司的管理层到研发工程师，都普遍认识到 TRIZ 对创新的重要性。如三星公司的六个主要部门：技术运营部、电信网络部、数字应用部、数字媒体部、LCD 部和半导体部，均制定了统一的 TRIZ 实施流程，使 TRIZ 在三星公司得到了广泛的应用和推广。

三星公司通过企业内部的广泛宣传，首先使员工认识到创新的必要性，然后邀请 TRIZ 专家对员工进行试培训，员工通过学习后得到了一定的提升。而后，TRIZ 专家通过其负责的具体 TRIZ 项目对员工进行进一步的培训，培训的课程包括基础课程、应用课程以及 TRIZ 专家资格认证课程。基础课程的培训为 40 个学时，其主要目标是使学员掌握基本的矛盾定义和解决方法；应用课程的培训亦为 40 个学时，主要为手把手地进行计算机辅助创新培训；认证培训的时间长达 5 个月，学员要在有限的时间内应用 TRIZ 理论解决两个实际问题，取得实践应用成果和专利。随着学员的不断增加，三星公司还将第一阶段的基础课程转为在线培训课程，利用内网开展创新课程培训，这大大降低了培训成本，加快了 TRIZ 在三星公司内部的传播。通过 TRIZ 访问专家的 TRIZ 项目，TRIZ 专家和员工结合的项目以及内部员工的 TRIZ 项目，三星公司将员工培训所取得的进步体现于具体 TRIZ 项目的实施中，将理论同实践有机地结合起来。在企业高层领导的介入下，大力推广产品创新的各种工具和方法，使 TRIZ 在三星公司得到了广泛的认同。

2. 建立有效机制，有机整合各种创新方法

三星公司建立了系统的应用推广组织体系，在相关部门内部成立了 TRIZ 小组，这些小组至少由 3 人组成，分布在三星公司公司的六个主要部门：技术运营部、电信网络部、数字应用部、数字媒体部、LCD 部和半导体部，在 8 名高级 TRIZ 专家（包括来自前苏联的 4 名优秀专家）的指导下开展工作。此外，三星公司还成立了 TRIZ 协会，负责 TRIZ 的培训工作，每月定期召开 TRIZ 学术会议，讨论具体的项目和课题，对取得高水平专利的工程师进行表彰等，这种表彰既有奖金等物质方面的奖励，又有非物质方面的奖励，这些激励措施有效地激发了员工的积极性和创造性。

在管理创新方面，三星公司还将供应链管理、六西格玛管理以及 TRIZ 等进行有机整合，利用六西格玛法，对供应链管理进行定量分析，解决供应链管理过程中的错误，同时将 TRIZ 引入到六西格玛的管理框架中，大大提高了三星公司的整体创新能力。

三、三星公司成功应用 TRIZ 的启示

三星公司的成功，引起了业界的广泛关注。三星公司应用 TRIZ 理论实现企业的全面创新主要包括两个阶段。第一阶段为设计创新，第二阶段为管理创新。在 1997 年之前，尽管三星公司在美国专利授权的数量上有所增加，但其幅度并不是很大，三星公司的创新能力也不是很

强，因此在 1997 年亚洲金融危机爆发时，三星公司濒临倒闭。为了摆脱困境，三星公司邀请俄罗斯 TRIZ 专家培训其技术人员，正式引进 TRIZ，并在研发部门进行 TRIZ 培训，将 TRIZ 创新方法直接应用于产品研发，使三星公司在金融危机时实现了创新革命。1998 年，三星公司在美国的发明专利申请数比 1997 年增长了 124.05%，这是历年来增长的最高纪录。

三星公司推广 TRIZ，实现企业全面创新的成功经验也给目前处于转型阶段的中国企业带来了启示。三星公司的成功经验说明：企业只有将传统的产品创新方法同 TRIZ 理论相结合，掌握基于技术系统的进化规律，正确确定探索方向，打破知识领域界限，实现技术突破，开发新产品，才能成功地面对当前和未来的挑战。

【训练活动】

● 活动一：列出 30 种杯子的用途。
● 活动二：列出 10 种导致交通堵塞的原因。
● 活动三：在纸上快速写出根据命题"电"联想到的词汇，比如电、电话、电视、电线、电灯、电冰箱、食品、鸡蛋……请大家由此快速展开联想，在三分钟内联想到的词汇越多越佳。

体验三　TRIZ 与大学生创新能力

【任务】查阅资料，了解大学生创新大赛的参赛要求和作品条件。
【目的】提高信息捕获的能力，认识大学生创新能力提高的重要性。
【要求】提炼查阅到的要点，整理成一份规范的 Word 文档，并进行展示和讲解。
【案例】

黄承松的创业故事

与大多数同龄人一样，黄承松从小就对新的事物十分热衷，凡事总喜欢刨根问底。他的这种执着，也让他比别人想得更多，看得更远。进入高中后，黄承松开始接触计算机。当同学们沉迷于网络游戏和网上聊天时，他已经通过计算机掘到了人生的第一桶金。"花了 20 天研究软件，赚 4000 块钱！"黄承松说，互联网时代，网络上遍地都是机遇和商机，只要看得准、下手快，就有成功的希望。黄承松被保送华中科技大学后，高三下学期就闲了下来，他便做起了全职软件开发。从那时候起，他再也没有向家里要过钱。从高中到大二上学期那段时间，经济来源主要靠写程序。2010 年 8 月，还在读大二的他开始尝试创业。他注册了一家互联网公司，用兼职赚到的钱作为创业资金，做电商导购网站。消费者通过他们的平台渠道购买其他大型电商商户的产品，累计积分，然后他们根据买家所积累的积分，得到相应的返利。但是，看似前景很好的平台渠道，真正运作起来并不简单，加之同类网站竞争激烈，大的电商平台担心利润被挤压等原因，黄承松的第一次创业尝试以失败告终。"差点连吃饭钱都折腾光了！"回忆起当时的窘境，黄承松至今记忆犹新，坦言不仅积攒的钱打了"水漂"，身上也只剩下几十块钱。这次失败，黄承松思考得最多的不是折腾出去了多少钱，而是失败的原因究竟在哪里。经过三个月的反思，黄承松悟出一个道理：做网络要不断创新，不断超越自己，才能走得更远。

2012 年 7 月，黄承松刚从华中科技大学毕业就创立了"九块邮"公司，9.9 元包邮成了国内这一商业模式的首创者。不过，在黄承松看来，人们选品牌货会想到"淘宝"，选电器会想到京东，消费能力好一点的会选"唯品会"。18～35 岁群体中，收入差别很大，消费能力也各异，不是每个人都会选品牌货，选择低价实惠的群体并不在少数。如果补齐完善这一空间，必将大有可为。2012 年 8 月，黄承松创立的折扣精选特卖网站"卷皮网"正式上线，主要瞄准"草根"消费人群，定位为"低价版唯品会"。卷皮网专注低端市场，从高性价比入手，与唯品会覆盖中高端市场形成差异化竞争。说起来容易做起来难，要想做到所有的货品是网络上的最低价并非易事。为了控制成本，一方面与许多品牌厂家建立了很好的合作关系，其中有 10 多万大小商家和 1000 余家独家合作品牌商；另一方面，千方百计地精打细算，努力打造全国首家买手制电商。机会总是垂青有准备的人，黄承松的"卷皮网"很快地在电商界崭露头角。2012 年，销售收入近 1 亿多元，2013 年销售达 7 亿元；2014 年全年销售收入达 25 亿元。拥有超过 3000 万买家会员、移动端 APP 总用户达 1500 万人，成了国内折扣特卖电商第一品牌和国内成长最快的互联网电商企业。

一、全国 TRIZ 杯大学生创新方法大赛

为深入贯彻国务院《关于强化实施创新驱动发展战略进一步推进大众创业万众创新深入发展的意见》和科技部、发展改革委、教育部、中国科协《关于加强创新方法工作的若干意见》的有关精神，以 TRIZ 理论推广应用为载体，进一步增强大学生创新创业的活力和动力，营造良好的创新创业环境，推进大众创业、万众创新，经创新方法研究会、黑龙江省科学技术厅、黑龙江省教育厅、黑龙江省科学技术协会、黑龙江省知识产权局等单位研究决定，于每年（始于 2013 年）2 月～5 月在哈尔滨举办全国 TRIZ 杯大学生创新方法大赛（2013 年为第一届）。大赛旨在通过开展竞赛活动，激发大学生创新创业活力，提升大学生创新创业综合能力，营造大学生创新创业良好环境，吸引、鼓励大学生掌握创新方法，踊跃参加创新创业活动。

（一）大赛主题

大赛主题为"创新引领未来，创业成就梦想"。

（二）参赛对象及作品分类

1. 参赛对象

学生组：全日制普通高校在读大专生、本科生、研究生以及全日制普通高校毕业 5 年以内（2013 年 3 月以后毕业）的大学生创业者。

教师组：在全日制普通高校开设创新方法（涵盖 TRIZ、六西格玛、精益生产等各类创新方法在内）相关课程以及应用创新方法进行科学研发活动的教师。

2. 参赛作品分类

学生组：发明制作类、工艺改进类、创新设计类、生活创意类、创业类。

教师组：推广及应用类。

（三）参赛条件

1. 报名要求

（1）发明制作类、工艺改进类、创新设计类和生活创意类报名要求。参赛对象为全日制普通高校在读大专生、本科生、研究生。全校汇总后按大赛组委会要求报送。每个参赛团队，学生人数 3～5 人，专业指导教师 1 人，TRIZ 指导教师 1 人。所有参赛团队均需以所在院校为单位，以集体报名的方式参赛，不接受个人报名参赛的形式。

（2）创业类报名要求。参赛对象为全日制普通高校在读大专生、本科生、研究生以及全日制普通高校毕业 5 年以内的大学生创业者。参赛项目需由团队所在高校进行统一推荐。参赛项目团队需经过 20 个学时以上的 TRIZ 理论培训，由所属高校或黑龙江省技术创新方法研究

会负责安排联络员指导参赛团队填写申报材料,由所属高校或黑龙江省技术创新方法研究会汇总后统一按照规定的时间节点报送大赛组委会。每个参赛团队人数一般不超过 5 人,TRIZ 指导教师 1 人。

（3）教师组推广及应用类报名要求。参赛对象为在全日制普通高校开设创新方法相关课程以及应用创新方法进行科学研发活动的教师。全校汇总后按大赛组委会要求报送。原则上开设创新方法课程的高校可推荐 3 名教师参赛,未开设创新方法课程的高校可推荐 1 名教师参赛,上届已获奖的教师三年内不许申报参赛。

2. 提交要求

参赛作品应是参赛团队的原创作品;实物作品运送工作由参赛队伍自行负责;参赛队将作品方案（包括发明创意、原理图、原理、设计创新点等）、自主知识产权证明材料（如专利证书或受理通知等）、查新报告、营业执照、组织机构代码证、销售合同、用户使用报告等材料作为作品申报书附件一同上报。

二、TRIZ 理论在大学生创新意识培养中的应用

1. 更新教学内容,侧重创新思维培养

在 TRIZ 理论的指导下,整合、优化传统的基础课程与专业课程体系,按照现代教育理念的时代要求,充分体现本专业领域内的最新研究成果,对教学成果进行重组和整合,力争保持教学内容的先进性。特别是增加体现现代科技水平和专业特色的实验实训课程,利用逆向思维原理,克服惯性思维,帮助学生灵活运用创新思维方法,引导学生有意识地进行创新,培养学生的创新思维。在课程设计、毕业设计过程中灵活应用 TRIZ 理论对设计方案进行创新,避免抄袭毕业设计的现象。将 TRIZ 理论应用于入学到毕业的全过程,真正提高学生的独立思考能力和创新思维能力。

2. 将 TRIZ 理论融入学生创业实践能力培养中

提高创业能力最有效的方法就是让学生参与创业实践活动,高职院校要千方百计为学生创设尽可能多的创业实践活动,主动与政府和企业建设长期稳定的创业实践基地,利用 TRIZ 理论科学地分析案例、查找问题、解决创业难题,提高学生的创新创业能力。各高职院校要出台政策积极鼓励学生参加院级、省级乃至国家级的创业大赛,通过参加创业大赛了解本校学生创新创业能力水平,引导学生利用 TRIZ 理论克服思维定式的弊端,大胆提出创新的设计方案,不断提高参赛作品的质量。

3. 加强创业实践的心理素质训练

除了创新思维之外,心理素质是影响创业能力、决定创业成功与否的关键因素。将创业心理素质训练融入培训课程中,目的就是要让学生在毕业后进入社会时,具备较强的心理素质,正确认识挫折和对待挫折。TRIZ 理论中的一维多变、变害为利、同质性等发明原理可以运用到训练课程之中,帮助学生具备积极的心态,逐渐提高抗挫能力。主动调节自我心态,适应不乐观的创业环境。调查表明,创业成功率的高低与个体的心理素质、抗挫折能力有关,根据TRIZ 理论和方法,加强创业心理素质训练对提高创新能力十分必要。

三、培养大学生创新能力的对策

1. 高校提高大学生创新能力的对策

高校是培养高等专门人才的机构,具有培养人才、发展科学、服务社会的职能。21 世纪

对大学生的要求将更加注重由思想品德素质、科技文化素质、心理身体素质等方面构成的全面综合素质，更加注重学生的开拓性和创新能力，这是由于当今的科学技术和世界都正处于前所未有的变化之中，中国也正面临着巨大的发展与机遇。对于我国这个人口大国来讲，在人均资源相对贫乏的情况下，民族企业只有走创新发展之路，才能保持长足的发展。民族企业要发展，就需要大量创新型人才，而担负着培养创新性人才责任的高等教育，是中国科技创新的关键，培养新时代的具有创新意识与能力的大学生就成为必然。

高校提高大学生创新能力的对策研究如下所述。

（1）树立创新教育的理念。创新教育是全面素质教育的具体化与深入化，是以加强学生的创新精神、创新能力、创新人格的培养为基本价值取向的教育。作为培养创新人才的重要基地，高校教师应转变教育理念中不利于创新人才培养的价值观、质量观、人才观，以创新教育观念为先导，以培养学生的创新精神和实践能力为重点，以培养创新人才为核心目标，改变过去以传授知识为主的教育模式，构建新型教育体系，将创新教育贯穿于人才培养的全过程，落实到每个教学环节中。为此，教师在教育理念上要实现三个转变：一是从以传授知识为主转向以培养学生学习与创造为主的教育方式；二是从以教师为中心转变为以学生为中心，在教学中要充分重视学生的主体地位与作用，使学生积极主动地参与到教学中，培养其创新心理素质；三是教师必须具有创新思想与创新意识。

（2）调整教学内容与教学方法。进行创新性人才的培养，就要体现创造性学习的特点。在教学内容上，构建一个创新型的教学内容体系，使学习与思考相结合，学习与发现问题、分析问题和解决问题相结合，课内学习与课外主动学习相结合，专业学习与开阔视野以猎取多种学科知识相结合。

建构创造性学习模式，在教学方法上，一是要树立学生主体观，改变以教师为中心、课堂为中心、教材为中心的教育模式，把教育教学过程变为学生主动学习过程；二是要改变填鸭式的教育教学方法，采用启发式、引导式方法，注意锻炼学生发现问题、分析问题和解决问题的能力。

（3）增强教师队伍的创新意识。高校教师作为实施创新教育的领头人，是高校培养创新人才的关键。高校教师要在思想上具有先进性，在学科教授中要有意识地培养学生的创新意识、创新思维、创新品质，让学生在潜意识中形成一种创新理念。

要根据创新型人才培养的要求，不断加强创教育的研究与实践，不断深化教学内容、教学方法与手段及考试方法等方面的改革。教师不要仅仅满足于讲课、解惑，还要发挥组织、引导、控制作用。

作为教师要能够接受学生对自己的质疑，要以自身的创新思维、创造意识去影响学生，指引大学生创造性思维的培养和发展，最终激发大学生的创新激情。

（4）建立高效、科学的评价机制。建立高效合理的评价机制，有利于激励学生创新能力的形成。须改革现行的考试体制，因为现有考试方式是对学生所学知识的测试，用考试分数的高低来衡量学生水平的高低，这种方式大大限制了学生创新能力的发展。

改变以学生掌握知识的多少来评价学生学习与教学质量的方式，构建综合素质评价指标体系，可以从学生的专业基础知识、思想道德修养、身心健康水平、文化技能特长等方面进行综合评价，促进学生知识、能力、素质的协调发展。建立有利于学生创新能力培养的激励机制。

（5）设计具有创新意识的课外作业。

● 作业设计应力避枯燥无味的简单重复和机械训练。作业的形式要新颖，富有趣味性，要能引起学生浓厚的兴趣，把完成作业作为自己的一种内在需要，形成一股强大的内在动力。

- 作业设计要富有挑战性，跳起能摘到桃子的感觉是愉快的。作业设计既要源于课堂教学，对课堂教学所获得的知识、技能、技巧进行进一步巩固，加深印象，又要略高于教材，努力提高学生分析问题、解决问题的能力。
- 作业设计要加大实践操作的比重。启发学生打破旧思想的束缚，从不同角度积极思考问题，训练发散思维，同时要鼓励引导学生对各种创新性设想进行分析、整理、判断，训练和提高思维能力。

（6）引导大学生进行创新意识的自我培养。给大学生创造良好的创新环境后，要引导学生对自己的创新意识进行自我培养。具体来讲要做到以下几方面：一是让学生养成把自己的创新火花时刻记录下来的习惯；二是培养大学生的怀疑精神、求实精神、自信心、好奇心以及勤奋刻苦和坚忍不拔的品格；三是对创新持正确观念；四是锻炼学生从经验、事实、材料中提炼自己思想的能力；五是提高学生发现问题的能力。

2. 大学生提高自身创新能力的对策

（1）热爱生活，关注生活，享受生活。此是创新的前提和基础，试想一下，如果不热爱生活，对生活持漠视和冷淡的态度，又怎会去关注生活呢？不关注生活，创新又从何而来。创新不可能凭空而来，它不是神话，它是实实在在存在于现实中的东西。我们只有热爱生活，并关注生活，而且好好享受生活，创新的灵感源泉永不枯竭，我们的生活也才会日新月异，丰富多彩。

（2）正视创新内核：创新思维。创新能力一般被视为智慧的最高形式。它是一种复杂的能力结构，在这个结构中创新思维处于最高层次，它是创新能力的重要特性。创新能力实质就是创造性解决问题的能力。除此之外，创新能力还包括认识、情感、意志等许多因素。创新能力意味着不因循守旧，不循规蹈矩，不固步自封。随着知识经济时代的来临，知识创新将成为未来社会文化的基础和核心，创新人才将成为决定国家和企业竞争力的关键。

创新的思维是综合素质的核心。知识既不是智慧也不是能力，著名物理学家劳厄谈教育时说："重要的不是获得知识，而是发展思维能力，教育无非是将一切已学过的东西都遗忘时所剩下来的东西。"劳厄的谈话绝不是否定知识，而是强调只有将知识转化为能力，才能使其成为真正有用的东西。大量的事实表明，古往今来许多成功者既不是最勤奋的人，也不是知识最渊博的人，而是一些思维敏捷、最具有创新意识的人。他们懂得如何去正确思考，善于利用头脑的力量。在当今的知识经济时代，一个人要想在激烈的竞争中生存，不仅需要付出勤奋，还必须具有智慧。古希腊哲人普罗塔戈说过一句话："大脑不是一个要被填满的容器，而是一支需要被点燃的火把。"其实，他说的这个火把点燃的正是人们头脑中的创新思维。

创新首先要有强烈的创新意识和顽强的创新精神。所谓创新意识就是推崇创新、追求创新、以创新为荣的观念和意识。所谓创新精神就是强烈进取的思维。一个人的创新精神主要表现为首创精神、进取精神、探索精神、顽强精神、献身精神、求是精神（即科学精神）。

创新还要有创新能力。创新能力是指一个人产生新思想、认识事物的能力，即通过创新活动、创新行为而获得创新性成果的能力。哈佛大学校长陆登廷认为，"一个人是否具有创造力，是一流人才和三流人才的分水岭"。

要创新就必须认同两个基本观点，即创新的普遍性和创新的可开发性。创新的普遍性是指创新能力是一种人人都具有的能力。如果创新能力只有少数人才具有，那么许多创新理论，包括创造学、发明学、成功学等就失去了存在的意义。人的创造性是先天自然属性，它随着人的大脑进化而进化，其存在的形式表现为创新潜能，不同人之间这种天生的创新能力并无大小之分。创新的可开发性是指人的创新能力是可以激发和提升的。将创新潜能转化为显能，这个显能就是具有社会属性的后天的创新能力。潜能转化为显能后，人的创新能力也就有了强弱之分。通过激发、教育、训练可以使人的创新能力由弱变强，迅速提升。创新思维是创新能力的核心因素，是创新活动的灵魂。开展创新训练的实质就是对创新思维的开发和引导。

（3）生活中有意识培养创新能力。培养创新能力，没有想象就没有创新。创新的实质是对现实的超越。要实现超越，就要对现实独具"挑剔"与"批判"的眼光，对周围事物善于发现和捕捉其不正确、不完善的地方。古人云："学起于思，思源于疑"。质疑问难是探求知识、发现问题的开始。爱因斯坦曾说"提出一个问题比解决一个问题更重要"。

在日常生活中经常有意识地观察和思考一些问题，通过这种日常的自我训练，可以提高观察能力和大脑灵活性。

参加培养创新能力的培训班，学习一些创新理论和技法，经常做一做创造学家、创新专家设计的训练题，能取得提高创新思维能力的效果。

积极参加创新实践活动，尝试用创造性的方法解决实践中的问题。正是通过实践，人类才有了无数的发现、发明和创新。实践又能够检验和发展创新，一些重大的创新目标，往往要经过实践的反复检验，才最终确立和完善。人们越是积极地从事创新实践，就越能积累创新经验，锻炼创新能力，增长创新才干。创新是通过创新者的活动实现的，任何创新思想，只有付诸行动，才能形成创新成果。因此重视实干、重视实践是创新的基本要求。

（4）不断学习。我们必须要终身学习，学习应该是一个习惯，只有不断学习，才能在变化的社会中一直抓住社会中最精华的东西。

我们要不断学习，不断总结，不断研究外部环境的变化，不断对自己提出新挑战，紧跟时代的发展。我们要在创新中提升，在提升中创新，在创新中发展，在发展中创新。

【训练活动】

- 活动一：根据自身情况，总结应从哪些方面提高自己创新能力。
- 活动二：大声阅读并领会下面的句子：

（1）创新思维是思维的一种高级形式。

（2）模仿思维适用于已知世界，创新思维适用于未知世界。

（3）创新思维在今天的工作、学习、生活中的需求越来越大，这使得人们要学会不断将自己的思维方式由模仿思维方式切换到创新思维方式。

（4）模仿思维方式就像是行走状态，创新思维方式就像是奔跑状态，当周围的人都开始奔跑加速的时候，那些仍在慢步前行的人必然将被社会主流所淘汰。

（5）今天，社会结构变得更加复杂，企业经营变得更加复杂，产业专业变得更加复杂，工作方式变得更加复杂，职业技能变得更加复杂，人才标准变得更加复杂，新出现的问题变得更加复杂……复杂的普及化使得普通人的思维方式也需要变得越来越复杂，不能再满足简单初级的模仿思维方式。

（6）只有一个办法的办法，是最糟糕的办法。

（7）这个世界上缺少的不是美，而是发现美的眼睛。

本章总结

- TRIZ 的意义在于为发明问题的解决理论。
- 创新从最通俗的意义上来讲就是创造性地发现问题和创造性地解决问题的过程，TRIZ 理论的强大作用正在于它为人们创造性地发现问题和解决问题提供了系统的理论和方法工具。
- TRIZ 之父是根里奇·阿奇舒勒。
- 21 世纪对大学生的要求将更加注重由思想品德素质、科技文化素质、心理身体素质等方面构成的全面综合素质，更加注重学生的开拓性和创新能力。

习题十一

一、单选题

1. 被誉为 TRIZ 之父的根里奇·阿奇舒勒是（　　）科学家。
　　A．俄国　　　　　　B．英国　　　　　　C．美国　　　　　　D．日本
2. 创新作为一个概念，最初是以（　　）的概念出现的。
　　A．制度创新　　　B．技术创新　　　C．营销创新　　　D．管理创新
3. TRIZ 理论的发展可以划分为（　　）个阶段。
　　A．3　　　　　　　B．4　　　　　　　C．5　　　　　　　D．6
4. 电梯是利用了 TRIZ 的创新原理中的（　　）原理。
　　A．借助中介物　　B．局部质量　　　C．反作用　　　　D．分割
5. 推拉门利用了 TRIZ 的创新原理中的（　　）原理。
　　A．借助中介物　　　　　　　　　　B．复合材料
　　C．减少有害作用的时间　　　　　　D．嵌套

二、填空题

1. TRIZ 理论即_____的解决理论。
2. TRIZ 理论的强大作用正在于它为人们创造性地发现问题和解决问题提供了_____和_____。
3. TRIZ 的创新原理中的_____原理是"让物体或环境，可动部分不动，不动部分可动"。
4. "让物体的各部分均处于完成各自动作的最佳状态"是 TRIZ 的_____原理。
5. _____是综合素质的核心。

三、判断题

1. TRIZ 的英文全称是 Theory of the Solution of Inventive Problems，其意义为发明问题的解决理论。　　　　　　　　　　　　　　　　　　　　　　　　　　（　　）
2. 相对于传统的创新理论，TRIZ 创新原理的独特优势是：广泛的适用性；通用、统一的求解参数；规范、科学的创新步骤。　　　　　　　　　　　　　　　　　　（　　）

3．可调节百叶窗是人们利用 TRIZ 的创新原理——分割原理，即"让物体的各部分，均处于完成各自动作的最佳状态"的典型实例。　　　　　　　　　　　　　　　（　）

4．TRIZ 认为，一个创新问题解决的困难程度取决于对该问题的描述和问题的标准化程度。　　　　　　　　　　　　　　　　　　　　　　　　　　　　　　　　　（　）

5．2000 年至今，TRIZ 在全球范围内推广，TRIZ 理论不断得到完善，并被应用到非技术领域，以 2000 年欧协会（ETRIA）成立，2004 年 TRIZ 国际认证引入中国两个事件为标志。　　　　　　　　　　　　　　　　　　　　　　　　　　　　　　　　　　　（　）

四、简答题

1．TRIZ 的理论体系庞大，请至少罗列出其主要内容的三个方面。

2．根据自身情况，总结要提高自己的创新能力，应从哪几个方面着手。

第十二章　TRIZ 中的创新思维训练

扫码看视频

【学习目标】

通过本章的学习和训练，你将能够：

（1）了解 TRIZ 中常用的创新思维方法。

（2）了解 IFR 法。

（3）了解九屏幕法。

（4）了解 STC 算子法。

（5）了解金鱼法。

（6）了解小人法。

【案例导入】

老张要搬运一批木头，于是他找来了一个手推车，其一次可以拉 5 根木头，可是他发现他一个人推不动，需要 3 个人一起推，无奈之下他只好一根一根地扛走；村里的二狗看到张大爷这么辛苦，就去帮着张大爷扛木头，老张非常感动而且觉得轻松了不少；过一会老张的大儿子回来看到老张辛辛苦苦地扛木头，也去帮忙，三个人扛木头，就更轻松了；天黑了，三个人终于把木头一根一根扛完了，累得满头汗，这时老张才注意到他找的手推车稳稳地停在木头堆旁边……

【案例讨论】

请说一说，老张犯了什么错。结合实际情况，想想在平时的学习生活中，你或你身边的人有没有出现类似的情况。

创造性思维能力指思维活动的创造意识和创新精神，不墨守成规，求异、求变，表现为创造性地提出问题和创造性地解决问题。创造性思维不是与生俱来的，而是后天认真思考、培养锻炼出来的。

基于 TRIZ 理论的创新思维方法，主要有 IFR 法、九屏幕法、STC 算子法、金鱼法和小人法等。这些方法在遵循客观规律的基础上，引导人们沿着一定的维度来进行发散思考。因此可以有效地帮助人们快速跳出思维定势的圈子，使人们的思维在快速发散的同时进行快速的收敛，从而具有新的眼光。下面对这几种方法进行介绍。

体验一　IFR 法

扫码看视频

【任务】分享运用 IFR 法解决问题的生活实例。

【目的】理解 IFR 法原理，掌握 IFR 法实施步骤。

【要求】通过具体案例理解 IFR 法。

【案例】

一磅金子

在一个实验室里，实验者在研究弱酸对多种金属的腐蚀作用。他们将 20 多种的金属实验块摆放在容器底部，然后泼上酸液，关上容器的门并开始加热。实验持续两周后，打开容器，取出实验块并在显微镜下观察腐蚀的程度。

"真糟糕，"实验室主任说，"酸把容器壁给腐蚀了。"

"我们应该在容器壁上加一层耐酸蚀的材料，比如金子。"一个实验员说。"或者白金。"另一个实验员说。

"不行的，"主任说，"那需要大约一磅的金子，成本太高了！"

"为什么一定要用金子呢？"一个人说，"我们看一下问题的模式，来找理想的答案。"

从理想设计角度出发，容器是个辅助子系统，可以剪切。但是，酸液如何盛装呢？从理想化的角度来看，容器功能可以由实验中的实验块来承担：将待实验块做成中空的，像杯子那样，然后将酸液注入杯中。实验后观察酸液对杯壁的腐蚀即可得出实验结果。整个系统显得如此简单。

一、IFR 简介

在解决问题之初，首先抛开各种客观限制条件，通过理想化来定义问题的最终理想解（Ideal Final Result，IFR），以明确理想解所在的方向和位置，保证在问题解决过程中沿着此目标前进并获得最终理想解，从而克服了传统创新涉及方法中缺乏目标的弊端，提升了创新设计的效率。如果将创造性解决问题的方法比作通向胜利的桥梁，那么最终理想解（IFR）就是这座桥梁的桥墩。

二、理想化

理想化是科学研究中创造性思维的基本方法之一。它主要是在大脑之中设立理想的模型，通过思想实验的方法来研究客体运动的规律。一般的操作程序如下：首先要对经验事实进行抽象，形成一个理想客体，然后通过想象，在观念中模拟其实验过程，把客体的现实运动过程简化和升华为一种理想化状态，使其更接近理想指标的要求。科学历史上，很多科学家正是通过理想化获得划时代的科学发现。著名的有伽俐略、牛顿、爱因斯坦、卢瑟福等。

伽俐略注意到：当一个球从一个斜面上滚下又滚上第二个斜面上时，球在第二个斜面上所达到的高度同在第一个斜面上达到的高度近似相等。他断定这一微小差异是由于摩擦，如果将摩擦消除，那么第二次小球到达的高度就会完全等于第一次的高度。他又推想，在完全没有摩擦的情况下，不管第二个斜面的倾斜角度多么小，它在第二个斜面上都能达到相同的高度。如果第二个斜面的倾斜角度完全消除，那么球从第一个斜面滚下来之后，将以恒速在无限长的平面上永远不停地运动下去。当然，这个实验是一个理想实验，无法真实地进行操作，因为无法把摩擦力消除掉，也无法找到和制作一个无限长的平面。伽俐略是理想实验的先驱，后来牛顿把伽利略的惯性原理确立为动力学第一定律：惯性定律。

牛顿继承了伽俐略的传统，在思考万有引力问题时也设计了一个著名的理想实验：抛体运动实验。一块石头被投出，由于其自身重力作用，它被迫离开直线路径。如果只有初始的投掷，石头理应按直线运动，而它的运动轨迹却在空中描出了曲线，最终石头落在地面上，投掷的速度越大，它落地前向前运动得越远。于是，我们可以假设当速度增到如此之大，在落地前描出如此之长的弧线，以至于石头最后的前进距离超出了地球的引力范围，进入太空并永不会触及地球。这个实验在当时的物质条件下是无论如何都无法实现的。牛顿在真实的抛体运动的基础上，发挥思维的力量把抛体的速度推到地球引力范围之外。

理想化模型包含所要解决的问题中所涉及的所有要素，可以是理想系统、理想过程、理想资源、理想方法、理想机器、理想物质等。

- 理想系统就是没有实体，没有物质，也不消耗能源，但能实现所有需要的功能。
- 理想过程就是只有过程的结果，而无过程本身，突然就获得了结果。
- 理想资源就是存在无穷无尽的资源，供随意使用，而且不必付费。
- 理想方法就是不消耗能量及时间，但通过自身调节，能够获得所需的功能。
- 理想机器就是没有质量、体积，但能完成所需要的工作。
- 理想物质就是没有物质，功能得以实现。

三、IFR 的特点

尽管在产品进化的某个阶段，不同产品进化的方向各异，但如果将所有产品作为一个整体，低成本、高功能、高可靠性、无污染等是产品的理想状态。产品处于理想状态的解称为最终理想解。产品无时无刻不处于进化之中，进化的过程就是产品由低级向高级演化的过程。TRIZ 解决问题之初，就首先要确定 IFR，以 IFR 为终极目标而努力，将大大提升解决问题的效率。

理想解可采用与技术及实现无关的语言对需要创新的原因进行描述，创新的重要进展往往通过对问题的深入理解而获得。确认系统中非理想化状态的元件是创新成功的关键。

最终理想解有四个特点，具体如下：

（1）保持了原系统的优点。

（2）消除了原系统的不足。

（3）没有使系统变得更复杂。

（4）没有引入新的缺陷。

四、IFR 的实施步骤

最终理想解的确定是问题解决的关键所在。很多问题的 IFR 被正确理解并描述出来，问题就直接得到了解决。设计者的惯性思维常常让自己陷于问题当中不能自拔，解决问题大多采用折中法，结果就使问题时隐时现，让设计者叫苦不迭。而 IFR 可以帮助设计者跳出传统设计的怪圈，从 IFR 这一新角度来重新认识与定义问题，得到与传统设计完全不同的根本解决问题的思路。

最终理想解确定的步骤：

（1）设计的最终目的是什么？

（2）理想解是什么？

（3）获取理想解的障碍是什么？

（4）出现这种障碍的结果是什么？

（5）不出现这种障碍的条件是什么？创造这些条件存在的可用资源是什么？

【训练活动】

农场养兔子的难题

农场主有一大片农场，放养大量的兔子。兔子需要吃到新鲜的青草，农场主不希望兔子跑得太远而导致照看不到。现在的难题是，农场主不愿意也不可能花费大量的资源去割草并运回来喂兔子。这个难题该如何解决？

- 活动一：应用 IFR 实施的五个步骤，分析并提出最终理想解。
- 活动二：如果在学习生活中遇到类似的难题，尝试使用 IFR 法解决。

体验二　九屏幕法

【任务】分享运用九屏幕法解决问题的生活实例。

【目的】理解九屏幕法原理，掌握九屏幕法实施步骤。

【要求】通过具体案例理解九屏幕法。

【案例】

九宫格

在很久很久以前，洛河经常发大水，夏禹带领人们去治水。这时候，水中突然浮起了一只大龟，龟背上有很神奇的图案，就是洛书，现在也叫“幻方”。

在九宫格中，有 1～9 九个数字，横竖都有 3 个格，思考怎么使每行、每列两个对角线上的三数之和都等于 15。这个游戏不仅考验人的数字推理能力，同时也考验人的思维逻辑能力。

在《射雕英雄传》中，黄蓉曾破解九宫格，口诀如下：“戴九履一，左三右七，二四有肩，八六为足，五居中央。”还有口诀：“一居上行正中央，依次斜填切莫忘；上出框时向下放，右出框时向左放；排重便在下格填，右上排重一个样。”这口诀不仅适用于九宫，也适用于推广的奇数九宫，如五五图，七七图等。

通过人们的多次尝试和计算，得到了完整的九宫图，如图 12-1 所示。

7	9	1	2	4	8	3	6	5
4	3	6	9	7	5	8	1	2
2	5	8	1	6	3	7	9	4
3	6	2	7	9	4	5	8	1
9	8	7	5	1	2	4	3	6
1	4	5	3	8	6	2	7	9
5	1	3	8	2	9	6	4	7
8	7	4	6	5	1	9	2	3
6	2	9	4	3	7	1	5	8

图 12-1　九宫图

一、九屏幕法简介

九屏幕方法具有可操作性与实用性强的特点，可以更好地帮助使用者质疑和超越常规，克服惯性思维，为解决生产和生活中的疑难问题，提供清晰的思路。

根据系统论的观点，完成某个特定功能的各个事物的集合称为技术系统，简称为系统。系统是由多个子系统组成的，并通过子系统间的相互作用实现一定的功能。系统之外的高层次系统称为超系统，系统之内的低层次系统称为子系统。正在当前发生并加以研究的系统称为当前系统，当前系统一般称为系统。

以汽车为例。如果以轮胎作为当前系统来研究，那么轮胎中的橡胶、子午线、充气嘴等就是轮胎的子系统，而汽车、驾驶员、车库等就是轮胎的超系统。

九屏幕方法是一种综合考虑问题的方法，是指在分析和解决问题时，不仅要考虑当前的系统，还要考虑它的超系统和子系统；不仅考虑当前系统的过去和未来，还要考虑超系统和子系统的过去和未来。它是系统思维的一种方法，关注系统的整体性、层级性、目的性，关注系统的动态性、关联性，即各要素之间的结构。九屏幕法是按照时间和系统层次两个维度进行思考，如图 12-2 所示。

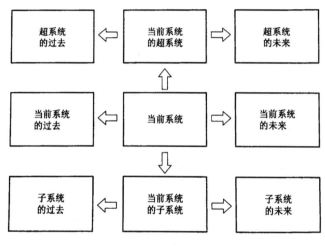

图 12-2　九屏幕图

二、九屏幕法的实施步骤

利用九屏幕法，可以从不同角度分析待解决的问题，其步骤如下：
● 划出如图 12-3 所示的三行三列的表格，将要研究的技术系统填入格 1。
● 考虑技术系统的子系统、超系统，并分别填入格 2 和格 3；
● 考虑技术系统的过去和未来，分别填入格 4 和格 5；
● 考虑超系统和子系统的过去和未来，填入剩下的格中；
● 针对每个格子，考虑可以利用的各种资源；
● 利用资源规律，选择解决技术问题。

	3	
4	1	5
	2	

图 12-3　九屏幕法示意图

图 12-4 所示为分析汽车系统的九屏幕法示意图，下面用多屏幕方法来分析该系统的结构。

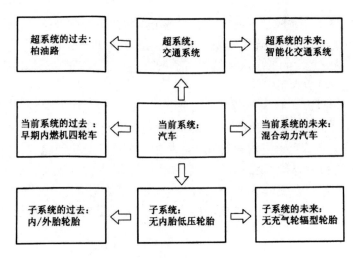

图 12-4　汽车系统的九屏幕法

（1）当前系统：汽车。系统的过去：早期内燃机四轮车。系统的未来：混合动力汽车。

（2）子系统：无内胎低压轮胎。子系统的过去：内/外胎轮胎。子系统的未来：无充气轮辐型轮胎。

（3）超系统：交通系统。超系统的过去：柏油路。超系统的未来：智能化交通系统。

九屏幕思维方式其实是一种分析问题的手段，而不是一种解决问题的手段。它展示了如何更好地理解问题的一种思维方式，也确定了解决问题的某个新途径。利用九屏幕法，可以帮助人们从不同的角度看待问题，突破原有思维局限，从多个方面和层次寻找可利用的资源，从而更好地解决问题。

【训练活动】

- 活动一：给鸡蛋标注品牌、生产日期和保质期等，消费者就能够判断鸡蛋是否坏损，因此有"身份证"的鸡蛋更易受到消费者的青睐，价格也比没有标识的高，如何为鸡蛋打上戳（最好不过多增加成本）？请使用九屏幕法提出相应解决方案。
- 活动二：利用九屏幕图分析下面的几个系统：笔、白炽灯、轮胎、螺旋桨。

体验三　STC 算子法

【任务】通过收集各类资料，了解 TRIZ 中的 STC 算子法。

【目的】学会多途径信息搜集，了解 TRIZ 中的 STC 算子法。

【要求】尽可能多地列举 STC 算子法的相关信息，并在课上进行交流。

【案例】

我的"四不像"故事

我是湖南人，说的是湖南普通话。1998 年，我来到了北京，开始在北京一所师范大学的心理系就读，辅修计算机。在大学期间，我是一个另类的人。十多年前，性格内向，口音外加口吃严重，和同学们交流困难，并且当时的生活习惯不同于绝大多数同学。大学男生在宿舍 一般习惯晚上开卧谈会与打游戏，而我习惯早睡。因此，作息上很难与同学们保持一致。不仅仅在生活习惯上如此，在智力趣味上也是如此。从初中开始，我一直保持着阅读和写作的习惯。

这些图书往往冷门、枯燥，且有难度。当同学们看到我阅读的那些书籍，往往会掉头而走。我写作的主题是诗歌、小说、论文这些体裁。大学时，同学们表演的才艺节目是唱歌，而我朗诵了自己发表的第一首诗歌。朗诵完之后，因为我的口音与诗歌的表现手法，收获的是冷场。从作息到智力，我在大学期间，成了一个"四不像"。我既不像多数大学男生一样，打打游戏，谈谈恋爱，我也不像班上奔着奖学金去的女生一样，天天自习，科科满分；我既不像隔壁的中文系男生一样，希望成为文艺青年，也不像心理系学生一样，恐惧实验心理学、认知心理学和心理测量这类纯理论的学科，我从小就喜欢数学。那时的我，只觉得自己和周边的人大不一样，有时也会孤单。年轻蓬勃的激情，使得自己就像一只迷失的麋鹿一样，试图寻找突破口。

幸运的是，我拥有整整一个国家的图书馆。当时就读的学校就在国家图书馆旁边。从大一入学开始，我放弃了学校的教学，开始图书馆的各个阅览室穿梭。在图书馆的肆意阅读，年轻人的智力乐趣得到了极大满足。博尔赫斯总把乐园想象成图书馆的模样，对我来说，那时的国家图书馆就是天堂。

与众不同的自学会带来什么？我不知道。直到在大三时，我的一篇论文荣获北京市首届挑战杯特等奖。在此之前，我就像一位隐士一样国家图书馆进行自我修炼。突然之间，被校园电视台采访，被挑战杯记者采访，被领导在大会上颁奖。

如果用我当时接受的心理学训练来看，会如何解释这段年少经历？一分耕耘一分收获，机会垂青有准备的人。这是心灵鸡汤容易想到的角度。后来，我发现来自心理学的解释还不够好。我的这段经历同样可以看作物理学问题，甚至求解任何人生难题都可以用物理学来分析。

将大学教育抽象成四个系统后，你会发现，这个系统是由四个典型要素构成：老师、同学、教材与你自己的输出。

我的整个大学经历，就是从大学教育变为持续的自我教育的过程。老师、同学从身边的变为网上的；教材从学校指定的几本教材变为庞大的国家图书馆。为什么以前看上去不可或缺的要素，在我的成长经历中都可以去掉？为什么以前约定俗成的一套大学教育体系，在实践中证明并不是不可颠覆的？这就是我大学期间学会的重要一课：对于任意一个系统来说，并非每个要素都不可取代，缺一不可。一旦质疑任意一个系统背后的逻辑，你就极有可能会发现创新的机会。虽然刚开始走上这条林荫小道时，你是一个"四不像"，甚至会不断怀疑自己。毕业多年后，我一直在想，这套在大学期间对我很有帮助的方法论，背后的本质是什么？原来它就是 STC 算子。

一、STC 算子法简介

STC 算子法是一种非常简单的工具，通过极限思考方式想象系统，将尺寸、时间和成本因素进行一系列变化的思维实验，用来打破思维定势。STC 的含义如下：S——尺寸，T——时间，C——成本。从尺寸、时间和成本三个方面的参数变化来改变原有的问题。

应用 STC 算子法的目的如下：一是克服长期由思维惯性产生的心理障碍，打破原有的思维束缚，将客观对象由"习惯"概念变为"非习惯"概念，在很多时候，问题的成功解决往往取决于如何动摇和摧毁原有的系统以及对原有系统的认识；二是通过尺寸、时间和成本三个纬度的分析，迅速发现对研究对象最初认识的误差；三是通过认识误差的分析，重新定位、界定研究对象，使"熟悉"的对象陌生化；四是用 STC 算子法思考后，可以在分析问题的过程中发现系统中存在的技术矛盾或物理矛盾，以便在后续的解题过程中予以解决，很多时候改变原来的思路就可以找到问题的解决方案。

二、STC 算子法的规则

（1）将系统的尺寸从目前的状态减小到 0，再将其增大到无穷大，观察系统的变化。
（2）将系统的作用时间从目前的状态减小到 0，再将其增大到无穷大，观察系统的变化。
（3）将系统的成本从目前的状态减小到 0，再将其增大到无穷大，观察系统的变化。

按照上述规则改变系统后，使人们能从不同的角度观察与研究系统，这样可以帮助人们打破惯性思维的约束，从而发现创新解。

三、STC 算子法实例

实例一：使用活动梯来采摘苹果的常规方法，劳动量是相当大的。怎样让这个活动变得更加方便、快捷和省力呢？为了解决这个问题，可以使用 STC 算子法，从尺寸、时间和成本三个不同的角度来考虑问题。可见，这种方法为我们提供了一种思维的坐标系，使问题变得容易解决。注意：该坐标体系是一种广义的坐标系，尺寸、时间和成本的取值是以开拓思路，寻找解决问题方案来确定的。因此，这一坐标系具有很强的普适意义，可以在许多其他问题的解决中灵活运用。

如图 12-5 所示，在这种思维的坐标系统中，可以沿着尺寸、时间、成本三个方向来做 6 个维度的放散思维尝试。

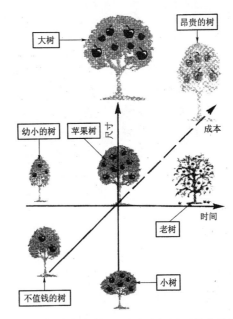

图 12-5　按尺寸、时间、成本坐标显示的苹果树

（1）假设苹果树的尺寸趋于零高度。在这种情况下，是不需要活梯的。那么，第一种解决方案，就是种植低矮的苹果树。

（2）假设苹果树的尺寸趋于无穷高。在这种情况下，可以建造通向苹果树顶部的道路和桥梁。将这种方法移植到常规尺寸的苹果树上，就可以得出一个解决方案：将苹果树的树冠变成可以用来摸到苹果的形状，比如带有梯子的形状。这样，梯子形的树冠代替活梯，就可以让人们方便地采摘苹果。

（3）假设收获的成本费用必须是不花钱，即花费的钱为零。那么最廉价的收获方法是摇晃苹果树。

（4）如果收获的成本费用可以为无穷大，没有任何限制，就可以使用最昂贵的设备来完成这个任务。在这种情况下，就可以发明一台带有电子视觉系统和机械手控制器的智能摘果机。

（5）如果要求收获的时间趋于零，即必须使所有的苹果在同一时间落地。这是可以做到的，例如可以借助于轻微爆破或者压缩空气喷射。

（6）假设收获时间是不受限制的。在这种情况下，不必去采摘苹果，而是任由其自由掉落而保持完好无损即可。为此，只需要在果树下放置一层软膜，以防止苹果落下时摔伤就可以了。当然，也可以在果树下铺设草坪或松散土层。如果让果园的地面具有一定的倾斜度，就可以使苹果在落地后能够滚动，则苹果便可在斜坡的末端自动集中起来。

实例二：废旧电线回收以后，需要将没有利用价值的电线绝缘层和金属分离，以回收金属。目前采用的方法是燃烧电线绝缘层，但这种做法对环境污染比较严重。需要找到一种回收金属的方法，而且不能污染环境。表 12-1 中列出了应用 STC 算子得到问题解决途径的方法。

表 12-1　应用 STC 算子分析解决废旧电线回收问题解决途径的方法

参数改变	改变的物体或过程	会给问题解决方法带来哪些改变	得到的问题解决途径
尺寸→0	电线长度非常短	当电线长度远远小于电线直径（而成片状）时，电线表面的绝缘层很容易剥离	首先使电线破碎，再考虑绝缘层和金属的分离
尺寸→∞	电线长度非常长	对问题的解决没有带来任何好处	无
时间→0	所用时间非常短	对问题的解决没有带来任何好处	无
时间→∞	所用时间非常长	可以通过绝缘层在特定条件下的自降解来剥离绝缘层，但必须保证电线在正常使用时不会降解	改进电线绝缘层材料
成本→0	所用成本非常低	对问题的解决没有带来任何好处	无
成本→∞	所用成本非常高	通过化学试剂实现金属的置换和还原以提取金属	采用化学试剂提取金属

由上可知，使用 STC 算子法不是为了获取问题的答案，而是为了拓展思路，克服惯性思维，从多维度看问题，为寻找解决问题的方案做准备。这种多角度看待问题的思维方式，可以协助我们的思维进行有规律的、多维度的发散而非胡思乱想，最终让许多看似困难、无从下手的问题，变得非常简便而易于解决。

【训练活动】

● 活动一：如何改进一支笔。
● 活动二：如何利用 STC 算子法改进一支笔。

体验四　金鱼法

【任务】分享运用金鱼法解决问题的生活实例。
【目的】理解金鱼法原理，掌握金鱼法实施步骤。
【要求】通过具体案例理解金鱼法。

【案例】

渔夫和金鱼的故事

从前有个老头儿和他的老太婆住在蓝色的大海边，他们住在一所破旧的泥棚里，整整有三十又三年。

老头儿撒网打鱼，老太婆纺纱结线。有一次老头儿向大海撒下网，拖上来的是一网水藻。他再撒了一次网，拖上来的是一网海草。他又撒下第三次网，这次网到了一条鱼，不是一条平常的鱼，是条金鱼。金鱼苦苦地哀求，用人的声音讲着话："老爷爷，您把我放回大海吧，我给您贵重的报酬。为了赎回我自己，您要什么都可以。"老头儿大吃一惊，心里还有些害怕：他打鱼打了三十又三年，从没有听说鱼会讲话。他放了那条金鱼，还对它讲了几句亲切的话："上帝保佑你，金鱼！我不要你的报酬，到蔚蓝的大海里去吧，在那儿自由自在地遨游。"

老头儿回到老太婆那儿去，告诉她这桩天大的奇事。"今天我捕到一条鱼，不是平常的鱼，是条金鱼；这条金鱼会跟我们人一样讲话。它求我把它放回蔚蓝的大海，愿用最值钱的东西来赎回它自己。为了赎得自由，我要什么它都依。我不敢要它的报酬，把它放回蔚蓝的大海里了。"老太婆指着老头儿就骂："你这傻瓜，真是个老糊涂！不敢拿金鱼的报酬！哪怕是要个木盆也好，我们的那个已经破得不成样啦。"

于是老头儿走向蓝色的大海，看到大海微微起着波澜。老头儿就对金鱼叫唤，金鱼向他游过来问道："你要什么呀，老爷爷？"老头儿向它行个礼回答道："行行好吧，金鱼，我的老太婆把我大骂一顿，不让我这老头儿安宁。她要一个新的木盆，我们的那个已经破得不能再用了。"金鱼回答说："别难受，去吧，上帝保佑你。你马上会有一个新木盆。"老头儿回到老太婆那儿，老太婆果然有了一个新木盆。

老太婆却骂得更厉害："你这傻瓜，真是个老糊涂！真是个老笨蛋！你只要了个木盆。木盆能值几个钱？滚回去，老笨蛋，再到金鱼那儿去，对它行个礼，向它要座木房子。"于是老头儿又走向蓝色的大海（蔚蓝的大海翻动起来）。老头儿就对金鱼叫唤，金鱼向他游过来问道："你要什么呀，老爷爷？"老头儿向它行个礼回答："行行好吧，金鱼！老太婆把我骂得更厉害，她不让我老头儿安宁，唠叨不休的老婆娘要座木房。"金鱼回答说："别难受，去吧，上帝保佑你。就这样吧：你们就会有一座木房。"老头儿走向自己的泥棚，泥棚已变得无影无踪。他前面是座有敞亮房间的木房，有砖砌的白色烟囱，还有橡木板的大门，老太婆坐在窗口下，指着丈夫破口大骂："你这傻瓜，十十足足的老糊涂！老混蛋，你只要了座木房！快滚，去向金鱼行个礼说：我不愿再做低贱的老太婆，我要做世袭的贵妇人。"

老头儿走向蓝色的大海（蔚蓝的大海骚动起来）。老头儿又对金鱼叫唤，金鱼向他游过来问道："你要什么呀，老爷爷？"老头儿向它行个礼回答："行行好吧，金鱼！老太婆的脾气发得更大，她不让我老头儿安宁。她已经不愿意做庄稼婆，她要做个世袭的贵妇人。"金鱼回答说："别难受，去吧，上帝保佑你。"老头儿回到老太婆那儿。他看到什么呀？一座高大的楼房。他的老太婆站在台阶上，穿着名贵的黑貂皮坎肩，头上戴着锦绣的头饰，脖子上围满珍珠，两手戴着嵌着宝石的金戒指，脚上穿了双红皮靴子。勤劳的奴仆们在她面前站着，她鞭打他们，揪他们的头发。老头儿对他的老太婆说："您好，高贵的夫人！想来，这回您的心总该满足了吧！"

老太婆对他大声呵斥，派他到马棚里去干活。过了一星期，又过一星期，老太婆胡闹得更厉害，她又打发老头到金鱼那儿去。"给我滚，去对金鱼行个礼，说我不愿再做贵妇人，我要做自由自在的女皇。"老头儿吓了一跳，恳求说："怎么啦，婆娘，你吃了疯药？你走路、说话都不像样！你会惹得全国人笑话。"老太婆愈加冒火，她刮了丈夫一记耳光。"乡巴佬，你敢跟我顶嘴，跟我这世袭贵妇人争吵？滚到海边去，老实对你说，你不去，也得押你去。"

老头儿走向海边（蔚蓝的大海变得阴沉昏暗）。他又对金鱼叫唤，金鱼向他游过来问道："你要什么呀，老爷爷？"老头儿向它行个礼回答。"行行好吧，金鱼，我的老太婆又在大吵大嚷，她不愿再做贵妇人，她要做自由自在的女皇。"金鱼回答说："别难受，去吧，上帝保佑你。好吧，老太婆就会当上女皇！"老头儿回到老太婆那里。他面前竟是皇家的宫殿，他的老太婆当了女皇，正坐在桌边用膳，大臣贵族侍候她，给她斟上外国运来的美酒。她吃着花式的糕点，周围站着威风凛凛的卫士，肩上都扛着锋利的斧头。老头儿一看吓了一跳！连忙对老太婆行礼叩头，说道："您好，威严的女皇！好啦，这回您的心总该满足了吧。"

老太婆瞧都不瞧他一眼，吩咐把他赶跑。大臣贵族一齐奔过来，抓住老头的脖子往外推。到了门口，卫士们赶来，差点用利斧把老头砍倒。人们都嘲笑他："老糊涂，真是活该！这是给你点儿教训，往后你得安守本分！"

过了一星期，又过一星期，老太婆胡闹得更加不成话。她派了朝臣去找她的丈夫，他们找到了老头把他押来。老太婆对老头儿说："滚回去，去对金鱼行个礼。我不愿再做自由自在的女皇，我要做海上的女霸王，让我生活在海洋上，叫金鱼来侍候我，叫我随便使唤。"老头儿不敢顶嘴，也不敢开口违拗。于是他跑到蔚蓝色的海边，看到海上起了昏暗的风暴：怒涛汹涌澎湃，不住地奔腾怒吼。老头儿对金鱼叫唤，金鱼向他游过来问道："你要什么呀，老爷爷？"老头儿向它行个礼回答："行行好吧，鱼娘娘！我该拿这老太婆怎么办？她已经不愿再做女皇了，她要做海上的女霸王。这样，她好生活在汪洋大海，叫你亲自去侍候她，听她随便使唤。"

金鱼一句话也不说，只是尾巴在水里一划，游到深深的大海里去了。老头儿在海边等待回答，可是没有等到，他只得回去见老太婆。回去一看：他前面依旧是那间破泥棚，他的老太婆坐在门槛上，她前面还是那个破木盆。

一、金鱼法简介

金鱼法是基于 TRIZ 理论原理和方法提出的。其名称来自《渔夫和金鱼的故事》，故事描述了渔夫的愿望通过金鱼变成了现实。

金鱼法又称情景幻想分析法，是 TRIZ 理论中一种克服思维惯性的方法，是一个反复迭代分解过程。金鱼法的本质，是将幻想的、不现实的问题求解构思转变为切实可行的解决方案。它的解决流程如图 12-6 所示。

具体的做法是先将幻想的问题构思分解为现实构思和幻想构思两部分，再利用系统资源，找出幻想构思可以变成现实构思的条件，并提出可能的解决方案。如果方案不行再将幻想构思部分进一步分解为现实和幻想的两种。这样反复进行，直到得到完全的、能实现的解决方案。

二、金鱼法实例

小时候我们都玩过摆火柴棍的游戏，这游戏给我们的童年带来了无限的乐趣。现在让我们重温一下这个游戏，怎样用四根火柴棍摆成一个"田"字呢？

由于思维惯性的影响，大家可能觉得组成一个"田"字至少得六根火柴棍，而现在只有四根火柴棍，该怎么办呢？大家也许都会想将其折断来组合，可将火柴棍折断可以组成任何一个字，这就失去了游戏的趣味性。

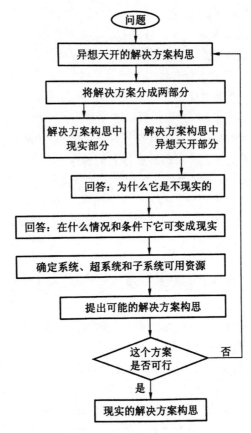

图 12-6　金鱼法流程图

下面看看金鱼法能否解答这个问题。

（1）首先将问题分解为现实部分和不现实部分。

● 现实部分：四根火柴棍、组成一个"田"字的想法。

● 幻想部分：四根火柴棍在不损折的情况下组成一个"田"字。

（2）幻想部分为什么不能成为现实？

因为受到思维定势的影响，认为四根火柴棒只是四条线段，而组成一个"田"字至少需要六条线段，并且火柴棍不能折断。

（3）在什么情况下，幻想部分可变为现实？

● 借助他物。

● 火柴棍上自身含有组成"田"字的资源。

（4）确定系统、超系统和子系统的可用资源。

● 超系统：火柴盒、桌面、空气、重力、灯光等。

● 系统：四根火柴棍。

● 子系统：火柴棍的横端面和纵端面。

（5）利用已有的资源，基于之前的构思（第三步）考虑可能的方案。

● 四根火柴棍借助火柴盒或者桌角的两条边就能摆成一个"田"字。

● 四根火柴棍借助两条直光线也可以组成一个"田"字。

● 火柴棍的横断面是个矩形，而四个矩形就组成一个"田"字。

【训练活动】

- 活动一：由于受到室内跑道长度的限制，运动人员不能充分舒展自己而达到锻炼的目的。利用金鱼法解决问题：运动人员如何在办公室甚至住宅内达到以跑步的方式锻炼身体的目的？
- 活动二：训练长距离游泳的小型游泳池。问题：要使训练有效，需要一个大型的游泳池，运动员可以进行长距离游泳训练。但同时，游泳池的占地面积和造价就会相应增加。用小型和造价低廉的游泳池怎样满足相同的要求？

体验五　小人法

【任务】分享运用小人法解决问题的生活实例。

【目的】理解小人法原理，掌握小人法实施步骤。

【要求】通过具体案例理解小人法。

【案例】

在行驶汽车中喝热饮

当在行驶的汽车中喝热饮（茶、咖啡）时，饮料洒出并烫伤乘客是完全有可能的。对装有饮料的杯子的矛盾要求是：一方面，杯子必须让液体自由流出供人饮用；另一方面，在杯子翻倒时，它又要能留住液体，不至于烫伤他人。是什么使该问题如此难以解决？主要是因为人们在心理上默认杯子是由不能改变的固体材料制成的。

我们试想一下：可以在杯子上设置数层环形薄膜，薄膜在杯子翻倒时会改变自身的倾角。在薄膜上开出小孔，以便于少量的液体流出供人饮用。实际生活中，有些热饮杯是在杯边缘处有一个小嘴，这样流出的水较少，不容易倾洒出来。

一、小人法简介

小人法是用一组小人来代表这些不能完成特定功能部件。通过能动的小人，实现预期的功能，然后根据小人模型对结构进行重新设计。其有两个目的，一是克服思维惯性导致的思维障碍，尤其是在系统结构方面；二是提供解决问题的思路。

二、小人法解决技术问题流程

1. 小人法的解题思路

按照常规思维，在解决问题时通常选择的策略是从问题直接到解决方案。而这个过程采用的手段是在原因分析的基础上，利用试错法、头脑风暴法等得到解决方案。这种策略常常会导致形象、专业等思维惯性的产生，解决问题的效率较低。而小人法解决问题的思路是将需要解决的问题转化为小人问题模型，利用小人问题模型产生解决方案模型，最终产生待解决问题的方案，这样就有效规避了思维惯性的产生以及克服了对此类问题原有的思维惯性。而这种解决问题的思路贯穿在整个TRIZ理论体系中，如技术矛盾、物场模型、物理矛盾、知识库等工具都采用此类的解决策略。

2. 小人法的解题流程

应当指出的是 TRIZ 理论中各个工具的使用都有较为严谨的步骤，或者是"算法"，为学习和应用者提供了清晰的流程。小人法在解决问题时通常采取以下步骤。

（1）分析系统和超系统的构成。描述系统的组成，"系统"是指出现问题的系统，系统层级的选择对于分析问题和解决问题会产生很大的影响。系统层级选择太大时，系统信息不充分，为分析问题带来了困难；系统层次选择太小时，可能遗漏很多重要的信息。这时需要根据具体的问题做具体分析。

（2）确定系统存在的问题或者矛盾。当系统内的某些组件不能完成其必要功能并表现出相互矛盾时，应找出问题中的矛盾，分析出现矛盾的原因，并确定矛盾的根本原因。

（3）建立问题模型。描述系统各个组成部分的功能（按照第一步确定的结果描述），将系统中执行不同功能的组件想象成一群一群的小人，用图形的形式表示出来。不同功能的小人用不同的颜色表示，并用一组小人代表不能完成特定功能的部件。此时的小人问题模型是当前出现问题时或发生矛盾时的模型。

（4）建立方案模型。研究得到的问题模型（有小人的图），将小人拟人化，根据问题的特点及小人执行的功能，赋予小人一定能动性和"人"的特征，抛开原有问题的环境，对小人其进行重组、移动、裁剪、增补等改造，以便解决矛盾。

（5）从解决方案模型过渡到实际方案。根据对小人的重组、移动、裁剪、增补等改造后的解决方案，从幻想情景回到现实问题的环境中，将微观变成宏观，促使问题得到解决。

3. 使用时小人法的注意事项

长期的实践和应用经验表明，在应用小人法时经常出现下列错误。一是将系统的组件用一个小人、一行小人或一列小人表示，小人法要求需要使用一组或一簇小人来表示。小人法的目的是打破思维惯性，将宏观转化为微观，如果使用一个小人表示，则达不到克服思维惯性的目的。二是简单地将组件转化为小人，没有赋予小人相关特性，使应用者面对"小人图形"时模棱两可，无法解决问题。需要根据小人执行的功能和问题环境给予小人一些特性，从而有效地通过联想得到解决方案。

小人法的应用重点、难点在于小人如何实现移动、重组、裁剪和增补，这也是小人法的应用核心。其变化的前提是必须根据执行功能的不同给予小人一定的人物特征，才能解决问题，而激化矛盾有利于小人的重新组合。

三、小人法实例

水杯是人们经常使用的喝水装置。据统计，我国有 50%左右的人有喝茶的习惯，而普通的水杯不能满足喝茶人的需要。问题在于利用普通水杯喝茶时，茶叶和水的混合物通过水杯的倾斜，同时进入口中，影响人们的正常喝水。在这个问题中，当水杯没有盛水，或者盛茶水但没有喝时并没有发生矛盾，因此只分析饮水时的矛盾。下面按照小人法的步骤逐一分析。

（1）分析系统和超系统的构成。系统由水杯杯体、水、茶叶以及杯盖组成，超系统是人的手及嘴。由于喝水时所产生的矛盾与系统的杯盖没有较大关系，因此不予考虑。而人的手和嘴是超系统，难以改变，也不予考虑。

（2）确定系统存在的问题或者矛盾。系统中存在的问题是喝水时水和茶叶会同时进入口中，根本原因是茶叶的质量较轻，漂浮在水中，会随水的流动而移动。

（3）建立问题模型。描述系统组件的功能。

（4）建立方案模型。在小人模型中，绿色的小人（水）和黑色的小人（茶叶）混合在一起，当紫色小人（杯体）移动或者改变方向时（喝水时），绿色小人和黑色小人也会争先向外移动。我们需要的是绿色小人，而不是黑色小人。这时，需要有另外一组人将黑色小人拦住，就如同公交车中有贼和乘客，警察需要辨别好人与坏人，当好人下车时警察放行，坏人下车时警察拦住，最后车内剩余的是坏人。为了拦住坏人，需要警察的出现。因此本问题的方案模型是引入一组具有辨识能力的小人。

（5）从解决方案模型过渡到实际方案。根据第四步的解决方案模型，需要在出口增加一批警察，而警察必须有识别能力。回到原问题中，需要增加一个装置，能够实现茶叶和水的分离。由于水和茶叶的大小不同，很容易想到这个装置应当是带孔的过滤网，孔的大小决定了过滤茶叶的能力。

【训练活动】

● 活动一：应用小人法解决水杯倒水时溢水的问题。

在解决水和茶叶分离问题的同时又产生了新的问题：当过滤网的孔太大时，茶叶容易和水同时出去；当过滤网的孔太小时，水下流的速度变慢，开水容易溢出，造成对人体的烫伤。应用小人法可解决上述新问题。这时的矛盾不是喝水时，而是向杯中倒水时水的溢出。

● 活动二：应用小人法解决水杯倒茶的问题。

在之前的解决方案中，仍然存在当茶叶较碎小时，很多茶叶移动出来的问题，如喝龙井茶、茉莉花茶等。当喝铁观音等茶叶片较大的茶时不存在此问题，但在喝完茶后，茶叶容易粘在杯壁上，不易清理。此问题应如何解决？

本章总结

● 基于 TRIZ 理论的创新思维方法主要有 IFR 法、九屏幕法、STC 算子法、金鱼法和小人法等。

● IFR 法在解决问题之初，首先抛开各种客观限制条件，通过理想化来定义问题的最终理想解，以明确理想解所在的方向和位置，保证在问题解决过程中沿着此目标前进并获得最终理想解，从而克服了传统创新涉及方法中缺乏目标的弊端，提升了创新设计的效率。

● 九屏幕法是一种综合考虑问题的方法，是指在分析和解决问题时，不仅要考虑当前的系统，还要考虑它的超系统和子系统；不仅考虑当前系统的过去和未来，还要考虑超系统和子系统的过去和未来。

● STC 算子法是一种非常简单的工具，通过极限思考方式想象系统，将尺寸、时间和成本因素进行一系列变化的思维实验，用来打破思维定势。

● 金鱼法又称情景幻想分析法，是 TRIZ 理论中一种克服思维惯性的方法，是一个反复迭代分解过程。金鱼法的本质，是对幻想的、不现实的问题求解构思，转变为切实可行的解决方案。

- 小人法是用一组小人来代表不能完成特定功能部件，通过能动的小人，实现预期的功能，然后根据小人模型对结构进行重新设计。

习题十二

一、单选题

1. 以下不属于 IFR 的特性的是（　　）。
   A. 消除了原系统的不足之处　　　　B. 保持了原系统的优点
   C. 没有使系统变得更复杂　　　　　D. 引入了新的缺陷
2. 手机、计算器的进化运用了 TRIZ 理论中的（　　）。
   A. 能量传递法则　　　　　　　　　B. 协调性法则
   C. 提高理想度法则　　　　　　　　D. 提高可移动性法则
3. "俄罗斯套娃" 是利用了发明原理中的（　　）。
   A. 局部质量　　　　　　　　　　　B. 嵌套
   C. 自服务　　　　　　　　　　　　D. 有效作用的连续性
4. "并行处理计算机中的上千个微处理器" 是利用了发明原理中的（　　）。
   A. 合并　　　　　　　　　　　　　B. 中介物
   C. 自服务　　　　　　　　　　　　D. 有效作用的连续性
5. "利用计算机虚拟现实技术，而不去进行花费昂贵的度假" 是利用了发明原理中的（　　）。
   A. 自助服务　　　B. 普遍性　　　C. 同质性　　　D. 复制

二、填空题

1. IFR 是指产品处于_____的解。
2. _____是一种综合考虑问题的方法，是指在分析和解决问题时，不仅要考虑当前的系统，还要考虑它的超系统和子系统；不仅考虑当前系统的过去和未来，还要考虑超系统和子系统的过去和未来。
3. _____是一种非常简单的工具，通过极限思考方式想象系统，将尺寸、时间和成本因素进行一系列变化的思维实验，用来打破思维定势。
4. STC 的含义如下：S 表示_____、T 表示_____、C 表示_____，从以上三个方面的参数变化来改变原有的问题。
5. _____又称情景幻想分析法，是 TRIZ 理论中一种克服思维惯性的方法，是一个反复迭代分解过程。
6. _____是用一组小人来代表不能完成特定功能部件，通过能动的小人，实现预期的功能，然后根据小人模型对结构进行重新设计。

三、判断题

1. 理想化分为局部理想化和全局理想化两种。　　　　　　　　　　　　　　（　　）
2. 使用 STC 算子法不是为了获取问题的答案，而是为了拓展思路，克服惯性思维，从多维度看问题，为寻找解决问题的方案做准备。　　　　　　　　　　　　　　（　　）

3．九屏幕法具有操作性与实用性强的特点，可以更好地帮助使用者质疑和超越常规，克服惯性思维，为解决生产和生活中的疑难问题，提供了清晰的思路。　　　　（　　）

4．小人法只有一个目的，克服思维惯性导致的思维障碍，尤其是对于系统结构方面。

（　　）

四、简答题

1．TRIZ 理论中有哪几个创新方法？

2．请简单介绍 STC 算子法。

第十三章 发明创新技术问题及解决办法

【学习目标】

通过本章的学习和训练，你将能够：

（1）了解 40 条发明原理。

（2）掌握技术矛盾和物理矛盾的概念以及异同点。

（3）熟悉 39 个通用工程参数的解释与分类。

（4）熟练掌握矛盾矩阵法，并能运用其解决技术矛盾。

（5）掌握四大分离原理，能熟练地运用分离原理解决物理矛盾。

【案例导入】

"对立统一规律"这一观念是由中国古代哲人在观察世界的时候最先提出的哲学范畴的观点。他们认为世界是物质的，物质世界在阴阳二气的相互作用下滋生着、发展着和变化着。这种被称为"阴阳学"的学说被浓缩在太极图中，这种学说与辩证法的对立统一规律相吻合。矛盾普遍存在着，存在于社会生活的方方面面，只有不断发现和解决矛盾，社会才能进步。

台北 101 大厦高 449.2m，台湾位于地震带上，在台北盆地内，又有三条小断层，因此，这个建筑要有良好的抗震性能，而且台湾每年夏天都会受到太平洋上形成的台风的影响，因此防震和防风是台北 101 大厦两大建筑所需解决的问题。应该如何设计才能解决上面的问题呢？

以十字路口的交通为例，两条道路应该交叉，以便于车辆改变行驶方向，两条路口又不应该交叉，以免车辆发生碰撞。因此，既要有十字路口又要没有十字路口，这个问题应该如何解决？

问题包含着矛盾，但问题不等同于矛盾。发明问题的核心就是解决矛盾，矛盾需要对问题进行分析和提炼，只有将问题清晰定义后，才能运用发明原理将各类矛盾进行相应的解决。

以下这些都是运用发明原理来解决技术创新问题的案例：计算机键盘拥有不同的分区，如功能键区、主键盘区、编辑键区、小键盘区等，各自发挥不同的职能；电子邮件可以作为计算机病毒的一种载体，此中介物为病毒提供了从单一向多点传播的手段；软件原型仅演示软件的工作流程，真实的软件表面上可能与之相似，但是内部功能却是不一样的，原型传达的是软件开发的最终结果。

【案例讨论】

● 请列举生活、学习中存在的各种矛盾。

● 台北 101 大厦和十字路口的交通的问题应该如何解决？

矛盾普遍存在，在技术系统的创新和发展中矛盾的发现和解决是不可回避的两个问题。TRIZ 中主要讨论的矛盾包括技术矛盾和物理矛盾两类，而发明问题的核心就是解决矛盾。

40 个发明原理和 39 个通用工程参数都是阿奇舒勒通过研究上万份专利报告后总结而成的，是解决矛盾问题的基本参照。技术矛盾的解决主要依靠矛盾矩阵的查找，寻找适合的发明原理，而物理矛盾的解决需要依赖四大分离原理。下面逐一进行学习。

体验一 发明原理及应用

【任务】分享运用发明原理的技术创新事例。

【目的】了解常用的发明原理。

【要求】通过具体案例了解各个发明原理的主要内容。

【案例】

聪明的气罐

很多家庭在使用罐装液化石油气，但让他们烦恼的是，不知道气罐里的气体何时将耗完，所以不能及时更换燃气。

一家燃气公司的工程师们试图解决这个问题。前提是方法简单易行，并能准确预测何时罐中燃气将耗完。

"测量压力？"一位工程师说。

"不行，这不管用，在罐中还有少量燃气时，其压力的变化不明显，而且压力表的成本较高。"另一位工程师即刻反对。

"如果称重量呢？"又一位工程师说。

"这也不行。每次都要拆出气罐来称重量，对于用户来说太麻烦了，而且容易引发安全问题。"再一位工程师反对道。

看来，在不增加成本和复杂性的基础上获得气罐的信息是一个似乎不能解决的难题。

突然，TRIZ 先生出现了。

"我知道答案，"他说，"这个气罐应该会很有礼貌地报告自己的情况。"

随后，一个基于非对称原理的解决方案展示了出来。

煤气罐的传统结构设计中，气罐的底面一般是完整的圆形。现在，要改变这种习惯性的对称结构，采用非对称的结构。

新的设计是将煤气罐的底面做成部分斜面。这样，当有液体燃气充当气罐底部重物时，气罐保持直立，一旦液态燃气消耗完毕，底部就将失去压重物，煤气罐会在重力作用下歪向一边。相当于提醒用户："煤气将尽，请速更换。"

40 条发明原理蕴含了人类发明创新所遵循的共性原理，是对人类解决创新问题共性方法的高度概括和总结，是 TRIZ 中用于解决矛盾的基本方法。40 条发明原理的名称见表 13-1。

表 13-1　40 条发明原理的名称

序号	原理名称	序号	原理名称	序号	原理名称	序号	原理名称
1	分割	11	预先防范	21	减少有害作用的时间	31	多孔材料
2	抽取	12	等势	22	变害为利	32	改变颜色
3	局部质量	13	反向作用	23	反馈	33	同质性
4	增加不对称性	14	曲面化	24	借助中介物	34	抛弃与再生

序号	原理名称	序号	原理名称	序号	原理名称	序号	原理名称
5	组合	15	动态化	25	自服务	35	物理或化学参数改变
6	多用性	16	未达到或过度的作用	26	复制	36	相变
7	嵌套	17	空间维数变化	27	廉价品替代	37	热膨胀
8	重量补偿	18	机械振动	28	机械系统替代	38	强氧化剂
9	预先反作用	19	周期性作用	29	气压和液压结构	39	惰性环境
10	预先作用	20	有效作用的连续性	30	柔性壳体或薄膜	40	复合材料

上述案例中我们是运用了发明原理 4，即增加不对称性原理，该原理主要就是将物体的对称外形变为不对称的，它还可以增强不对称物体的不对称程度，比如：将圆形的垫片改成椭圆形甚至特别的形状来提高密封程度。下面选取几个发明原理分别进行介绍，其他的发明原理请大家自行查阅资料学习。

一、发明原理 5：组合原理

组合原理的基本描述如下：
- 在空间上将相同物体或相关操作加以组合。
- 在时间上将相同或相关操作进行合并。

组合原理在运用中并不是简单的叠加，应满足以下两个条件。
- 不同技术因素构成具有统一结构与功能的整体。
- 组合物应该具有新颖性、独特性和价值。

【案例】

集成电路是以半导体晶体为基片，以专门的工艺技术将组成电路的电子管、电阻、电容等电子元件和互连线集成在芯片上形成微型电路的集合体。现代冷热水龙头，调温通过转动完成，将过去的 2 个龙头合并为一个龙头。

二、发明原理 8：重量补偿原理

重量补偿原理的基本描述如下：
- 将某一物体与另一能提供升力的物体组合，以补偿其重量。
- 通过与环境（利用空气动力、流体动力或其他力等）的相互作用，实现物体的重量补偿。

重量补偿原理充分利用空气、重力、流体等进行举升或补偿，从而改变现有系统、超系统以及环境中的不利作用（如力或重量）。

【案例】

在一捆原木中加入泡沫材料，能够使它更好地漂浮；可以使用氢气球悬挂广告条幅；直升机的螺旋桨与空气发生相对运动时，可以提升上升力，从而补偿其重量。

三、发明原理 15：动态化原理

动态化原理的基本描述如下：

● 调整物体或环境的性能，使其在工作的各阶段达到最优状态。

● 分割物体，使其各部分可以改变相对位置。

● 如果一个物体整体是静止的，则使其移动或可动。

当系统不能获得最佳状态时，先从容易掌握的情况或最容易获得的东西入手，尝试在"多于"和"少于"之间过渡；尝试在"更多"和"更少"之间渐进调整等。

【案例】

利用动态化原理的有汽车的可调节式方向盘（或可调节式座位、后视镜等）、飞机的自动导航系统等。而折叠桌椅（图 13-1）和笔记本计算机则通过分割物体的几何结构，引入铰链连接使其各部分可以改变相对位置。台北 101 大厦在 88~92 层之间悬挂一个 660 吨的大钢球，靠惯性摆动减少摇晃，如图 13-2 所示。

图 13-1　折叠桌椅

图 13-2　台北 101 大厦的结构

四、发明原理 29：气压和液压结构原理

气压和液压结构原理的基本描述如下：

将物体的固体部分用气体或流体代替，如充气结构、充液结构、气垫、液体静力结构和流体动力结构等。

气压和液压结构原理利用系统的可压缩性或不可压缩性的属性改善系统。

【案例】

充满凝胶体的鞋底填充物，使鞋穿起来更舒服；将车辆减速时的能量存储在液压系统中，然后在加速时使用这些能量。

【训练活动】

● 活动一：查询其他的发明原理，并列举至少 3 个发明原理，归纳其基本描述，与同学进行交流。整理的格式如下所示：

发明原理 1：

（1）原理名称：分割原理。

（2）基本描述：

● 把一个物体分成相互独立的部分。

● 将物体分成容易组装和拆卸的部分。

● 提高物体的可分性。

（3）举例：壁挂式空调分解成室外机、室内机、遥控器三个独立部分；组合式家具；活动百叶窗代替整体窗帘。

● 活动二：讨论下面分别运用了什么原理。

1．并行处理计算机中的多个微处理器。

2．打印机的打印头在回程过程中也进行打印。

3．利用计算机虚拟现实技术。

参考答案：

1．发明原理 5，组合原理，在空间上将相同物体或相关操作加以组合。

2．发明原理 20，有效作用的连续性原理，消除空闲的、间歇的行动和工作。

3．发明原理 26，复制原理，使用更简单、更便宜的复制品代替难以获得的、昂贵的、复杂的、易碎的物体。

体验二　技术矛盾及其求解

扫码看视频

【任务】定义技术矛盾并且提出解决办法。

【目的】熟练掌握矛盾矩阵法，并能加以运用来解决技术矛盾。

【要求】1．请收集日常生活中存在的问题。

　　　　2．根据问题进行技术矛盾的定义。

　　　　3．查找矛盾矩阵获得原理，并给出具体的解决办法。

【案例】

机翼声发射测量

近年来，空中客车和英国 BAE 系统公司与牛津创新研究院一起利用 TRIZ 解决了很多实际问题，下面是其中的一个案例。

在客机设备试验中，有一项重要的检测任务，要求飞机在航行过程中对机翼的声发射进行测量，并且要保证数据的准确性。然而，在实施过程中受到试验环境的影响，很难在飞机上安装一种精确的传感器。出于安全的考虑，政府主管部门对飞机上安装一定重量和体积的试验设备有严格的限制。

起初工程师提出了两种解决方案：①使用电子传感器，其系统设计完美，能提供准确的测量，但是重量超过要求；②使用光学传感器，它重量轻但是准确性不高。这里就衍生了传感器重量和准确性之间的矛盾。

最终研发团队通过查找矛盾矩阵，将改变颜色作为解决问题的重要切入点，最终发明了一种新型压电式传感器，从而解决了问题。它采用一种电致变色材料，将从电子感应器上接收的信号转化成颜色，并通过光纤进行传导，输送到数据库中。

一、技术矛盾

根据矛盾的不同表现形式和形成的原因，阿奇舒勒将矛盾分为管理矛盾、技术矛盾和物理矛盾三大类，而 TRIZ 主要解决的是后两类矛盾。

技术矛盾是常见的一类矛盾，在生活中普遍存在。比如计算机专业的毕业生过多而岗位数量却有限；坐汽车出行既舒服又方便，但是坐汽车会影响环境；降低数码相机的像素以减少相机光敏元件的数量，但这样做会增加噪声；计算机中的散热片增大，但其体积也会增大等。技术矛盾是指当改善技术系统中某一特性或参数时，同时会引起系统中另一特性或参数的恶化。这里的技术系统是指由多个子系统和元件组成，并通过子系统和元件之间的相互作用实现一定功能的组合，而参数是指技术系统中某一性质的量。

技术矛盾的表现如下：

（1）一个子系统中引入一种有用性能后会导致另一个子系统产生一种有害性能，或增强已存在的有害性能。

（2）一种有害性能导致另一个子系统有用性能的变化。

（3）有用性能的增强或有害性能的降低使另一个子系统或系统变得更加复杂。

技术矛盾的特点主要是有两个不同参数，即改善的参数和恶化的参数，它们构成了冲突或者矛盾关系。

【案例】

为了提高手机的观看性能，我们希望手机的屏幕越大越好，按键区也有一定的空间，但是这必然会增加手机的尺寸。这里改善的参数是手机的观看性能，而恶化的参数是手机的尺寸。如果缩小手机的尺寸，观看的性能也就随之降低了，因此它们构成了一组矛盾关系。

二、39 个通用工程参数

阿奇舒勒通过大量发明专利的研究，总结出工程领域内常用的表述系统性能的 39 个通用工程参数。这些参数可以用来描述技术系统中出现的绝大部分技术矛盾，并且用来帮助实际问题的解决方案的提出，具体见表 13-2。

表 13-2　39 个通用工程参数

序号	通用工程参数名称	序号	通用工程参数名称	序号	通用工程参数名称
1	运动物体的重量	14	强度	27	可靠性
2	静止物体的重量	15	运动物体的作用时间	28	测量精度
3	运动物体的长度	16	静止物体的作用时间	29	制造精度
4	静止物体的长度	17	温度	30	作用于物体的有害因素
5	运动物体的面积	18	照度	31	物体产生的有害因素
6	静止物体的面积	19	运动物体的能量消耗	32	可制造性
7	运动物体的体积	20	静止物体的能量消耗	33	操作流程的方便性
8	静止物体的体积	21	功率	34	可维修性

序号	通用工程参数名称	序号	通用工程参数名称	序号	通用工程参数名称
9	速度	22	能量损失	35	适应性及多用性
10	力	23	物质损失	36	系统的复杂性
11	应力或压强	24	信息损失	37	控制和测量的复杂性
12	形状	25	时间损失	38	自动化程度
13	稳定性	26	物质的量	39	生产率

通用工程参数根据不同的分类标准可以分成不同的类别：

（1）根据系统改进时工程参数的变化，可以分为改善的参数和恶化的参数两种。

（2）根据参数的特点分为以下三类：

● 通用的几何和物理参数：包括如重量、速度、长度和面积等。

● 通用技术正向参数：包括自动化程度、可靠性等。

● 通用技术负向参数：包括能量损失、物体产生的有害因素等。

【案例】

表 13-2 中的参数 1 是运动物体的重量，该参数属于通用的几何和物理参数。它是指重力场中的运动物体作用在阻止其自由下落的支撑物上的力，也常常表示为物体的质量。

表 13-2 中的参数 19 是运动物体的能量消耗，该参数是通用技术负向参数，指运动物体完成指定功能所需的能量，其中也包括超系统提供的能量。

表 13-2 中的参数 35 是适应性，该参数及多用性是通用技术正向参数，指物体或系统积极响应外部变化的能力，或在外部影响下，具备以多种方式发挥功能的可能性。

三、应用矛盾矩阵方法解决技术矛盾

阿奇舒勒矛盾矩阵浓缩了对巨量专利研究所取得的成果，是解决技术矛盾的主要工具。它是一个 39×39 的矩阵，将 39 个工程参数中的任意 2 个参数产生的矛盾与 40 个发明原理之间建立了对应关系。矛盾矩阵的构成（部分）见表 13-3。

表 13-3　矛盾矩阵的构成（部分）

改善的参数 ＼ 恶化的参数	1 运动物体的重量	2 静止物体的重量	3 运动物体的长度	4 静止物体的长度	...	35 适应性及多用性	...	39 生产率
1 运动物体的重量	+	−	15, 8, 29, 34	−	...	29, 5, 15, 8	...	35, 3, 24, 37
2 静止物体的重量	−	+	−	10, 1, 29, 35	...	19, 15, 29	...	1, 28, 15, 35
3 运动物体的长度	8, 15, 29, 34	−	+	−	...	14, 15, 1, 16	...	14, 4, 28, 29
4 静止物体的长度	−	35, 28, 40, 29	−	+	...	1, 35	...	30, 14, 7, 26
...	...	...	...	+	...	...	...	...

续表

恶化的参数		1	2	3	4	...	35	...	39
改善的参数		运动物体的重量	静止物体的重量	运动物体的长度	静止物体的长度		适应性及多用性		生产率
35	适应性及多用性	1，6，15，8	19,15,29,16	35，1，29，2	1，35，16	...	+	...	35，28，6，37
...	...							+	
39	生产率	35,26,24,37	28,27,15,3	18，4，28，38	30，7，14，26	...	1，35，28，37	...	+

在矛盾矩阵中，行表示可能恶化的参数，列表示待改善的参数。45°对角线的"+"是同一名称的工程参数所对应的方格，"–"是表示暂时没有找到合适的发明原理来解决这类技术矛盾。每个交点处最多有四条发明原理，这些原理既可以单独使用，也可以组合使用。

我们可以应用矛盾矩阵来解决大部分的技术矛盾问题。它的基本步骤如下：①通过分析问题，确定技术参数；②查找矛盾矩阵表，查找发明原理；③对发明原理进行分析，提出无用的原理，筛选出对问题解决有用的原理；④应用发明原理提出问题解决方案。

需要注意的是，在矛盾矩阵表上，一个标准技术矛盾对应着三四条发明原理，要进行分析选择。有的发明原理与所研究的技术矛盾有关联，因此是有用的；有的发明原理与两者均不相干，应该放弃。有时一条原理都对不上，这就需要创新者有耐心地进行反复，再重新选择标准矛盾进行循环。

【案例】

很多人都有在自行车后座带人的经历，这会造成重量大骑行起来很不方便。最好是每人有一辆自行车单独骑行，但是这样会增加自行车的数量，而且也会增大占地面积。那么，如何让两三个人同骑一辆自行车呢？

（1）确定技术参数。根据案例的问题，我们发现重量是制约自行车无法多人骑行的主要原因。因为自行车是运动的物体，因此第一个参数可以归纳为运动物体的重量，这是需要改善的参数；而要重量轻，就无法实现多人骑行的目标，因此第二个参数是适用性及多用性，这个是恶化的参数。

（2）根据分析出来的技术参数，查看矛盾矩阵表。查找第 1 行和第 35 列的交叉部分，看到推荐的原理是 29、5、15 和 8，见表 13-4。

表 13-4 矛盾矩阵表解决实际问题

恶化的参数		1	2	3	4	...	35	...	39
改善的参数		运动物体的重量	静止物体的重量	运动物体的长度	静止物体的长度		适应性及多用性		生产率
1	运动物体的重量	+	–	15，8，29，34	–	...	29，5，15，8	...	35，3，24，37
2	静止物体的重量	–	+	–	10，1，29，35	...	19，15，29	...	1，28，15，35
3	运动物体的长度	8，15，29，34	–	+		...	14，15，1，16	...	14，4，28，29

续表

恶化的参数 改善的参数		1	2	3	4	···	35	···	39
		运动物体的重量	静止物体的重量	运动物体的长度	静止物体的长度		适应性及多用性		生产率
4	静止物体的长度	−	35,28,40,29	−	+	···	1，35	···	30，14，7，26
···	···	···	···	···	···	+	···		···
35	适应性及多用性	1，6，15，8	19,15,29,16	35，1，29，2	1，35，16	···	+	···	35，28，6，37
···	···	···	···	···	···	···	···	+	···
39	生产率	35,26,24,37	28,27,15,3	18，4，28，38	30，7，14，26	···	1，35，28，37	···	+

（3）分析发明原理。根据 40 条发明原理的知识，我们发现发明原理 29（气压和液压结构原理）、发明原理 15（动态化原理）、发明原理 8（重量补偿原理）这三个原理都不适合该问题的解决，只有发明原理 5（组合原理）适合该问题的解决。

（4）应用发明原理，提出解决方案。根据组合原理，可以将两台或者三台自行车连成一台，多个车座、多套传动，就能够很好地解决两三人同骑一辆自行车的问题了。应用组合原理改进的自行车设计如图 13-3 所示。

图 13-3 应用组合原理改进的自行车设计

【训练活动】

● 活动一：查询 39 个工程通用工程参数，并列举至少 5 个，整理的格式见表 13-5，并与同学进行交流。

表 13-5 部分通用工程参数的解释

参数序号	参数名称	解释
1	运动物体的重量	重力场中的运动物体作用在阻止其自由下落的支撑物上的力

● 活动二：阅读下列资料，分析讨论其中存在的技术矛盾。

第一批打印装置是电动打字机，如图 13-4 所示。最初阶段打印装置只提供给使用者一组字符，例如，基立尔字母。但是很快就出现了要打印的文章中除了需要使用基立尔字母外还需要拉丁字母的需要。使用者该怎么办呢？他们先是在一台打印机上打印，然后换到另一台打印机上打印完文章缺少的段落。为了解决这个问题，提出了在一台打印机上更换字符的需要，当然所有这些情况从本质上增加了打印时间。为了解决上述问题，出现了所需要的打印符号的结构由针的移动形成的方案，这就出现了针式打印机，如图 13-5 所示。针式打印机可以打印几乎任何的符号，针的数量由 9 针发展到 23 针，可以打印图表、图形，打印速度上也有了飞跃式的提高。

图 13-4　电动打字机

图 13-5　针式打印机

体验三　物理矛盾及其求解

扫码看视频

【任务】定义物理矛盾并且提出解决办法。

【目的】熟练掌握四大分离原理，并能运用它来解决物理矛盾。

【要求】1．请收集日常生活中存在的问题。

2．根据问题进行物理矛盾的定义。

3．在获得原理的基础上，给出具体的解决办法。

【案例】

多任务的执行

人们希望计算机在一段时间内只执行一个任务以提高执行效率，但是只运行一个任务有时需要等待其他一些慢速设备的信号，使得计算机的利用率下降。这样物理矛盾就产生了。

解决以上问题可以采用许多不同的方案，可运用四大分离原理，即空间分离、时间分离、条件分离和系统层级的分离。

空间分离原理解决方案：在一个计算机中设置多个处理器，每个处理器执行一个任务。

时间分离原理解决方案：采用分时调度操作系统，让不同的任务在不同的时间段执行。

条件分离原理解决方案：用基于优先级调度的操作系统，让优先级高的任务先执行，优先级高的任务在等待时，也可以让其他任务先执行。

系统层级分离原理解决方案：采用分布式微核系统结构，使不同的任务在网络上不同的计算机上运行，并可以通过网络通信。

一、物理矛盾

相对于技术矛盾，物理矛盾是一种更尖锐的矛盾，也是更本质的矛盾。物理矛盾在生活中也是处处可见，比如：牙刷的刷毛应该硬，以刷掉牙垢，但是太硬的刷毛又会损伤牙龈；桌面厚，结实耐用，而如果桌面薄则轻便小巧，易于搬动；计算机的散热片应该大，这样散热的效果会好些，而散热片大了，会占据较大的空间，这样我们又希望它小。这些都是典型的物理矛盾。当一个技术系统的工程参数据有相反的需求时产生物理矛盾，如牙刷毛的软硬、桌面的厚度和散热片的大小等。

物理矛盾的具体表现形式如下：

● 系统或关键子系统必须存在，又不能存在。
● 系统或关键子系统具有性能"F"，同时应具有性能"-F"，"F"与"-F"是相反的性能。
● 系统或关键子系统必须处于状态"S"及状态"-S"，"S"与"-S"是不同的状态。
● 系统或关键子系统不能随时间变化，又要随时间变化。

根据物理学中常用的参数，物理矛盾又可以分成不同的类别，主要有几何类、材料及能量类和功能类等。常见的物质矛盾及其具体参数见表13-6。

表13-6　常见的物理矛盾的类别及其具体参数

几何类	长与短	对称与非对称	平行与交叉	厚与薄	圆与非圆	锋利与钝	窄与宽	水平与垂直
材料及能量类	多与少	密度大与小	导热率高与低	温度高与低	时间长与短	粘度高与低	功率大与小	摩擦系数大与小
功能类	喷射与堵塞	推与拉	冷与热	快与慢	运动与静止	强与弱	软与硬	成本高与低

物理矛盾与技术矛盾是有关系的。这种关系表现如下：

● 技术矛盾是技术系统中两个参数之间存在着相互制约，物理矛盾是技术系统中一个参数无法满足系统内相互排斥的需求。
● 物理矛盾和技术矛盾是有相互联系的，是可以相互转化的。

【案例】

为了增强航空母舰的战斗力，航空母舰上需要搭载尽可能多的舰载机。由于长度的限制，航空母舰上供飞机起飞的跑道是非常短的。一方面，为了在这么短的跑道上起飞，飞机机翼应该大一些，以便在相对较低的速度下获得较大的升力，使飞机顺利起飞；另一方面，为了在空间有限的航空母舰上搭载尽可能多的舰载机，飞机机翼应尽可能小一些。因此要求机翼又要大又要小，这是典型的物理矛盾。

最终的解决方案是将飞机的机翼设计成可折叠的，当飞机起飞的时候，机翼打开就处于大的状态；当飞机处于停放状态时，将机翼折叠起来，就处于小的状态了，舰载机可折叠机翼模型图如图 13-6 所示。

图 13-6　舰载机可折叠机翼模型图

二、应用分离原理解决物理矛盾

解决物理矛盾的核心思想就是实现矛盾双方的分离。现代 TRIZ 在总结物理矛盾各种解决方法的基础上，提出了利用分离原理来解决物理矛盾。分离原理包括空间分离、时间分离、条件分离和系统层级的分离。

1. 空间分离原理

空间分离是指将矛盾双方在不同的空间上进行分离，以获得问题的解决或降低问题解决的难度。利用空间分离原理解决物理矛盾的步骤如下：

（1）定义物理矛盾。找到存在矛盾的参数，以及对该参数的要求。

（2）定义空间。如果想实现技术系统的理想状态，上面参数的不同要求应该在什么空间得以实现。

（3）判断第二步中寻找到的两个空间是否存在交叉。如果不存在交叉，则可以使空间分离原理；如果存在交叉，则需要尝试其他分离方法。

【案例】

消防夹克虽然可以防火隔热，但是如果火区温度过高，超过消防夹克所能承受的极限，消防员的身体也会被高温灼伤。为了保护消防员，可以采用温度探测器，但是由于探测器太重、体积过大而妨碍了消防员的活动。因此，既需要温度探测器又不需要,该如何解决这个问题呢？

可以运用空间分离的原理来解决此问题。

（1）定义物理矛盾，找到存在矛盾的参数以及对该参数的要求。这里的参数是温度探测器。要求如下：为了保护消防员，需要采用温度探测器；由于探测器太重，会影响消防员的救援行动，因此又不需要温度探测器。

（2）定义空间。在理想的状态下，对温度探测器提出了两种不同的要求，分别在下述两个空间得以实现。

空间 1：实施营救前，需要明确现场的温度。

空间 2：实施过程中，不需要温度探测器。

（3）判断第二步中的空间是否存在交叉，由于这里不交叉，因此可以应用空间分离原理。解决的方案就是将探测器中较为沉重的部分（电池、报警器）设计为可移动、可拆卸的，而较轻的传感器缝在夹克中。

2. 时间分离原理

时间分离原理是指将矛盾双方在不同的时间段进行分离，以获得问题的解决或降低问题的解决难度。利用时间分离原理解决物理矛盾的步骤如下：

（1）定义物理矛盾。找到存在矛盾的参数以及对该参数的要求。

（2）定义时间。如果想实现技术系统的理想状态，上面参数的不同要求应该在什么时间得以实现。

（3）判断第二步中寻找到的两个时间段是否存在交叉。如果不存在交叉，则可以使用时间分离原理；如果存在交叉，则需要尝试其他分离方法。

【案例】

大家平时使用雨伞的时候，是否会有这样的想法：希望雨伞的面积小，以方便携带；希望雨伞的面积大，可以更有效地遮风挡雨。如何解决这个问题呢？

可以运用时间分离的原理来解决此问题。

（1）定义物理矛盾，找到存在矛盾的参数以及对该参数的要求。

这里的参数是雨伞的面积。要求如下：不下雨的时候，雨伞的面积小，便于携带；下雨的时候，雨伞的面积大，方便遮挡风雨。

（2）定义时间。在理想的状态下，对下雨和不下雨提出了两种不同的要求，分别在下述两上时间得以实现。

时间 1：下雨的时间。

时间 2：不下雨的时间。

（3）判断第二步中的两个时间段是否存在交叉，由于这里不交叉，因此可以应用时间分离原理。解决的方案就是下雨的时候将伞打开，使得伞的面积较大；不下雨的时候，折叠伞面，使得便于携带和存放。

3. 条件分离原理

条件分离是指将矛盾双方在不同条件下进行分离，以获得问题的解决或降低问题的解决难度。利用条件分离原理解决物理矛盾的步骤如下：

（1）定义物理矛盾。找到存在矛盾的参数以及对该参数的要求。

（2）定义时间或空间。如果想实现技术系统的理想状态，上面参数的不同要求应该在什么时间或空间得以实现。

（3）判断第二步中寻找到的两个时间或空间是否存在交叉。如果不存在交叉，则可以使用条件分离原理实现分离和切换；如果存在交叉，则需要尝试其他分离方法。

【案例】

对于佩戴太阳眼镜的人来说，当太阳光很强的时候，希望镜片颜色深一些；当太阳光弱的时候，希望镜片的颜色浅一些。如何解决这个问题呢？

我们可以运用条件分离的原理来解决此问题。

（1）定义物理矛盾，找到存在矛盾的参数以及对该参数的要求。

这里的参数是镜片的颜色，要求如下：当太阳光强烈的时候，镜片的颜色是深的；当太阳光不强烈的时候，镜片的颜色是浅的。

（2）定义时间或空间。在理想的状态下，对镜片颜色提出了两种不同的要求，分别在下述两个条件下得以实现。

条件 1：在太阳光很强的时候。

条件 2：在太阳光很弱的时候。

（3）判断第二步中的两个条件是否存在交叉，由于这里不交叉，因此可以应用条件分离原理。解决的方案就是在镜片中加入少量的氯化银和明胶。利用这种镜片制成的眼镜能够根据光线的强弱呈现不同的颜色。

4. 系统层级分离原理

系统层级分离原理是指将同一参数的不同要求在不同的系统级别上实现，即将矛盾双方在不同层次分离，以获得问题的解决或降低问题的解决难度。利用系统层级分离原理解决物理矛盾的步骤如下：

（1）定义物理矛盾。找到存在矛盾的参数，以及对该参数的要求。

（2）定义时间或空间。如果想实现技术系统的理想状态，上面参数的不同要求应该在什么时间或空间得以实现。

（3）判断第二步中寻找到的两个时间或空间是否存在交叉。如果存在交叉，依据对参数的不同要求可按照不同系统级别实现分离，如系统+子系统、系统+超系统等；如果不存在交叉，则需要尝试其他分离方法。

【案例】

打印机使用过程中的一个很大的问题是盒装的墨水很有限，墨水用完了就要换墨盒，而墨盒很贵。希望墨盒要多装，可是墨盒的空间有限，又不能多装。如何解决这个问题呢？

我们可以运用系统层级分离的原理来解决此问题。

（1）定义物理矛盾，找到存在矛盾的参数以及对该参数的要求。

这里的参数是墨盒的大小，要求如下：墨水多装，减少墨盒更换的次数；打印机空间有限，不应该多装。

（2）定义时间或空间。在理想的状态下，对墨水多装还是不多装提出了两种不同的要求，分别在下述两个系统层级上得以实现。

系统层级 1：微观层级上，应该多装。

系统层级 2：宏观层级上，不应该多装。

（3）判断第二步中的两个系统层级是否存在交叉，由于这里不交叉，因此可以应用系统层级分离原理。解决的方案就是将墨盒视为一个局部质量，从打印机中分离出来，外挂墨盒。

【训练活动】

● 活动一：请提取其中的物理矛盾，并试着提出解决问题的方案。

1888 年出现圆珠笔这一名称，其是由一位名叫约翰·劳德的美国记者设计出的一种以滚珠做笔尖的笔，但是一直没有流行。一直到第二次世界大战后，这种笔才开始慢慢流行起来。圆珠笔之所以能够写字，是因为笔头里的钢珠在滚动时，能将速干油墨带出来转写到纸上。据说，日本的圆珠笔芯里装的干油墨，一只笔芯可以书写两万个字。但是，当书写的字数多了以后，钢珠与钢圆管之间的空隙会渐渐变大，这样油墨就会从缝隙中漏出来，常常会沾污衣物等，使人感到不愉快。

（参考答案：钢珠与钢圆管之间的空隙小不容易漏油，钢珠与钢圆管之间的空隙大容易书写，解决方案为少装一些干油墨，让笔芯里的油墨只能书写一万多字，这样圆珠笔芯漏油的问题就解决了，日本一家企业为此申请了专利）

● 活动二：解决讨论下面问题中运用的分离原理。

在计算机通信系统中，希望两个系统之间的连接线多些，以适应计算机的字长，但是过多的线段一方面会导致线间干扰，不能长距离传送信号，另一方面又会增加成本。这样物理矛盾就产生了。解决的方案是将多位数据同时传送的并行通信方式变为串行通信方式，即一位一位地传送数据。（答案：时间分离原理）

本章总结

● 知道 40 条发明原理，并了解各发明原理的基本内容。
● 技术矛盾与物理矛盾既有关联又有区别，掌握两者的概念及表现并会对它们进行定义。
● 熟悉 39 个通用工程参数的名称，了解它们的具体含义。
● 矛盾矩阵表是解决技术矛盾的基本工具，会应用它来解决技术矛盾。
● 分离原理一般用于解决物理矛盾，包括空间分离、时间分离、条件分离和系统层级的分离。

习题十三

一、单选题

1.（　　）不属于创新问题解决思考过程中的主要障碍。
　A．思维惯性　　　　　　　　B．有限的知识领域
　C．试错法　　　　　　　　　D．无章可循

2．在 39 个通用工程参数中，结构的稳定性是指（　　）。
　A．物体抵抗外力作用使之变化的能力
　B．系统的完整性及系统组成部分之间的关系
　C．系统在规定的方法及状态下完成规定功能的能力
　D．物体或系统响应外部变化的能力，或应用于不同条件下的能力

3．在大型项目中应用工作分解结构，是利用了 40 个发明原理中的（　　）。
　A．提取　　　　B．分割　　　　C．复制　　　　D．预防措施

4．以下对矛盾矩阵的特征描述正确的是（　　）。
　A．矛盾矩阵可以用来解决物理矛盾
　B．矛盾矩阵像乘法口诀表一样，是一种三角形的矩阵
　C．矛盾矩阵是 TRIZ 中唯一解决问题的方法
　D．通过矛盾矩阵查到的推荐方法可能解决不了相应的技术矛盾

5．"利用计算机虚拟现实技术，而不去进行花费昂贵的度假"是利用了 40 个发明原理中的（　　）。
　A．自助服务　　B．普遍性　　C．复制　　D．同质性

二、填空题

1. 分离原理包括空间分离、_____、_____、和_____。
2. TRIZ 包含许多发明问题解决工具，包括_____，_____和_____，发明问题标准解法，以及发明问题解决标准算法 ARIZ 等。
3. 矛盾矩阵表中，_____是改善的参数，_____是恶化的参数。
4. 在经典 TRIZ 理论当中，通用技术参数的个数是_____，创新原理的个数是_____。
5. TRIZ 的优点是_____。

三、判断题

1. 被誉为 TRIZ 之父的根里奇·阿奇舒勒是日本科学家。
2. TRIZ 理论中，当系统要求一个参数向相反方向变化时，就构成了技术矛盾。
3. "折叠式自行车"是利用了分离原理的时间分离。

四、简答题

举例描述分割原理。

五、资料题

1. 用显微镜观察微小生物时，需要移动玻璃片或玻璃片上的物体，有时候只有百分之一厘米或千分之一厘米，为此，通常使用螺纹机构移动握住的玻璃片滑片，当工程师聚在一起，问道："我们怎样使机构更精确、可靠与便宜？""有矛盾！"一位工程师说："高精密螺纹是很昂贵的，且磨耗很快，但较粗糙的螺纹又达不到所需的精度。"请分析其中的技术矛盾，并找出解决方法。
2. 治疗肿瘤时，需要一束高强度的辐射光以杀死肿瘤细胞，但同时会破坏细胞周围的组织。请分析其中的物理矛盾，并找出解决方法。

第十四章　创业计划的编制

【学习目标】

通过本章的学习和训练，你将能够：

（1）了解什么是创业计划。

（2）熟悉创业计划的主要内容。

（3）掌握编制创业计划书的基本格式。

（4）了解编制创业计划书的注意事项。

（5）掌握撰写和展示创业计划书的技巧。

【案例导入】

吉姆·麦克瑞和盖瑞·库辛有一个极好的想法：经营一个零售店，向家庭销售计算机和游戏软件。在头脑风暴过程中，他们发现还没有这样的零售商来满足这个目标市场的需求。盖瑞有一个老朋友罗斯·佩罗特向他们提供关于创业计划的建议。罗斯在他们简单的书面计划中找出一些漏洞，并教授给他们一些新的知识，告知他们什么是好的计划。例如，他们计划在第一个月内就开 12 家店，而且年内还准备开更多的店，但他们并不知道如何开业和在什么地方开店。这样的计划显然难以实施，因为起步阶段的规模过于庞大。

但罗斯·佩罗特也很喜欢这个经营设想，并在一家银行为他们做了 300 万美元的信用担保，同时拥有三分之一的权益。在他的帮助下，这两个创业者重新完善了计划，开始追求更加合理的目标。他们的第一家店于 1983 年在达拉斯开业。他们把公司命名为巴比奇，即以 19 世纪的数学家、第一台计算机的设计者查尔斯·巴比奇的名字命名。今天，这家公司已经拥有 259 家连锁店，销售额达到了 2.09 亿美元，在软件销售商中排名领先。

上述例子中，两位创业者开始时缺少可行的经营目标以及对实现这些目标的理解。这两个创业者是幸运的，得到了朋友的指点，但不是所有的创业者都这么幸运。重要的教训是，创业计划不能随心所欲地制订，它必须有一个合理的目标。

【案例讨论】

● 创业计划应如何编制？

● 编制创业计划有哪些作用？

创业活动与寻找宝藏有许多共同之处。寻找宝藏是一件很艰苦的工作，需要进行大量的调查寻访活动，从成百上千的可能中判断宝藏的内容和埋藏点。所以寻找宝藏首先需要的是一张寻宝图，以这张图为资本，筹集资金、雇用人员、租赁船只、购买特殊的设备等。对于创业者来说，创业计划就是寻宝者的寻宝图。

创业计划可以是短期的，也可以是长期的；可以是战略性的，也可以是操作性的。尽管不同的计划服务于不同的职能，但所有的创业计划都有一个重要目的，即在快速变化的市场环境下，为管理层提供指导准则和管理架构。

体验一 创业计划概述

扫码看视频

【任务】通过互联网检索、资料查询，收集成功的和失败的创业案例。

【目的】明确创业计划内涵、创业计划内容以及作用。

【要求】将搜集到的案例整理成一份规范的 Word 文档，并在课上进行交流分享。

【案例】

明年 6 月我即将毕业，受多方面因素的影响，我并不想像很多同学那样选择去大公司。我认为自己是一个独立性很强的人，从小到大，无论做什么事我都有自己的想法，毕业后，我打算自主创业，就像"动感地带"的广告词一样——"我的地盘，我做主"。我也想有一片能让我自己做主的天空。

对于我这样即将毕业的大学生，创业谈何容易？我缺少的不仅仅是经验和资金，就连"纸上谈兵"都不知从何说起。作为高职院校的毕业生，我们的就业压力很大，但是学校开设的创业课程给了我们希望。我们不仅可以给别人打工，还可以自主创业。我觉得自主创业不失为高职毕业生实现自我价值的一个好出路。

在创业课上，老师详细讲述了创业的各个步骤，使我们对自主创业少了一份迷茫，多了一点信心。但是，做什么？怎么做？通过老师的启发，我从自己身边的不满意开始，寻找大家的不满意，大家的不满意也就意味着"商机"的存在。谁能让大家的这种不满意变成满意，就可以从中获取利润了。

一、什么是创业计划

创业计划（Business Plan）又称商业计划，是由创业者准备的一份书面计划，用以描述创办一个新的风险企业时所有相关的外部及内部要素。创业计划就是创业的行动计划，既是指导创业活动的工具，也是创业者与有关人员进行沟通的工具。

创业计划是在大量的市场调查分析的基础上制订出来的，有专业性和技巧性特征，因而往往是在有关专家的指导下制订的。

制订创业计划的过程，就是确定商业机会的价值，以及如何实现这个价值的过程。创业计划的有效性，即与企业绩效的关系取决于计划的准确性和计划执行的严肃性、灵活性。创业计划虽然不能确保创业成功，但一个好的创业计划可以有效地指导创业活动，减少和避免无效和错误的行为，提高成功的概率。

二、创业计划的基本内容

创业计划需要阐明新创企业在未来要实现的目标，以及如何实现这些目标。创业计划要随着执行的情况进行调整。

创业计划包括产品（服务）创意、创意价值合理性、顾客与市场、创意开发方案、竞争者分析、资金和资源需求、融资方式和规划以及如何收获回报等内容。

1. 创业设想

创业设想包括创办企业的名称、创业的项目或主要产品名称等，公司的宗旨和目标，公司的发展规划和策略。

2. 市场分析

市场分析包括产品或服务的目标市场，本公司的市场地位，市场细分和特征，市场需求预测，竞争对手分析，公司的竞争优势、竞争策略等。

3. 经营方案

如何开发、生产、销售新产品或服务，尤其是应对现在和未来竞争的总体计划。

4. 财务融资

财务融资包括资金需求量、融资方式、资金使用规划、预估的营业收入与支出、投资的退出方式（公开上市，股票回购，出售、兼并或合并）。

5. 营销策划

营销策划包括营销队伍、营销战略、销售方式与渠道、促销和广告、价格策略等。

6. 风险评估

风险评估主要是对主要可能的风险的估计与应对策略分析等。

【训练活动】

- 活动一：简述中小企业创业计划的功能（从企业内部人员和外部人士方面分析）。
- 活动二：从自己身边的不满意寻找大家的不满意，由此找到商机的存在。并参考本节创业计划的内容模块，以小组形式制订一份精炼的创业计划。

扫码看视频

体验二　创业计划书的制订

【任务】搜集一些优秀的创业计划书案例。

【目的】总结创业计划书撰写要点及注意事项。

【要求】1. 至少收集 3 份优秀的创业计划书。
　　　　2. 交流发言检索到的创业计划书内容。

【案例】

对于正在寻求资金的风险企业来说，创业计划书就是企业的通话卡片。创业计划书的好坏，往往决定了投资交易的成败。

写出一份出色的创业计划是不太容易的，大部分的创业计划是把大量笔墨花在数字上，而很少涉及真正重要的信息。威廉·沙尔曼认为，一份出色的创业计划应关注以下四个因素：人员、机遇、环境、可能的风险和回报。

（1）人员：他们知道什么？他们认识谁？别人是否认识他们？

（2）机遇：新企业的产品或服务市场大不大？增长快不快？

（3）环境：在计划书上，除了要说明企业运作所处的环境外，还应说明在此环境发生变化时，企业该如何应对。

（4）可能的风险和回报：计划书应当勇敢地面对新企业遇到的风险，实事求是地估计潜在支持者能得到回报的程度，以及何时得到这些回报。

一、创业计划书概念

创业计划书是用国际惯例通用的标准文本格式写成的项目建议书，是全面介绍公司和项目运作情况，阐述产品市场及竞争、风险等未来发展前景和融资要求的书面材料。编写创业计划书的目的是吸引投资者的投资，从而获得创办企业所需要的资金和资源。

二、创业计划书结构

创业计划书包括封面、目录、执行摘要、主题内容和附件等。其编制结构如下：

（一）封面

封面包括公司名称、地址以及主要联系人名字、联系方式等。

（二）目录

概况创业计划书的各主要部分内容。

（三）摘要

1．公司简单描述

2．公司的宗旨和目标（市场目标和财务目标）

3．公司目前股权结构

4．已投入的资金及用途

5．公司目前主要产品或服务介绍

6．市场概况和营销策略

7．主要业务部门及业绩简介

8．核心经营团队

9．公司优势说明

10．目前公司为实现目标的增资需求：原因、数量、方式、用途、偿还

11．融资方案（资金筹措及投资方式）

12．财务分析

（四）第一章　公司介绍

1．公司的宗旨（公司使命的表述）

2．公司简介资料

3．各部门职能和经营目标

4．公司管理

（1）董事会；

（2）经营团队；

（3）外部支持（外聘人士、会计师事务所、律师事务所、顾问公司、技术支持、行业协会等）。

（五）第二章　技术与产品

1．持有的技术及技术描述

2．产品状况

（1）主要产品目录（分类、名称、规格、型号、价格等）；

（2）产品特性；

（3）正在开发/待开发产品简介；

（4）研发计划及时间表；

（5）知识产权策略；

（6）无形资产（商标、知识产权、专利等）。

　3．产品生产

（1）资源及原材料供应；

（2）现有生产条件和生产能力；

（3）扩建设施、要求及成本，扩建后生产能力；

（4）原有主要设备及需添置设备；

（5）产品标准、质检和生产成本控制；

（6）包装与储运。

（六）第三章　市场分析

1．市场规模、市场结构与划分

2．目标市场的设定

3．产品消费群体、消费方式、消费习惯及影响市场的主要因素分析

4．目前公司产品市场状况，产品所处市场发展阶段（空白、新开发、高成长、成熟、饱和），产品排名及品牌状况

5．市场趋势预测和市场机会

6．行业政策

（七）第四章　竞争分析

1．有无行业垄断

2．从市场细分看竞争者市场份额

3．主要竞争对手情况：公司实力、产品情况（种类、价位、特点、包装、营销、市场占有率等）

4．潜在竞争对手情况和市场变化分析

5．公司产品竞争优势

（八）第五章　市场营销

1．概述营销计划（区域、方式、渠道、预估目标、份额）

2．销售政策的制定（以往、现行、计划）

3．销售渠道、方式、行销环节和售后服务

4．主要业务关系状况（代理商、经销商、直销商、零售商、加盟者等），各级资格认定标准、政策（销售量、回款期限、付款方式、应收账款、货运方式、折扣政策等）

5．销售队伍情况及销售福利分配政策

6．促销和市场渗透（方式及安排、预算）

7．产品价格方案

8．销售资料统计和销售纪录方式，销售周期的计算。

9．市场开发规划，销售目标（近期、中期），预估（3～5 年）销售额、占有率及计算依据

（九）第六章　投资说明

1．资金需求说明（用量、期限）

2．资金使用计划及进度

3．投资形式（贷款、利率、利率支付条件、转股（普通股、优先股、认股权）、对应价格等）

4．资本结构

5．回报、偿还计划

6．资本原负债结构说明（每笔债务的时间、条件、抵押、利息等）

7．投资抵押（是否有抵押、抵押品价值及定价依据、定价凭证）

8．投资担保（是否有抵押、担保者财务报告）

9．吸纳投资后股权结构

10．股权成本

（十）第七章　投资报酬与退出

1．股票上市

2．股权转让

3．股权回购

4．股利

（十一）第八章　风险分析

1．资源（原材料、供应商）风险

2．市场不确定性风险

3．研发风险

4．生产不确定性风险

5．成本控制风险

6．竞争风险

7．政策风险

8．财务风险（应收账款、坏账）

9．管理风险（人事、人员流动、关键雇员依赖）

（十二）第九章　组织管理

1．公司组织结构

2．管理制度及劳动合同

3．人事计划（配备、招聘、培训、考核）

4．薪资、福利方案

5．股权分配和认股计划

（十三）第十章　经营预测

增资后3～5年公司销售数量、销售额、毛利率、成长率、投资报酬率预估及计算依据。

（十四）第十一章　财务分析

1．财务分析说明

2．财务数据预测

（十五）第三部分　附录

1．营业执照影本

2．董事会名单及简历

3．主要经营团队名单及简历

4．专利证书、生产许可证、鉴定证书等

5. 注册商标

三、撰写创业计划书的注意事项

1. 结构完整

经常见到缺乏财务预估、市场状况及竞争对手数据的创业计划书，这样的创业计划书影响到的自然是投资方对方案评估速度的减慢以及投资可能性的减少。

2. 结构清楚

清晰的逻辑结构会给人一种思路清晰的感觉，看了这样的创业计划书，投资人可以以最简洁的方式了解构思与想法。这样不仅节省了别人的时间，而且增加了创业成功的可能性。

3. 深入浅出

将艰深难懂的想法、服务与程序以浅显的文字表现出来是种绝佳的自我营销方式，当资金来自银行或不具备专业知识的投资者时更需如此。

4. 顾客导向

简单来说，就是使顾客满意。最好对行文的语调、章节的编排、数据的呈现、重点的强调等，都能根据需要募资的对象进行适当调整。

5. 应该注意突出的问题

（1）项目的独特优势。

（2） 市场机会与切入点分析。

（3）问题及其对策。

（4）投入、生产与盈利预测。

（5）如何保持可持续发展的竞争战略。

【案例】

最精炼的创业计划书

在一次天使见面会上，北京创盟的创业者李鹏的"发酵罐排放气流压差发电与能量回收"项目引起了风投的兴趣。当时吸引风投目光的是李鹏的一份一页纸的创业计划书。

产品简介：

专利产品：国内空白；年节电 100 亿度；政府强力推广。

公司简介：

我公司成立于 2005 年 8 月，从事节能、节电业务，拥有自己的技术与知识产权，包括电机节电器技术，发酵罐排放气流压差发电的多项专利。

项目简介：

本项目名称是"发酵罐排放气流压差发电与能量回收"，发酵罐是药厂与化工企业普遍使用的生产工具，用量非常之大。如华北制药、石药、哈药这样的企业，每家企业使用的大型（150 吨以上）发酵罐均在 200 台以上。因生产需要，发酵罐前端需要压气机给罐内压气，压气机功率一般为 2000kW～10000kW，必须 24 小时运转，每年的电费为 900 万～4000 万元人民币。为了满足发酵罐生产，就需要多台压气机同时工作。所以，压气机耗电通常是这些企业一项很大的费用支出。经发酵罐排放的气流仍含有大量的压力能，浪费在减压阀上。

如安装我公司研制的"发酵罐排放气流压差发电与能量回收"装置，可以回收原压气机耗费电能的 1/3 左右。

同行简介：

目前该技术国际上统称 TRT，应用于钢厂的高炉煤气压力能量回收。主要的供货商有日本的川崎重工、三井造船，德国的 CHH，国内的陕西鼓风机厂。年销售额在 20 亿元人民币以上。

进展简介：

本项目关键技术成熟并已经掌握，我公司已经与某制药集团达成购买试装与推广协议，项目完成时，预计可以在该集团完成 5000 万元以上的销售额。

优势简介：

1．我公司已申请该项目的多项专利。

2．该项目在市场中先行一步，现在市场属空白阶段。

3．符合国家产业政策。国家要求各地政府落实节能减排指标。该项目属于节能减排项目。

4．各地方政府有节能奖励：如三电办有 1/3 的投资补贴，制药集团可获得约 1600 万元的政府补贴。

5．可以申请联合国 CDM（清洁生产）资金（每减排一吨二氧化碳可以申请 10 美元国际资金，连续支付 5 年）。制药集团可每年节约电能 6000 万度，减排二氧化碳 6 万吨，可获得国际资金供给 300 万美元。

用户利益：

1．减少电力费用支出。以某制药集团为例，如全部安装该装置，一年可以节约电费 3000 万元～36000 万元人民币，回收投资少于 2 年。

2．该装置很少需要维护，无须增加人员，寿命在 30 年以上，可以为用户创造投资 15 倍以上的价值。

3．降低原有噪声 20dB 以上，符合环保要求。

4．其他政府奖励。

目标用户与市场前景：

本项目目前主要针对国内药厂、化工厂。从与某集团达成的初步协议看，该集团内需求量在 100 套左右，而全国存在同样状况的有很多药厂，再加上许多的化工行业也采用了相同或类似的生产工艺，均为我公司的目标市场。总市场预计在 100 亿套以上。

某设备有限公司　网址：http://××××.com.cn

E-mail：××××@ yahoo.com.cn　　　电话：0311-××××××××　经理：李鹏

【案例】

一份不完美的大学生创业计划书

⊙**案例描述**

一、项目概述

以电商的形式来销售水果，打开新媒体渠道，通过互联网的方式进行销售。为同学们提供一个便利的平台，足不出户便可尝到新鲜的水果。我们保证每一份水果都新鲜、绿色、无污染。

二、市场分析

大学城水果市场巨大，对果品的消费需求呈增长趋势。在大学生活中，同学们只能在商店购买到普通常见的季节性水果。而我们的网上水果商城包含了各式各样的水果（应季水果和反季水果），完全能够满足同学们对各种水果的需求。

三、经营模式

我们的主要经营模式是新媒体——微信公众平台，通过关注我们，并从我们的平台通过在线支付购买，第二天便可送货上门，我们的水果是直接从果园送到您的手上，保证新鲜。

四、特色服务

（1）网上水果商城的存在首先方便了消费者购买水果，网上水果商城可以覆盖大学城，让消费者足不出户。在这之前，人们购买水果的场所一般为超市、水果店、游商和街头水果摊等。超市、水果店在宿舍楼门口不一定有，不太方便购买并且购买成本较高。水果的特性是分量重、体积大，对消费者而言不方便携带，建立网上水果商城，可以让消费者购买更方便，大大降低水果价格，增加水果的消费量。

（2）给顾客提供具有质量保证和便宜的水果，网上水果商城提供免费运送、验货、收货、及时送达等服务，提供低价格高质量的水果。

（3）独特的引导消费。现在的顾客完全是凭借自己的口味和喜好来选择水果消费，而忽视了水果本身的特性和适合食用的人群。通过对众多消费者的调查，发现几乎没有一个人能说出菠萝的特性和适合食用的人群，肝病、胃病病人应该吃什么水果，不适合吃什么水果。这就说明大家都是在盲目地消费水果，没有水果食用常识。网上水果商城会教大家如何合理地消费、食用水果。在这方面，我们会在水果详情中描述水果的特性及适合食用的人群，好坏等级的鉴别方法，引导大家健康消费。

（4）针对不同的消费群提供多种多样的服务。水果消费者一般会分为自己食用和送礼两种。针对送礼人群的心理及包装需要，我们会专门设计包装组合，有偿提供给消费者。也就是说，顾客可以随意组合、购买水果。购买后如果需要包装盒，只需要支付一定的包装费，就可以得到商城的包装盒，并可以得到一张贺卡。这样，既让消费者明白消费，免去了在游商或其他商家处购买的昂贵礼品装水果，又可以保证质量。

（5）独特的促销策略，我们的新用户可以参加"一分购"（一分钱购买水果），平时还有其他特惠水果等优惠活动。

五、竞争对手

（1）消费者观念的转变。由于其他购买水果的传统场所在消费者心中已经形成了习惯，所以要在短时间内改变消费者的购买观念，让其接受这种商业形态有一定的难度。

（2）大型连锁超市。大型连锁超市经营水果已经很长时间了，这说明水果消费在百姓的日常消费中已经占有了一定的比例，同时也说明了水果市场的广阔，这些商家也很看好这块市场。大型连锁超市的优势在于采购量较大，采购成本较低，客流量较大，购物环境较好，产品质量和分量都有保证。

六、销售策略

（1）4P 组合营销策略。

（2）价格策略组合策略。

（3）渠道策略。

（4）促销策略。

这是一份在校大学生参加学校互联网+大学生创业大赛的创业计划书，从项目本身来看，这是一个极具市场前景的网商创业项目，而且这个项目已经是一个初创项目，在市场上营业了4个月，取得了很好的销售效果。但是，在比赛中，这份创业项目具有一个最大的硬伤，那就是整个创业书中没有财务分析与预算以及融资计划。所以最终评委一致认为它不是一份完整的创业计划书，给出了较低的分数。

⊙**案例点评**

财务分析预测在公司经营管理中具有极为重要的地位，企业需要花费较多的精力来进行具体分析。对于中小企业来说，财务预测既要为投资者描绘出美好的合作前景，同时又要使这种前景建立在坚实的基础之上，否则会令投资者怀疑企业管理者的诚信或财务分析、预测及管理的能力。

【训练活动】

- 活动一：简述创业计划书的重点。
- 活动二：参考本节创业计划书大纲，结合创业计划书编制的要点，完善上述案例"一份不完美的大学生创业计划书"，使之变成一份完美的创业计划书。

体验三　创业计划的展示

【任务】情景模拟：创业者向风险投资家阐述创业计划。

【目的】掌握展示创业计划的方法和技巧。

【要求】使用 PPT 展示汇报内容，并演讲阐述。

【案例】

项目路演千万别"只念 PPT"

一般来说，创业者只有十几分钟的时间去展示自己的项目。在讲述的过程中，有的创业者本身并不擅长言谈，演讲的时候显得特别腼腆和不自信。演讲结束后大家都是云里雾里，在最后投资人提问的环节也答非所问。"投资人用十分钟看一个项目已经很有耐心了，一般三五分钟就会得出一个项目是否可行的结论，因此创业者要在短时间里让听者产生共鸣，需要学会讲故事。"金马兰创业服务总经理陈宗晓表示，在他看来，要想成功打动投资人，就必须懂得用一种高效的方式展示自己和自己的产品。然而这并不容易，我们接触到的很多创业者仍然只顾闷头做事，不擅长表达。"讲故事是一个沟通、说服的过程，要把故事讲好，其实远比想象难。"大家都爱听故事，但陈宗晓认为讲故事不等于逐条列项，讲故事要有情感，要通过故事来传达产品的态度、情怀。"你在做什么？为什么要做？目标是什么？要想完成上述内容，就要设身处地地为用户考虑，从用户的角度设计故事。要告诉投资人这个产品能用来做什么，它是如何融入生活的，这才是最强有力的故事。"

他还告诉创业者们，在路演的过程中千万别"只念 PPT"。一定要表现出自信。"你也许确实在经营发展中遇到很大困难，但不要总和别人讲你有多难，如果你自己都没有信心，又怎么能让合伙人、投资人对你的项目有信心。与其讲困难，不如多讲讲项目的发展前景。"

"15 年前，我来美国要 200 万美元，被 30 家 VC 拒绝了；我今天又来了，就是想多要点钱回去。"马云近乎狮子大开口式的路演开场白，其实彰显了阿里巴巴的自信。

一、展示创业计划的方法

向风险投资 VC（Venture Capital）融资是一件很困难的事，需要做大量、充分的准备，如娴熟的演讲技巧、热情洋溢的创业激情和一份完美并且内容充实的创业计划。

（1）要训练自己言简意赅流畅的表达能力，训练自己用一分钟来阐述创业企业的性质与职能。

（2）设法了解与分析对象，创业者可以通过网络搜索、资料搜集、业内打听等方式了解投资公司与管理者背景等方面的信息，并通过换位思考、团队讨论的方式，集思广益地梳理各种可能性，为推介、展示做好前期的准备工作。

（3）创业者可制作 10～15 张幻灯片，用 20 分钟左右的时间做好展示内容的幻灯片准备工作。

（4）要提前到 VC 的会议室，把展示过程中可能遇到的一些意外，如计算机和投影仪的连接、网络连接、图像或视频显示等提前做好防范，技术问题事先解决，最好做个预测，千万不要让技术故障耽误了与 VC 的交流时间。

（5）一般推介会议时间为 1 小时左右，与你会谈之后，VC 可能马上要跟下一位创业者见面。因此，创业者应该在 20 分钟内完成陈述与演讲。这样，一方面可以加强创业者对推介会议时间控制；另一方面，也可以让两者有更充足的时间进行交流与讨论。

二、展示创业计划要突出三个要素

1. 新颖独特的创意

创意和构思是创业计划的生命点。但需要注意的是，创意不是凭空想象，要以客观的市场需求和价值合理性为依据说服投资者。

2. 市场前景

创业计划可行的前提是富有潜力的市场前景。一个新颖的构思和投资项目能否获得成功与丰厚回报的关键，在于是否拥有良好的市场前景，这是投资者衡量创业计划优劣的最重要的标准之一。

3. 团队及协作

投资者更看重一个优势互补、高素质的创业团队，团队介绍是展示中最重要的内容之一。

【训练活动】

- 活动一：创业计划书的展示技巧是什么？
- 活动二：请根据上述案例"一份不完美的创业计划书"，在将其修改成完美的基础上，制作展示 PPT，突出创业的创意和前景。

本章总结

- 创业计划书是企业融资成功的重要因素之一。
- 创业计划书是一份全方位的项目计划，为创业者提供创业蓝本。
- 在编制创业计划书时，要结构完整，顾客导向。
- 在展示创业计划书时，要言简意赅，突出创意和前景。

习题十四

一、单选题

1. "借助于创业计划可以为新企业争取到那些向其提供服务或持续提供的潜在客户"，这说明了创业计划的（　　）功能。

　　A. 为创业者提供创业蓝本

　　B. 为本企业员工提供指导

　　C. 为投资者提供一个详细的企业蓝图

　　D. 作为一种说服顾客和供应商的有效工具

2. （　　）是协调企业内部各种活动的总体指导思想和基本手段。

　　A. 战略计划　　　　　　　　　B. 运营计划

　　C. 管理计划　　　　　　　　　D. 财务计划

3. （　　）是制订创业计划最重要也是最难的部分，主要包括确定目标市场和销售范围，分析竞争对手和产业。

　　A. 战略制定　　　　　　　　　B. 市场定位

　　C. 营销组合　　　　　　　　　D. 财务计划

4. 以下不是创业计划附录中应该包含的信息的是（　　）。

　　A. 高级员工、董事、主管和海外员工的简历

　　B. 历史财务状况和相关的文件

　　C. 企业经营计划复印的分数

　　D. 主要环境因素预测

二、填空题

1. 现代创业行为大多是属于高风险的创新型事业，创业家除了需要拥有好的技术与产品构想，_____、_____和专业管理都是创业成功的必要条件。

2. _____计划提供如何生产产品的过程或如何提供服务的信息。

3. 企业营销计划又称市场分析的活动，具体由市场细分、市场研究和_____组成，产品、价格、_____和_____的管理构成了市场营销组合。

4. 管理结构要回答四个问题：由谁执行计划、组织结构图、_____、员工政策，尤其要突出管理队伍中的专家。

5. 为确保创业的绝密性，创业计划书在封面和首页要暗示计划中的所有信息均是_____的和_____的。

三、判断题

1. 创业计划书的封面上应该写有负责人的姓名、头衔和联系方式等信息。　　（　　）

2．因为摘要位于整个计划的开始部分，所以摘要是创业计划书最先完成的部分。

（　　）

3．一般情况下，不包括财务报表的创业计划书应不少于 50 页。　　　（　　）

4．风险投资者最关心的四个问题是市场潜力、独特性、管理团队和财务规划。

（　　）

四、简答题

1．简述创业计划应该明确的四个问题。

2．创业计划书主要包含哪些内容？

第十五章　新企业的开办

扫码看视频

【学习目标】

通过本章的学习和训练，你将能够：

（1）了解创办新企业前需要思考的问题。

（2）了解企业类型和法律法规。

（3）了解新企业的申办流程。

【案例导入】

李明，一位来自苏州农村的普通小伙，从小对机械产生浓厚兴趣，是机械自动化领域的追梦人，也是专注"中国制造"，敢于向国际巨头发起挑战的勇者。2010年，正在读大三的他参与了一个大型自动化控制系统的研发。这段经历既给了他用实践检验所学、应用所学的机会，同时也让他获得了人生的第一桶金——10万元的收获。这对于当时正在上大学的他，甚至是在社会上摸爬滚打了很多年的上班族来说，都是一笔不菲的收入。但这并没有满足他的"野心"。经过和队友的商量，他们准备一起创办一家开发自动化控制系统的公司。但是对于没有过创办公司经历的年轻人从公司注册这一步就遇到了难题。为了了解注册的程序，他们先到工商管理部门拿了一套注册公司的程序介绍。几个人回来研究了一番，发现越研究越不明白。

【案例讨论】

● 注册成什么类型的企业？

● 注册公司该提供哪些资料？

● 注册公司的流程是什么？

● 如何给企业起名字？

创业的过程，就是一个建立组织和组织逐步成长、发育的过程。创业的第一步，除了资金、资源和心理方面的准备等之外，极为重要的一件事就是针对自身情况，选择一个合适的创业组织形式。同时，还要考虑组织形式适合的情况、环境以及运作人的情况。

体验一　创建新企业前的思考

【任务】评估自己个人能力，确定自己是否适合创业。

【目的】了解创建新企业前需思考的问题。

【要求】分析个人能力，明确职业目标。

【案例/故事】

大学生创业前的准备

合肥市某高校的大学生陈勇，大学毕业后没有急着去找工作。凭着大学四年做"小生意"的摸爬滚打，他积累了较丰富的"生意经"。他卖过鲜花、卖过服装，还曾经南下江浙做过批发商。毕业后，他想与其去给别人打工，还不如自己创业，去开创一片属于自己的天地。

"万事开头难"，对于陈勇来说，选择一个合适的创业项目是最重要的，同时也是最困难的。经过认真考虑，他选择了广告业，决定从最基本的广告制作开始。经过市场调查，陈勇发现广告制作行业市场进入门槛不高，他拿着自己做小生意积累下的两万元钱和借来的四万元钱作为启动资金，开始了创业之路。

有了项目和启动资金，再就是需要找到合适的营业地点。为此，他几乎走遍了合肥市的大街小巷。偏僻的地方房租低但业务量小，业务不好开展。繁华的地方业务量大，但房租费用高，加上转让费用动辄数十万元。考虑到广告制作公司营业面积要在 $40 \sim 60 m^2$，太大了浪费空间，抬高了房租，太小了放不下机器设备和办公设施，最终他选中了一个门店。该门店地处马鞍山路，是合肥市的核心商业区之一，企业众多。门店面积为 $60 m^2$，月租金不到 3000 元。付完门店租金，陈勇将所剩资金几乎全部投入到设备购置上，以提高门店的硬实力。因为手头不宽裕，店面装修也比较简单，他把门店名称定为"大地广告"，客户见过容易记住。在工商税务注册后，"大地广告"就正式营业了。

经过一年的发展，公司的机器设备不断改进，客户不断增加，每个月的营业额稳中有升，陈勇的公司也走上了正轨。最近，陈勇犹豫了：如果他继续做广告制作，增购喷绘机，业务量可能更加平稳，但平均利润较低；如果将业务转向网络传媒广告方面，就不需要新购设备，但经营项目要整体转型。如果公司走后一种发展模式，现在最紧缺的就是懂新媒体和互联网+技术的人才。这一选择对陈勇来说很艰难，他应该如何选择呢？

一、互联网创业前必须考虑的七大问题

1. 选择什么行业

行业的选择对于创业的成败起着非常重要的作用，对于创业者而言一定要选择朝阳行业，而不是夕阳行业。中国社会受益于中产阶级的崛起，消费升级，一些高科技的新兴行业，以金融、教育、美容为代表的服务业等是目前市场所有行业中前景比较好的行业，而传统的加工业发展逐渐滞后，并非很好的选择。

2. 客户的需求是什么

只有准确了解潜在客户的需求，并依据其需求制订合理的计划，才有可能使公司的产品或服务得到用户的认可。然而很多时候，准备开始创业的创业者在没有考虑清楚这些情况之前就成立企业了，由于他们根本不知道自己有没有受众群体，或是市场对他的产品有没有需求，所以创业注定以失败结尾。

3. 有没有竞争对手，竞争对手实力如何

在互联网创业中竞争对手是最大的威胁，所以对于想要创业的创业者而言，在创业之初就需要思考在自己选定的细分市场领域中，是否有竞争对手，竞争对手的实力如何。

4. 如果创业失败，创业者需要承担什么样的风险

相信每一个创业者在创业之前都希望自己成为一个成功人士，都希望自己的创业项目可

以成功，然而互联网中大量的创业数据表明，并非每一个创业者都能实现自己的创业梦想，很多的创业者都难逃失败的命运，所以创业者在创业之前就应该清楚地知道，如果自己创业失败了需要承担的责任和风险是什么，这种责任和风险是否在自己的承受范围之内。

5. 个人能力如何，是否适合创业

每个人都是一个独立的个体，然而并非每一个人都能成为领导者。在创业之前创业者就应该明白自己的个人能力如何，是不是具有领导能力，是不是具有创业者应该具备的品质。

6. 对市场情况的了解如何

创业并不神秘，很多的人都可以做，尤其是在互联网普及的今天，但重要的是创业者在决定创业之前必须对市场有详细的了解，若创业者对于市场的动态没有任何了解，则很难取得创业的成功。

7. 怎么来组织好的团队

创业就必须拥有一支团队。在组建团队时，或许很多人认为，要把最好的人才都网罗起来，但事实上创业团队中并非需要每一个成员都非常出色，只要能把团队成员凝聚起来就是一个非常好的团队。

【案例】

苹果计算机公司的设立

苹果计算机公司所创造的"硅谷奇迹"是创业成功的典范。苹果计算机公司的设立先后经历了以下过程：

1. 一人技术

沃兹尼亚克（绰号沃兹）在 1976 年设计出了一款新型的个人用计算机（Apple I），展出后大受欢迎，销售情况出人意料地好。

2. 两人起步

受此鼓舞，沃兹尼亚克决定与中学时期的同学乔布斯一起创业，先进行小批量生产。他们卖掉旧汽车和个人计算机，一共凑齐了 1400 美元，但这小小的资本根本不足以应对创业对资金的迫切要求。乔布斯明白苹果计算机公司要成为一个成功的公司，就需要有资本，需要专业管理、公共关系和分销渠道。

3. 三人合伙

从英特尔公司销售经理职位上提前退休的百万富翁马库拉通过别人介绍找到了这两个年轻人，沃兹激起了他的热情。马库拉有足够的工程学知识，他一眼看出，沃兹为 Apple II 设计的一些特性非常独到，他以多年驾驭市场的丰富经验和企业家特有的战略眼光，敏锐地意识到了未来个人计算机市场的巨大潜力，于是决定与两位年轻人进行合作，创办苹果计算机公司。根据仅在美国 10 个零售商店的 Apple I 电路板的销售情况，马库拉大胆地将销售目标设定为 10 年内达到 5 亿美元。他意识到苹果计算机公司将会快速成长，马库拉用自己的钱入股 9.1 万美元，后来又游说其他人投入 60 多万美元风险资金，以其信用帮助苹果从银行贷款 25 万美元。这样，沃兹、马库拉和乔布斯各自获得公司 30% 的所有权。

三人于 1977 年 1 月 7 日签订了这一股份协定，正式成立苹果计算机有限公司。

4. 四人公司

随后三人带着苹果计算机公司的创业计划书，走访了马库拉认识的创业投资家，结果又筹集了 60 万美元的风险资金。为了加强公司的经营管理，一个月后马库拉又推荐了全美半导体制造商协会主任斯科特担任公司总经理。马库拉和乔布斯说服了沃兹脱离惠普公司，全身心投入苹果计算机公司。于是斯科特成了苹果公司的首位 CEO（1981 年，在担任苹果计算机公司总裁的 5 年后，斯科特决定卖掉股份，提前退休）。1977 年 6 月，四个人组成公司的领导班子，马库拉任董事长，乔布斯任副董事长，斯科特任总经理，沃兹是负责研究与发展的副经理（管理团队）。技术、资金、管理的结合产生了神奇的效果。

斯科特帮助苹果计算机公司建立了早期的基础架构。

综上所述，沃兹尼亚克设计、制造了苹果计算机，马库拉有商业上的敏感性，斯科特有丰富的生产管理经验，但最终是乔布斯以传教士式的执着精神推动了所有这一切。

苹果计算机公司的创业成功是创业团队有效合作的结果。

二、创办企业前的思考

在成立创业公司前，所有的准备工作中最重要的是心理上的准备。如果经过深思熟虑且答案仍然是肯定的，那就可以接着往下考虑成立创业公司前从法律到实践操作各个环节需要的准备工作。

1. 公司的名称、商标与域名

给创业公司起名有不少讲究：公司名称要好听、要易记且便于传播；公司名称最好与产品或服务的品牌一致，便于做品牌建设与推广；公司名称不得侵害第三方的商标、商号等知识产权。

在此须提醒创业者，一旦公司名称确定，务必第一时间申请注册与公司名称对应的商标及域名，以免相关的商标与域名被第三方抢注。一旦公司想要的商标与域名被第三方抢注，公司往往须花费巨大代价才能从第三方手中买回商标和域名。

2. 公司的注册地址

公司应当注册在哪里？这也是一个创业公司在成立公司前需要认真考虑与研究的问题。影响公司注册地选择的主要因素之一是各地不同的财政税收政策与待遇。各地为了吸引企业落户，竞相出台地方性的税收优惠与财政扶持政策，导致出现了一些"政策高地"与"税收洼地"，注册在此类"政策高地"与"税收洼地"的企业往往能够享受此类地方性的税收优惠与财政扶持政策。需要提醒创业者注意的是，上述地方性的税收优惠与财政扶持政策存在被中央政府清理或整顿的风险。

3. 注册资本

成立公司前，要考虑清楚公司的注册资本金如何设定并为此准备好相应的资金。

在目前实施的认缴登记制下，无须登记实缴资本，不再限制公司设立时股东的首次出资比例，不再限制公司股东的货币出资金额占注册资本的比例，不再规定公司股东缴足出资的期限，注册资本具体实缴的时间由全体股东在章程中约定。因此，创业者在设定公司注册资本数额时，已基本没有过多限制。

4. 出资形式

创业者在成立公司前还须考虑并做好相关准备的是出资的形式。最常见的出资形式是货币出资，如果创业者只用货币来出资，准备工作就相对简单，筹好资金就行了。条件合适时，创业者也可以用知识产权等非货币资产来出资，此时，创业者需要确保用来出资的知识产权的所有权系创业者所有且可以不带负担或瑕疵地过户给公司。另外，知识产权等非货币资产用来出资时需要评估，在这点上创业者也需要有所准备。

5. 行业资质与证照

有些行业的公司需要获得特定的资质或证照方可从事相关业务（如不少互联网项目需要ICP 牌照）。成立公司前，创业团队需要了解公司拟从事的业务需要哪些资质或证照、公司获得这些资质或证照的可行性及难度，以及为了获得此类资质或证照，公司或其股东需要满足何等条件等（如申请 ICP 牌照要求公司实缴的注册资本不低于人民币 10 万元），并做好相关的准备与安排。

6. 谁来当"注册股东"

成立公司时，需要确定公司的"注册股东"。如果公司的注册股东就是公司的创业者自身，就不需要额外的准备工作。如因某种原因创业者本身不作为公司的注册股东，需要找其他人作为注册股东代其在公司持股的话，创业者需要做好如下准备工作：①选定代持人；②与代持人拟定并签署代持协议。为了避免或减少股权代持方面的风险，创业者需要在此方面进行周密的思考与准备。

7. 创始股东协议

如果有两个或两个以上的创业者会成为公司的创始股东，那在成立创业公司前，各创始股东最好签署一个股东协议，约定清楚各创始股东在公司享有的权益（尤其是股权的授予与退回机制）、承担的责任、公司的治理机构与管理机制等。避免因事先约定不明，导致创业团队在创业过程中产生矛盾或利益冲突，使团队的凝聚力与战斗力减弱，甚至导致分崩离析。

【训练活动】

● 活动一：张华打算自主创业，主要从事婴幼儿产品的网络销售，目前正在寻找合伙人，请问他该如何组建团队？
● 活动二：为张华评估一下，假如创业失败，他该承担怎样的风险。

体验二　公司的类型和法律法规

【任务】检索资料，搜集企业违反法律法规的案例。
【目的】了解企业需遵循的法律法规。
【要求】列举 3 个以上违反不同法律法规的案例并进行分享。
【案例】

孔小兵与他的软件开发公司

孔小兵大学毕业了，准备注册一家软件系统开发公司，凑齐了 60 万元人民币，去行政审批中心企业办理窗口，告诉办理人员要开一个公司。工作人员问他，要办什么企业，主要经营什么业务，有没有合伙人。针对这些问题，他不知如何回答，突然发现自己对企业的类型还不了解，每种类型的企业属性和要求是什么也不清楚，有没有合伙人和一个人注资是何概念也不了解。孔小兵告诉工作人员，他在团建编程方面比较有经验，曾经获得省级软件开发技术能手，想从事软件开发方面的业务。工作人员告诉他应该开办科技型企业，主要形式是软件开发业务，并问了其他问题，孔小兵同学感觉自己没想好，带着工作人员给的资料回来与指导教师和同伴再商量对策。

通过本次经历，孔小兵感觉到开办公司必须知道公司的类型，各种类型的区别和经营特点，想好业务方位，确定好合伙人或独资，要熟悉与公司相关的法律法规，才能比较稳妥地开办公司。于是回来和大家一起仔细学习企业类型、开发的业务范畴和法律法规。最终申报了合伙性质的软件科技有限公司。

一、新企业的组织形式

企业在设立之前，应熟悉企业组织形式，主要包括：个人独资企业、合伙企业、有限责任公司（含一人有限责任公司）和股份有限公司。

1. 个人独资企业

个人独资企业又称个人业主制企业，是指依法设立，由一个自然人投资并承担无限连带责任，财产为投资者个人所有的经营实体。

2. 合伙企业

合伙企业是指依法在中国境内设立的由各合伙人订立合伙协议、共同出资、合伙经营、共享收益、共担风险，并对合伙企业债务承担无限连带责任的营利性组织。

3. 有限责任公司和股份有限公司

（1）有限责任公司：股东以其认缴的出资额为限对公司承担责任，公司以其全部资产对公司的债务承担责任。

（2）股份有限公司：其全部资本分为等额股份，股东以其认购的股份为限对公司承担责任，公司以其全部资产对公司的债务承担责任。

各类企业组织形式的优劣势分析见表 15-1。

表 15-1　各类企业组织形式的优劣势分析

组织形式	优势	劣势
个人独资企业	1. 企业设立手续非常简单，且费用低 2. 所有者拥有企业控制权 3. 可以迅速对市场变化做出反应 4. 无须缴纳个人所得税，无须双重课税 5. 在技术和经营方面容易保密	1. 创业者承担无限责任 2. 企业成功过多依靠创业者个人能力 3. 筹资困难 4. 企业随着创业者退出而消亡，寿命有限 5. 创业者投资的流动性低
合伙企业	1. 创办比较简单，费用低 2. 经营上比较灵活 3. 企业拥有更多人的技能和能力 4. 资金来源较广，信用度较高	1. 合伙创业者承担无限责任 2. 依赖合伙人的能力，企业规模受限 3. 易因关键合伙人退出而解散 4. 合伙人的投资流动性低，产权转让困难
有限责任公司	1. 创业股东只承担有限责任，风险小 2. 公司具有独立寿命，易于存续 3. 可以吸纳多个投资人，促进资本集中 4. 多元化产权结构有利于决策科学化	1. 创立的程序比较复杂，创立费用较高 2. 存在双重课税问题，税负较重 3. 不能公开发行股票，融资规模受限 4. 产权不能充分流通，资产运作受限
股份有限公司	1. 创业股东只承担有限责任，风险小 2. 筹资能力强 3. 公司具有独立寿命，易于存续 4. 职业经理人进行管理，管理水平较高 5. 产权可以股票形式充分流通	1. 创立的程序复杂，创立费用高 2. 存在双重课税问题，税负较重 3. 需定时报告公司的财务状况 4. 公开公司的财务数据，不利于保密 5. 政府限制较多，法律法规要求严格

二、创建新企业需要了解的重要法律法规

1. 专利法

《中华人民共和国专利法》（以下简称《专利法》）是调整因发明而产生的一定社会关系，促进技术进步和经济发展的法律规范的总和。就其性质而言，《专利法》既是国内法，又是涉外法；既是确立专利权人的各项权利和义务的实体法，又是规定专利申请、审查、批准一系列程序制度的程序法；既是调整在专利申请、审查、批准和专利实施管理中纵向关系的法律，又是调整专利所有、专利转让和使用许可的横向关系的法律；既是调整专利人身关系的法律，又是调整专利财产关系的法律。其主要包括如下内容：发明专利申请人的资格，专利法保护的对象，专利申请和审查程序，获得专利的条件，专利代理，专利权归属，专利权的发生与消灭，专利权保护期，专利权人的权利和义务，专利实施、转让和使用许可，专利权的保护等。专利法主要保护企业技术创新、发明创造、外观改进等专利，企业应该第一时间对自己的发明创造进行保护，以免其他企业抄袭和盗用自己的专利。

【案例】

北京 A 公司向北京知识产权法院提起诉讼，指控由 B 公司制造并向全国几十家银行销售的 U 盾产品侵犯其专利权。法院经审理后认为，B 公司制造、销售的被诉侵权产品以及使用该产品进行网上银行转账交易的物理认证方法构成对握奇公司专利权的侵犯，并且给 A 公司造成了较大经济损失，可依法采取以 B 公司销售侵权产品的实际总数乘以 A 公司每件专利产品的合理利润之积的方法计算 A 公司受到的实际损失。另外，法院认可律师事务所计时收费方式可以作为律师费的计算依据，并根据律师代理的必要性、案件难易程度、律师的实际付出等因素，对 A 公司在本案中支出的律师费实际数额进行认定。最后，北京知识产权法院作出判决，判令 B 公司立即停止侵权行为，赔偿 A 公司经济损失 4900 万元，以及 A 公司为诉讼支付的律师费 100 万元。

2. 商标法

《中华人民共和国商标法》（以下简称《商标法》）分总则，商标注册的申请，商标注册的审查和核准，注册商标的续展、变更、转让和使用许可，注册商标的无效宣告，商标使用的管理，注册商标专用权的保护等。商标法主要对企业的产品和品牌进行保护，防止其他企业占用、盗用和侵占，有力地保护了企业的合法经营权益。

【案例】

某电视机厂甲厂生产的"菊花"牌电视机，质量优良，价格适中，售后服务好，深受广大用户欢迎。后该厂的一名技术人员受聘于另一家生产"中意"牌电视机的乙工厂，担任了乙厂的技术副厂长。为扭转乙厂亏损落后的生产局面，乙厂一方面在技术上加大力度进行革新改造；另一方面希望通过改变产品名称打开销路。当得知甲厂的商标还未注册的情况下，便向商标局申请注册了"菊花"牌商标。此后，产品销路大有好转。甲厂得知这一情况后，以该品牌是自己首先创出，先使用为由，要求乙厂停止使用该商标。而乙厂则认为该商标自己已经注册，享有商标专用权，要求甲厂停止使用。为此，双方发生纠纷。本案中谁是侵权人？

甲厂是侵权人，侵犯了乙厂的商标专用权。理由如下：商标是用来区别不同商品生产者或经营者的商品或服务的一种标记，商标只有经过注册，商标权人才依法享有商标专用权。依据我国《商标法》的规定，我国采用自愿注册与强制注册相结合的原则，除人用药品和烟草制品必须使用注册商标外，其他商品的商标不注册亦可使用，但是注册商标才享有商标专用权，

依法受《商标法》的保护。本案中，甲厂虽然使用"菊花"牌商标在先，但未注册，所以不享有专用权，其他厂家亦可使用。而乙厂将其注册后，即取得了该商标的专用权，未经其同意，其他任何人不得使用该注册商标，否则即构成侵权。我国《商标法》第 38 条第 1 款规定：未经注册商标所有人的许可，在同一种商品或类似的商品上使用与其注册商标相同或近似的商标的，为侵犯商标权的行为。因此，在乙厂将"菊花"牌商标注册后，甲厂虽使用自己首创的品牌，也构成对乙厂注册商标专用权的侵犯，应依法承担法律责任。

注意区分商标与商标权的不同，商标作为一种产品或服务的标记，他的所有人不享有专用权，无排他性，而商标权即指商标专用权，是指商标注册之后，他的所有人享有自己专用并禁止其他使用人使用的权利。

3．著作权法

《中华人民共和国著作权法》（以下简称《著作权法》）。侵犯著作权的赔偿标准从原来的 50 万元上限提高到 100 万元，并明确了著作权集体管理组织的功能。软件著作权主要保护企业或个人创作的文学艺术作品和科学作品依法享有的权利，著作权的保护期限为作者有生之年加上去世后 50 年，我国实行作品自动保护原则和自愿登记原则。

【案例】

李教授自己编写了教材《社会主义经济学论要》，其于 1985 年由 A 出版社出版。由于这几年经济发展很快，经济体制改革不断深入，从承包制到部分股份制，从有计划商品经济再到社会主义市场经济理论的提出，社会主义政治经济学的内容也不断变化。李教授随着形势的变化，对原作进行了修改以便再版时适应新的需要。可最近 A 出版社在出版合同有效期间内再版了此书，却没有通知李教授，于是李起诉 A 出版社侵犯了他的修改权。试问 A 出版社的行为构成侵犯修改权吗？我国《著作权法》第 10 条规定：著作权人有修改或者授权他人修改作品的权利。第 31 条第 3 款规定：图书出版者重印、再版作品的，应当通知著作权人并支付报酬。修改权是作者的权利。本案中出版社虽然没有直接阻止作者进行修改，但却妨碍了作者进行修改。我国《著作权法》第 31 条规定的"通知"作用之一就是给作者一个修改作品的机会，作者如要修改作品，出版社就不得拒绝，这是出版社的义务。更何况李教授已经做好了修改准备。所以，A 出版社妨碍了李教授的修改权，应按《著作权法》承担民事责任。

4．反不正当竞争法

《中华人民共和国反不正当竞争法》（简称《不正当竞争法》）是为保障社会主义市场经济健康发展，鼓励和保护公平竞争，制止不正当竞争行为，保护经营者和消费者的合法权益制定的法律。不正当竞争的行为表现如下：

（1）擅自使用与他人有一定影响的商品名称、包装、装潢等相同或者近似的标识；

（2）擅自使用他人有一定影响的企业名称（包括简称、字号等）、社会组织名称（包括简称等）、姓名（包括笔名、艺名、译名等）；

（3）擅自使用他人有一定影响的域名主体部分、网站名称、网页等；

（4）其他足以引人误认为是他人商品或者与他人存在特定联系的混淆行为；

（5）交易相对方的工作人员；

（6）受交易相对方委托办理相关事务的单位或者个人；

（7）利用职权或者影响力影响交易的单位或者个人；

（8）经营者不得对其商品的性能、功能、质量、销售状况、用户评价、曾获荣誉等作虚假或者引人误解的商业宣传，欺骗、误导消费者；

（9）以盗窃、贿赂、欺诈、胁迫或者其他不正当手段获取权利人的商业秘密；

（10）披露、使用或者允许他人使用以前项手段获取的权利人的商业秘密；

（11）违反约定或者违反权利人有关保守商业秘密的要求，披露、使用或者允许他人使用其所掌握的商业秘密，等等。

【案例】

从 1993 年到 1996 年，广州东方模具有限公司生产的"猫外形钟"使用了与美国鲍斯有限公司在先使用的"GARFIELD"牌猫形钟相近似的商品外包装。1996 年底，鲍斯公司向广州市工商行政管理局进行了投诉。对于此案，广州市工商局认为，东方公司的行为构成了我国《反不正当竞争法》第五条第二款所规定的不正当竞争行为，对其进行了侵权包装的收缴，并处以罚款。

5. 合同法

《中华人民共和国劳动合同法》（简称《合同法》）是调整合同当事人相互之间权利与义务关系的法律规范。我国《合同法》规定了合同的订立、效力、履行、变更和转让、权利义务终止、违约责任以及十五种有名的主要合同的一般原则和基本规定。我国《合同法》第一次从一定程度上确立了契约自由的基本原则，规定当事人依法享有自愿订立合同的权利，任何单位和个人不得非法干预，并奉行约定优先。可以讲，这对我国的经济生活产生了巨大影响，给市场经济程序在法律范围内以最大限度的自由，对在更深远、更普遍的意义上促进我国社会生活中的经济贸易活动的自由和社会经济的进一步商品化起到了不可估量的作用。

【案例】

某果品公司因市场上西瓜脱销，向新疆某农场发出一份传真："我市市场西瓜脱销，不知贵方能否供应？如有充足货源，我公司欲购十个冷冻火车皮。望能及时回电与我公司联系协商相关事宜。"农场因西瓜丰收，正愁没有销路，接到传真后，喜出望外，立即组织十个车皮货物给果品公司发去，并随即回电："十个车皮的货已发出，请注意查收。"在果品公司发出传真后、农场回电前，外地西瓜大量涌入，价格骤然下跌。接到农场回电后，果品公司立即复电："因市场发生变化，贵方发来的货，我公司不能接收，望能通知承运方立即停发。"但因货物已经起运，农场不能改卖他人。为此，果品公司拒收，农场指责果品公司违约，并向法院进行起诉。

果品公司给农场的传真是询问农场是否有货源，虽然该公司在给农场的传真中提出了具体数量和品种，但同时希望农场回电通报情况。因此，果品公司的传真具有要约邀请的特点。农场没有按果品公司的传真要求通报情况，在直接向果品公司发货后，才向果品公司回电的行为，因没有要约而不具有承诺的性质，相反倒具有要约的性质。在此情况下如果果品公司接收这批货，这一行为就具有承诺性质，合同就成立。但由于果品公司拒绝接收货物，故此买卖没有承诺，合同不成立。基于上述原因，法院判决农场败诉，果品公司不负赔偿责任。

6. 劳动法

《中华人民共和国劳动法》（简称《劳动法》）是调整劳动关系以及与劳动关系有密切联系的其他社会关系的法律规范的总称。虽然各国劳动法的表现形式不同，但大多包括以下基本内容：劳动就业法，劳动合同法，工作时间和休息时间制度，劳动报酬，劳动安全与卫生的程度，女工与未成年工的特殊保护制度，劳动纪律与奖惩制度，社会保险与劳动保险制度，职工培训制度，工会和职工参加民主管理制度，劳动争议处理程序以及对执行劳动法的监督和检查制度等。

【案例】

张先生是一名电工，晚上 7 时许，他在上班期间意外掉入配电室旁边的污水井，后经抢救无效死亡。经法医鉴定死因为醉酒后溺亡。事发后，张先生所在的公司为张先生申请工伤认定，人保部门认为，张先生因为醉酒后发生伤害，不属于工伤认定范畴。张先生的家人认为张先生因工作死亡，应认定为工伤，起诉人保部门行政行为不合法，应予撤销。法院审理认为，人保部门行政行为合法，确认张先生不属于工伤。

目前，关于工伤认定的标准主要依据工伤保险条例的相关规定，即要求在工作时间、工作场所，由工作原因导致的伤害。另外，我国《社会保险法》明确规定了三种情形不能认定为工伤：故意犯罪的；醉酒或者吸毒的；自残或者自杀的。因此，醉酒后在工作中伤亡的，一般不认定为工伤。

并非喝酒就不算为工伤。例如，品酒师在工作中饮酒或醉酒后发生的伤害应属于工伤，而且法律规定，只有达到醉酒标准导致的伤亡才不符合工伤认定，未到醉酒标准的也应认定为工伤。

【训练活动】

- 活动一：简要叙述不同组织形式的设立条件。
- 活动二：张强在××软件公司工作，他已经通知××软件公司 30 天后辞职，并计划辞职后在附件开一家软件公司。令他高兴的是，在接下来的 30 天，公司没有给他分派任何新项目，他暗喜可以在新企业方面花费更多的时间，还可以说服原软件公司雇员为新创企业工作，甚至考虑如何把原公司的战略嫁接到新企业中。张强所采取的行动符合辞职策略吗？你认为张强应该做哪些事情？

体验三　申办公司

【任务】情景模拟：邀请多位同学参加，每位扮演不同角色，模拟申办公司流程。

【目的】学会开办新企业的手续和流程。

【要求】道具摆放到位，资料齐全，全身心投入。

【案例】

孔小兵在注册企业过程中，拟定好自己的企业名字、经营范围和企业类型，去行政审批中心开办自己的企业，结果发现开办企业需要经过很多流程，需要明确公司名称、公司类型、业务范围，还要做好企业章程、股东协议、工商成立审批、刻章（公章、法人印章、财务专用章、合同章）、验资、申请营业执照、组织机构代码证办理、办理税务登记证、银行开户、发票购用簿、开设纳税专户、购买发票等业务，而自己实在不知道其中的规律和业务流程，最终他选择了委托会计代理办理。在办理过程中，会计首先让他写出 3~5 个自己企业的名字，并告诉他多写企业名字是防止注册冲突，中国的很多企业名都是在系统查重的。为了给企业起名字，孔小兵绞尽脑汁，为了防止冲突，体现自己以.NET 技术起家的特点，最终起名"苏州吉耐特信息科技有限公司"，顺利通过名称验证，并对业务方位进行了集体讨论和决定，接下来会计顺利完成公司注册。经过办理过程，他也清楚地了解了开办企业需要准备的资料、流程和各类事项。

一、需要办理的企业执照名称及受理部门

1. 营业执照：由工商行政管理部门受理。
2. 组织机构代码证：由质量技术监督部门受理。
3. 税务登记证：由当地税务管理部门受理。
4. 银行开户许可证：由基本账户所在银行受理。

二、申办公司流程

1. 向工商行政管理部门查询名称，预先核准。
2. 银行验资开临时账户。
3. 会计师事务所出具验资报告。
4. 向工商管理部门申办并领取营业执照，并由公安部门指定的印章企业印刻公章、财务专用章、法人章。
5. 向质量技术监督部门申办组织机构代码证。
6. 向税务管理部门申办税务登记证。
7. 前往临时账户开立银行申请开设基本账户，将验资账户的资金转入基本账户并注销验资账户，领取开户许可证。

三、办理营业执照所需资料

1. 公司董事长或执行董事（也指法定代表人）签署的《公司设立登记申请书》原件一份。
2. 公司申请登记的委托书一份。
3. 股东会决议原件、复印件各一份。
4. 公司章程原件、复印件各一份。
5. 股东或者设立人的法人资格证明或自然人身份证明原件、复印件及彩色照片各两份。
6. 董事长或者执行董事的任职证明原件一份。
7. 董事、经理的身份证复印件各一份。
8. 验资报告原件一份。
9. 住所使用证明（租房协议、产权证）原件、复印件各一份。
10. 公司的经营范围中，属于法律法规规定必须报经审批的项目，需提交相关部门的批准文件。

资料齐全后所有手续由相关部门完成，报工商行政管理部门审批后核发营业执照正副本和电子营业执照，随后工商登记流程完毕。

由于各地工商行政管理部门的要求并不完全一致，所以在申领营业执照前，须事先向当地工商管理部门咨询并领取受理表格。从申请名称预先核准登记开始，一般在15～30个工作日内可完成营业执照的办理。

四、办理组织机构代码证所需要资料

1. 已办理完毕的企业营业执照原件、复印件各一份。

2．法定代表人（或负责人）的身份证明原件、复印件各一份。

3．经办人的身份证原件、复印件各一份。

4．申请办理的委托书一份。

5．《组织机构代码申请表》一份，加盖公章。

从申请开始，一般在 5 个工作日内可完成组织机构代码证的办理。

五、办理税务登记证所需资料

1．《企业法人营业执照》原件、复印件各一份。

2．《组织机构代码证》原件、复印件各一份。

3．《验资报告》原件、复印件各一份。

4．公司章程原件、复印件各一份。

5．法定代表人、财务负责人和办税人员的身份证原件、复印件各一份。

6．经营地的房产权、使用权或租赁证明原件、复印件各一份。

从申请开始，一般在 15 个工作日内可完成税务登记证的办理。

六、办理开户许可证

上述企业证照办理完毕后，至临时账户的银行办理基本账户，并转存注册资本金，就可以申办开户许可证了。

从申请开始，一般在 3～7 个工作日内可完成开户许可证的办理。

【训练活动】

活动：李丽想开办一家电子商务公司，主要经营绿色农副产品。她和小王两个人合伙创业，通过在线方式销售各类瓜果等有机农产。她应该如何开办企业？应注意哪些事项？

本章总结

- 开办企业必须熟悉企业类型,因为企业类型决定着将来的经营模式、纳税比例和特点,熟悉企业的相关法律法规,确保创办企业规范,管理经营合法,注重自我保护和合法竞争。

- 开办新企业,必须做好企业选名,确定业务范围,对企业章程、股东协议等资料精准把握,对企业注册办理、营业指导、许可证、账户等事项要熟悉。

习题十五

一、单选题

1．我国公司法对有限公司的设立，总体上是采取（　　）的设立原则。

    A．准则主义   B．许可主义

    C．自由主义   D．核准主义

2．甲与乙欲设立一以批发商品为主的有限责任公司，根据我国公司法规定，甲和乙的出资不得少于（　　）。

　　A．50 万元　　　　B．30 万元　　　　C．3 万元　　　　D．10 万元

3．我国《公司法》规定，有限责任公司的成立日为（　　）。

　　A．股东出资缴足以后　　　　　　B．营业执照签发之日

　　C．公司章程制定之日　　　　　　D．创立大会召开之日

4．根据我国《公司法》规定，股份公司的住所应为（　　）。

　　A．公司注册登记地　　　　　　　B．主要办事机构所在地

　　C．创立大会召开地　　　　　　　D．控股股东所在地

5．募集设立的股份公司，认股人从（　　）起不得抽回出资。

　　A．认股股份之后　　　　　　　　B．缴纳出资之后

　　C．公司营业执照签发之后　　　　D．创立大会召开之后

6．发行股份缴足之后，发起人自股款缴足之日起（　　）内未召开创立大会的，认股人可以按照所缴股款并加算银行同期利息，要求发起人返还。

　　A．10 日　　　　B．5 日　　　　C．15 日　　　　D．30 日

7．公司设立行为的性质为（　　）。

　　A．合伙契约　　　　　　　　　　B．共同行为

　　C．行政行为　　　　　　　　　　D．单独行为

8．甲、乙、丙、丁、戊共同投资设立股份有限公司，下列关于该公司的设立的表述中错误的是（　　）。

　　A．甲、乙、丙、丁、戊可以选择发起设立或募集设立

　　B．若甲、乙、丙、丁、戊有一人选择退出，他们也能共同投资设立该股份有限公司

　　C．若甲已经认购了公司股份总数的 5%，乙认购了公司股份总数的 10%，丙认购了公司股份总数的 7%，丁认购了公司股份总数的 3%，戊认购了公司股份总数的 9%，则余下的股份可以向社会募集

　　D．设立时甲、乙、丙、丁、戊中至少要有 3 个人在中国境内有住所

9．甲公司章程规定：董事长未经股东会授权，不得处置公司资产，也不得以公司名义签订非经营性合同。一日，董事长任某见王某开一辆新款宝马车，遂决定以自己乘坐的公司旧奔驰车与王调换，并办理了车辆过户手续。对任某的换车行为，说法正确的是（　　）。

　　A．违反公司章程处置公司资产，其行为无效

　　B．违反公司章程从事非经营性交易，其行为无效

　　C．并未违反公司章程，其行为有效

　　D．无论是否违反公司章程，只要王某无恶意，该行为就有效

10．某国有企业拟改制为公司。除 5 个法人股东作为发起人外，拟将企业的 190 名员工都作为改制后公司的股东，上述法人股东和自然人股东作为公司设立后的全部股东。根据我国《公司法》的规定，该企业的公司制改革应当选择的方式是（　　）。

　　A．可将企业改制为有限责任公司，由上述法人股东和自然人股东出资并拥有股份

　　B．可将企业改制为股份有限公司，由上述法人股东和自然人股东以发起方式设立

　　C．企业员工不能持有公司股份，该企业如果进行公司制改革，应当通过向社会公开募集股份的方式进行

　　D．经批准可以突破有限责任公司对股东人数的限制，公司形式仍然可为有限责任公司

二、判断题

1．公司成立是一件很轻松的事情。　　　　　　　　　　　　　　　（　　）
2．公司经营范围的确定是很随意的。　　　　　　　　　　　　　　（　　）

三、简答题

1．简述注册公司需要准备的材料。
2．简述公司开办过程和注意事项。

第十六章　大学生创业案例分析

【学习目标】

通过本章的学习和训练，你将能够：

（1）汲取创业经验。

（2）了解创业成功或失败的原因。

（3）了解如何成功进行创业。

【成功案例 1】

孔小兵，男，共产党员，1991 年 3 月生，苏州健雄职业技术学院毕业生。现任苏州吉耐特信息科技有限公司总经理、江苏省程序设计能手、青年岗位能手。

2009 年，他独自一人从老家来到几百公里外的苏州太仓，开始了他的大学生活。在校期间，在专业老师的指导下多次参与江苏省级、苏州市级以及学院举办的各类软件竞赛，积累了大量的专业知识。转眼到了 2011 年，这是他离校实习的一年，这一年他先后在苏州、上海、昆山等地的知名互联网企业从事软件开发工作。干了一年时间，他觉得在企业没有发展空间，因为企业晋升主要看文凭、年龄等条件，他觉得自己没有机会，于是就辞职了。不过，这段实习经历，让他积累了一些计算机软件、硬件方面的知识和技术。

2012 年 6 月，孔小兵从苏州健雄职业技术学院软件技术专业毕业后，正处于事业迷茫期，既想赚钱又害怕被企业束缚。在徘徊不定的情况下，他先后多次找到了自己的大学同学，了解他们在企业工作的经历，同时又将自己的想法与他们交流，同时多次回到大学咨询自己的专业导师，与他们进行多次交流后，恰逢 2012 年互联网发展迅速，软件开发、平台搭建的需求越来越大。而很多企业出于成本考虑，很想通过互联网开辟新的销售渠道，在这个大背景下，他终于下定决心成立一家信息科技有限公司，通过创业来实现自己的理想。

2012 年 10 月，他找了一些同学一起创办苏州吉耐特信息科技有限公司。创业初期他们通过接包大企业的业务勉强维持公司运营。经过两年多的积累和成长，逐渐形成了自己的客户渠道和资源，公司通过客户介绍、网上推广等形式接到软件开发和平台搭建订单，逐渐形成了以开发云软件、云购物、电商平台、移动 APP、微信商城、移动购物软件、智能化办公与业务管理软件为核心业务，主要服务政府业务软件，门户网站和 Web 营销业务平台等的开发，服务零售、营销企业的商务平台、云购物、移动购物等软件的开发，服务企事业开展特色定制服务，自主研发商务软件、业务软件，形成自己的品牌。目前公司拥有软件产品 22 项，软件专利 18 项，通过不断接包中小型软件开发业务，成长为知名软件企业。

经过 6 年的创业经历，孔小兵积累了大量的创业及管理经验。在他看来，创业者开始考虑创业时，首先要想好如何充分利用自己手头的资源。以他本人为例，他没有产品，所掌握的资源就是技术，而目前有两种流行的创业模式，一种是依靠平台卖产品，另一种是依靠产品做平台，"我们有技术，所以用技术为客户做出平台，再利用平台来卖产品"。其次，创业者遇到困难时要学会及时转型，计算运营成本，不要一条道走到黑。最后，要意识到团队的重要性。孔小兵说，创业初期他们有一个近十人的团队，但是因为公司久久不盈利，人心自然就散了，

"必须要找志同道合的人组建团队"。

此外，普通创业者跟大公司不同。普通创业者在运作一个项目时，必须尽快找到盈利点，否则，创业团队就难以长期坚持下去。

【成功案例 1 分析】

根据孔小兵的创业之路，可以看出他能创业成功是善于创新，能够及时将自己的知识产权保护起来。创业初期通过接包小项目，不断积累经验，并关注团队，善于与大公司合作，以大带小，让自己逐步发展，能及时转型，不断积淀技术成果，做好市场的充分调研，不盲目投资，稳扎稳打。

【成功案例 2】

段亮亮，男，共产党员，1985 年 3 月生，江苏省委党校在职研究生学历。现任苏州江左盟网络科技有限公司总经理、太仓电商协会理事、太仓青年创业协会成员。

2008 年大学毕业后，他进入了盐城市盐务局（江苏省盐城市盐业公司），获得一份在多数人眼中相对稳定的工作。由于自己学的是电子商务专业，他一直想学以致用。怀着对未来无限的激情和期许，2013 年他毅然决然地离开了原工作岗位，选择回到太仓创业。缺经验、不知道该选择哪个行业等，这些都成为他创业路上的绊脚石，他自己也开始怀疑自己选择的创业之路是否正确。由于太仓服装行业比较密集，他便联想到了把服装通过网上进行销售。由此，他萌生了开网店的想法，在一片质疑声中开启了电商之路。刚起步时一人身兼数职，既是老板也是员工，开始由于电商实战经验的匮乏，业绩并不理想，每天只有寥寥几单，甚至好几天都接不上一单。

创业初期总是艰难的，但他并没有灰心丧气。他充分利用空余时间参加淘宝的营销培训学习。随着自身运营和推广技术的提高，店铺人气不断上升，产品得到认可，在网上逐步打开了市场。2014 年，他注册了自己的公司和品牌，并开始自建电商平台和运营服务外包，为传统企业转型升级提供运营推广服务。经过他们不懈的努力，电商平台项目也顺利通过太仓软件园入驻审批，并于 2016 年 3 月份成功入驻园区，接受园区专业平台的孵化和政策的扶持。目前，平台运营工作正在稳步推进，为传统企业转型升级提供电商搭建运营服务。

在互联网飞速发展的时代，为了沟通和互通信息，他们加入了太仓电商协会、太仓青年创业协会，把自己的创业经历以及走过的历程分享给正在走向电商路上的创业青年。他亲自探索新的营销模式，开展商务平台自主创新和经营模式的融合。2018 年双十一期间，营销额翻倍增长，在 2018 年太仓市电子商务能手评选中荣获第一名。

作为一名怀揣创业梦想的青年，他将用自己的实际行动为太仓传统行业转型升级提供力所能及的力量，带动大家一起把太仓的产品推广到全国各地、世界各地，让更多人了解太仓、知晓太仓、来到现代田园城市——太仓！

【成功案例 2 分析】

根据段亮亮的创业之路，可以看出他始终坚持想法，有果断的判断力，勇于转行，善于创新，不断学习，注重品牌打造，自建电商平台和运营服务外包，为传统企业转型升级提供运营推广服务。加入了太仓电商协会、太仓青年创业协会，快速站在行业的中上层，重新审视和规划自己的创业策略和模式，因而不断取得成功。

【失败案例 1】

2016 年 8 月，李学从走上了创业之路，因为喜欢汽车，他把目标锁定在与汽车有关的项目。不久，一家汽车饰品店在短暂的忙碌之后诞生了。然而仅仅半年，他就鸣金收兵。回忆那段创业的日子，李学从很是痛苦，感叹为什么付出了很多，回报却很少。其实，创业之前，李学从是做了充分准备的。因为喜欢汽车，他就琢磨着在汽车方面找路子。他先在网上搜集了一些关于汽车消费品的创业项目，然后根据实际情况，考虑到随着人们生活水平的提高，买车的人越来越多，而爱车的人一般都比较注重车内装饰，那么开一家汽车饰品店，生意应该不错。觉得自己的想法还是比较顺应市场发展的，李学从匆匆地开始了第二步工作。他从网上搜索了一些经营汽车饰品的代理商，并对各家产品的质量和价位进行了比较，然后选定了一家郑州市的代理商。经过联系，他和那家代理商签好了协议，交了 6000 元的加盟费，就开始租房子、装修、进货，脑子里满是憧憬的李学从很快就成了老板。但是现实给李学从的热情浇了一盆冷水。开张后，顾客寥寥。尽管他店里的饰品很吸引人的眼球，但无奈汽车饰品店所处的位置比较偏，路过的车倒是不少，但也仅仅是路过，而且大部分是大货车，根本不会在这样一个地段停车，更不会来买车内饰品。李学从每天都早早开店，很晚才打烊，商品的价位也定得很低。即便这样，开业半年，总共才卖出三千元的货品。房租到期之后，李学从不敢再恋战，把剩下的货放到朋友空着的车库里，从此不提开店的事。

【失败案例 1 分析】

李学从的失败主要是因为选址不善，对消费群的研究不足。一个成功的选址应该从大处着眼，注重利用宏观环境，充分调查了解该地区现有的设施情况和竞争对手的经营特色，了解清楚周围消费者的需求，同时选取人流量大的区域。李学从选的位置太偏，定位也不准确，如果开业前未对周边环境做充分的市场调查，盲目选址，开业后就不能满足周围消费者的需求，因为交通不便就不能吸引客人，失败也就成为必然。

【失败案例 2】

2016 年年初，郭小姐决定开一家火锅店。很快她的特色海鲜火锅店就开张了。由于火锅店的主要经营品种都是深海鱼类，进货成本较高，所以售价也普遍偏高。在成都这样一个火锅林立的大都市，对吃惯了麻辣火锅的四川人来说，要接受海鲜味的食物本身就是一个挑战，更不要说需要付平常两倍的价格去尝试，简直是难上加难。不得已之下，郭小姐开始在价格上做文章，打出了 38 元的特价海鲜火锅，随后人气有所上升，但由于场地租金和人员费用的庞大支出，让郭小姐也难以承受，在苦苦硬撑了一年后便关门了。

【失败案例 2 分析】

郭小姐经营失败，主要是因为在投资过程中，没有系统考虑市场定位和全方位地进行投资策划工作，而仅仅依靠自身对区域市场空缺的分析进行投资，致使开业后生意冷清，高档海鲜火锅菜品无法推售，营业额无法上升，降价促销也是情理之中的事。一个成功的餐饮投资者，要非常看重前期的投资策划，肯在市场调查方面下功夫。如所选区域的市场客源如何，客源是哪个档次，未来主要的消费对象将会是哪些，这些消费对象喜欢哪种口味的菜肴，能够接受何种水平的价格等。这一切的市场信息搜集得越多越好，越详细越有利。

综合试题库（一）

一、单选题

1. IT 主体职业中，软件类职业包括系统分析师、计算机程序设计师、软件项目管理师和（   ）等。
   - A. 计算机维修工
   - B. 计算机网络管理员
   - C. 软件测试师
   - D. 数据库系统管理员

2. 下列职业中，不属于 IT 主体职业的是（   ）。
   - A. 计算机平面设计师
   - B. 计算机网络管理员
   - C. 软件测试师
   - D. 数据库系统管理员

3. 北大青鸟属于 IT 行业中的（   ）。
   - A. 计算机硬件行业
   - B. IT 服务业
   - C. 计算机软件行业
   - D. 计算机运营行业

4. 下面不属于企业文化建设的意义的是（   ）。
   - A. 导向功能
   - B. 凝聚功能
   - C. 激励功能
   - D. 彰显功能

5. 下列不属于压力管理技巧的是（   ）。
   - A. 明确目标
   - B. 懂得欣赏别人
   - C. 做事专注
   - D. 空想未来

6. 下列不属于高效时间管理做法的是（   ）。
   - A. 合理安排时间
   - B. 专注做事
   - C. 不拖延
   - D. 做事思路不清晰

7. （   ）是最好的沟通方式。
   - A. 电子邮件
   - B. 电话
   - C. 面谈
   - D. 会议简报

8. 反馈分为正面反馈和（   ）两种。
   - A. 负面反馈
   - B. 建设性的反馈
   - C. 全面反馈
   - D. 侧面反馈

9. 在 39 个通用工程参数中，结构的稳定性是指（   ）。
   - A. 物体抵抗外力作用使之变化的能力
   - B. 系统的完整性及系统组成部分之间的关系
   - C. 系统在规定的方法及状态下实现规定功能的能力
   - D. 物体或系统响应外部变化的能力，或应用于不同条件下的能力

10. 下面不属于常用的问卷题目类型的是（   ）。
    - A. 单选
    - B. 多选

C．判断　　　　　　　　　　D．开放性问题

二、填空题

1．计算机技术的三大支柱产业分别是_____、_____、_____。

2．写出至少两个招聘网站的名称：_____、_____。

3．企业的 5S 管理标准是指_____、_____、_____、_____、_____。

4．企业文化建设主要从理念层、_____和物质层三个层面开展设计。

5．一个人的外部压力主要来自_____、_____、_____、_____。

6．IT 职场经常使用的沟通方式有_____、_____和_____。

7．分离原理包括空间分离、_____、_____、和_____。

8．在矛盾矩阵表中，_____是改善的参数，_____是恶化的参数。

9．TRIZ 的优点是_____。

10、_____是用一组小人来代表不能完成特定功能部件，通过能动的小人，实现预期的功能，然后根据小人模型对结构进行重新设计。

三、判断题

1．网站开发师属于 IT 主体职业。　　　　　　　　　　　　　　　（　　）

2．5S 标准中整理的目的是腾出更大的空间。　　　　　　　　　　（　　）

3．压力是人生的一种负能量，只会让人产生各种负面的情绪。　　（　　）

4．被誉为 TRIZ 之父的根里奇·阿奇舒勒是日本科学家。　　　　　（　　）

5．九屏幕法具有操作性与实用性强的特点，可以更好地帮助使用者质疑和超越常规，克服惯性思维，为解决生产和生活中的疑难问题提供清晰的思路。　　（　　）

四、简答题

1．请简述日本企业文化的特点。

2．请举例描述分割原理。

3．数据的错误有两种：非逻辑错误和逻辑错误。分别简要叙述这两种错误。

五、资料题

孙阳即将实习，打算从事电子商务之类的职业。为他到招聘网站查询上海地区的相关职位的招聘信息，了解职位名称、企业名称、职位月薪、工作地点、岗位职责和任职要求等，并整理成规范的岗位说明书。

六、操作题

公司准备在 5 月份举行 10 周年庆祝活动，需要邀请客户中生日是 5 月份的客户，小张希望能通过客户名单的记录信息来通知 5 月份出生的客户。但是由于以前的客户名单只记录了身份证号码和地址，现在小张要通过身份证号判断客户性别，并以"某某（省市）XXX（姓名）

X 先生（或女士）"的形式合并出客户的称谓名单，以便在公司网站公布或发送信函。

具体形式如下图所示，源文件请看"客户登记表.xlsx"。

客户登记表

姓名	身份证号码	住址	出生月份	性别	称谓
陈琦	51077519820319XX21	江苏扬州瘦西湖	03		
陈宇明	53177219720208XX52	江苏无锡市	02		
程高	51068119750418XX23	西藏拉萨市	04		
胡军	51073619790508XX30	湖北武汉市	05	男	湖北武汉胡军胡先生
胡晓莉	51068219770528XX25	四川成都清江东路	05	女	四川成都胡晓莉胡女士
黄琳	51068219780628XX23	江西南昌市沿江路	06		
李秋水	51073119830218XX21	浙江温州工业区	02		
李玉莲	51072819820502XX66	四川宜宾市万江路	05	女	四川宜宾李玉莲李女士
刘茜	51013119790909XX21	四川德阳少城路	09		
梅青	51072319810527XX42	广东潮州爱达荷路	05	女	广东潮州梅青梅女士
徐云飞	51074319710727XX32	吉林长春市	07		
许言	51078619790208XX18	四川绵阳科技路	02		
杨明	51076519800519XX32	四川西昌莲花路	05	男	四川西昌杨明杨先生
张青影	51073319840727XX42	广东惠州市	07		
张志宏	51072519820302XX15	四川达川市南区	03		
金铭	51062119790522XX11	福建厦门市	05	男	福建厦门金铭金先生

综合试题库（二）

一、单选题

1．下列职业中，不属于 IT 主体职业的是（　　）。

　　A．计算机平面设计师　　　　　　B．计算机网络管理员

　　C．软件测试师　　　　　　　　　D．数据库系统管理员

2．计算机操作系统包括 Windows、UNIX、Linux、（　　）等。

　　A．XP　　　　　　　　　　　　B．Windows 10

　　C．OIS　　　　　　　　　　　　D．Android

3．腾讯公司的文化日是（　　）。

　　A．12 月 12 日　　　　　　　　　B．11 月 11 日

　　C．10 月 10 日　　　　　　　　　D．6 月 10 日

4．下列不是压力管理技巧的是（　　）。

　　A．明确目标　　　　　　　　　　B．懂得欣赏别人

　　C．做事专注　　　　　　　　　　D．空想未来

5．下面不属于高效会议区别于普通会议的特征的是（　　）。

　　A．简短　　　　　　　　　　　　B．容量

　　C．高效　　　　　　　　　　　　D．有针对性

6．一个职业人士所需要的三个最基本的职业技能依次是（　　）、时间管理技巧、团队合作技巧。

　　A．沟通技巧　　　　　　　　　　B．写作技巧

　　C．演讲技巧　　　　　　　　　　D．表达技巧

7．（　　）是最好的沟通方式。

　　A．电子邮件　　　　　　　　　　B．电话

　　C．面谈　　　　　　　　　　　　D．会议简报

8．以下不属于创新问题解决思考过程中的主要障碍的是（　　）。

　　A．思维惯性　　　　　　　　　　B．有限的知识领域

　　C．试错法　　　　　　　　　　　D．无章可循

9．在大型项目中应用工作分解结构，是利用了 40 个发明原理中的（　　）。

　　A．提取　　　　　　　　　　　　B．分割

　　C．复制　　　　　　　　　　　　D．预防措施

10．设 A1 单元格中的数据为"广东省广州市"，则公式（　　）取值为 FALSE。

　　A．=LEFT(RIGHT(A1,3),2)="广州"

　　B．=MID(A1,4,2)= "广州"

　　C．=MID(A1,FIND("广",A1),2)= "广州"

　　D．=RIGHT(LEFT(A1,5),2)= "广州"

二、填空题

1．IT 行业分为计算机硬件行业、计算机软件行业和_____。

2．ITSS 的中文名称为_____。

3．企业的 5S 管理标准是指_____、_____、_____、_____、_____。

4．5S 标准中整顿的目的是_____。

5．在 IT 职场中，常用的沟通方向分为_____、_____和_____。

6．分离原理包括空间分离、_____、_____、和_____。

7．思维导图由英国大脑基金会总裁，被誉为_____的英国的东尼·博赞发明，并在全世界各领域广泛使用。

8．现代创业行为大多是属于高风险的创新型事业，创业家除了需要拥有好的技术与产品构想外，_____、_____和专业管理也是创业成功的必要条件。

9．_____计划提供如何生产产品的过程或如何提供服务的信息。

10．为确保创业的绝密性，创业计划书在封面和首页要暗示计划中的所有信息均是_____的和_____的。

三、判断题

1．网站开发师属于 IT 主体职业。　　　　　　　　　　　　　　　（　　）

2．5S 标准中整理的目的是腾出更大的空间。　　　　　　　　　　（　　）

3．企业的道德规范是用来调节和评价企业和员工行为规范的总称。（　　）

4．压力是某种情况超出个人能力所能应付的范围而产生的一种心理反应。（　　）

5．TRIZ 理论中，当系统要求一个参数向相反方向变化时，就构成了技术矛盾。

（　　）

四、简答题

1．请检索 IT 最新资讯，并选取一个感兴趣的方面进行简要介绍。

2．请简述美国企业文化的特点。

3．数据的错误有两种：非逻辑错误和逻辑错误。分别简要叙述这两种错误。

五、资料题

　　张华即将实习，打算从事软件开发之类的职业。请为他到招聘网站查询苏州地区的相关职位的招聘信息，了解职位名称、企业名称、职位月薪、工作地点、岗位职责和任职要求等，并整理成规范的岗位说明书。

六、操作题

请使用 Microsoft Visio 绘制某物流公司费用报销审批流程的跨职能流程图。效果如下述题图所示。

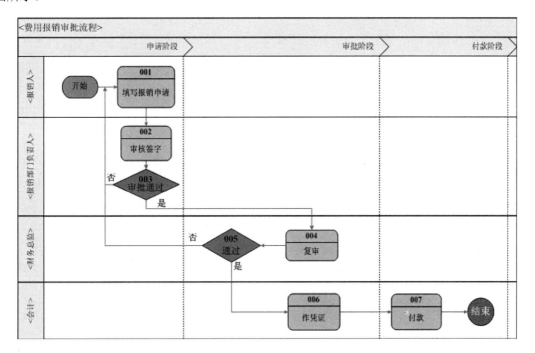

参考文献

[1] 北京阿博泰克北大青鸟信息技术有限公司. 职业导向训练[M]. 北京：科学技术文献出版社，2008.

[2] 姜汝祥. 请给我结果[M]. 北京：中信出版社，2006.

[3] 许湘岳，徐金寿. 团队合作教程[M]. 北京：人民出版社，2010.

[4] 许湘岳，武洪明. 职业沟通教程[M]. 北京：人民出版社，2010.

[5] 薛健. IT职业行为优化[M]. 南京：南京大学出版社，2007.

[6] 霍彧. 现代职业人（认识职场篇）[M]. 苏州：苏州大学出版社，2016.

[7] 杨继萍，吴军希，孙岩. Visio 2010图形设计从新手到高手[M]. 北京：清华大学出版社，2011.

[8] 谢华，冉洪艳. Visio 2010图形设计实战技巧精粹[M]. 北京：清华大学出版社，2013.

[9] 张文霖，刘夏璐. 谁说菜鸟不会数据分析[M]. 北京：电子工业出版社，2013.

[10] 九州书源. Excel 2010数据处理与分析从入门到精通[M]. 北京：清华大学出版社，2012.

[11] 王亮申，孙峰华. TRIZ创新理论与应用原理[M]. 北京：科学出版社，2017.

[12] 卡伦·加德. TRIZ——众创思维与技法[M]. 北京：国防工业出版社，2015.

[13] 尹丽芳. 月薪三千到三万你只差一张思维导图[M]. 北京：中国铁道出版社，2017.

[14] 孙易新. 思维导图法实用技巧[M]. 广州：广东人民出版社，2017.

[15] 冯建平. 互联网+职业生涯规划与创新案例教程[M]. 北京：高等教育出版社，2017.